"十三五"高等职业教育规划教材

# 通信设备安装与调测

方水平　刘业辉　主　编

王　巍　王英卓　赵元苏

朱贺新　宋玉娥　副主编

U0287003

中国铁道出版社
CHINA RAILWAY PUBLISHING HOUSE

# 内 容 简 介

本书以通信电源设备、移动通信设备、传输设备、交接设备等安装的工作任务为主线，结合《通用基础通信工程建设标准》《接入网、本地网工程建设标准》《无线和有线通信工程建设标准》和《交换 、数据、支撑工程建设标准》等编写而成。

本书根据移动设备硬软件维护/调试、网络工程师、通信机房设备安装/调试、通信设备安装工程监理等岗位的技能要求，将教学内容分为 5 个教学项目，设置 11 个教学任务。其中，项目 1 主要介绍通信电源和接地系统的施工等；项目 2 主要介绍以太网的铜缆施工；项目 3 主要介绍光传输、光纤 FTTX 施工；项目 4 主要介绍 WiMAX 和 WLAN 施工；项目 5 主要介绍移动基站设备的安装与调测。学生通过 11 个任务的学习，可掌握通信设备安装流程、通信设备硬件安装规范与要求等，为今后从事通信设备安装与调测、工程督导等方面的工作打下良好的基础。同时，也为报考通信工程师、通信专业技术人员初级、中级职业水平评价等资格考试奠定基础。

本书适合作为高等职业院校通信技术专业、通信工程专业的实训教材，也可作为相关专业师生和通信设备安装与调测技术人员的参考用书。

**图书在版编目（CIP）数据**

通信设备安装与调测/方水平，刘业辉主编. —北京：
中国铁道出版社，2016.11
"十三五"高等职业教育规划教材
ISBN 978-7-113-22276-5

Ⅰ. ①通… Ⅱ. ①方… ②刘… Ⅲ. ①通信设备－安装－高等职业教育－教材②通信设备－调试方法－高等职业教育－教材 Ⅳ. ①TN914

中国版本图书馆 CIP 数据核字（2016）第 203767 号

书　　名：**通信设备安装与调测**
作　　者：方水平　刘业辉　主编

| | | |
|---|---|---|
| 策　　划：王春霞 | | 读者热线：(010) 63550836 |
| 责任编辑：王春霞　彭立辉 | | |
| 封面设计：付　巍 | | |
| 封面制作：白　雪 | | |
| 责任校对：汤淑梅 | | |
| 责任印制：郭向伟 | | |

出版发行：中国铁道出版社（100054，北京市西城区右安门西街 8 号）
网　　址：http://www.51eds.com
印　　刷：三河市华业印务有限公司
版　　次：2016 年 11 月第 1 版　　　　2016 年 11 月第 1 次印刷
开　　本：787 mm×1 092 mm　1/16　印张：15.25　字数：364 千
书　　号：ISBN 978-7-113-22276-5
定　　价：38.00 元

## 通信设备安装与调测

主　编

　　　方水平　　刘业辉

编　委（按姓氏笔画排列）

　　　王　巍　吕　曦　朱贺新　李　伟

　　　杨洪涛　宋玉娥　张玉芳　赵元苏

　　　姜善勇　郭　蕊　傅海明

本书以通信电源设备、移动通信设备、传输设备、交接设备等安装的工作任务为主线，结合《通用基础通信工程建设标准》《接入网、本地网工程建设标准》《无线和有线通信工程建设标准》和《交换、数据、支撑工程建设标准》等编写而成。通过介绍通信工程实施过程中常用通信设备的安装与调试流程、安装技能和注意事项，来提高学生的实践技能和动手能力；通过教学让学生熟练掌握通信工程施工的基本操作技能，提高学生在 I T 和通信行业的就业竞争力。

本书通过工学结合、校企合作的任务驱动型项目，并以理论、实训相融合的编写形式，边学边做、做中学、学中做。教材内容的选取以实际的工程项目为载体，每个任务都包括任务描述、相关知识、任务实施、任务单、练习题、任务评价等环节。任务评价采取自我评价、小组评价、教师评价相结合的方式，全面、公正地对学生的学习效果进行评价。本书根据移动设备安装维护与调试、网络工程师、通信机房设备安装与调试等岗位的技能要求，将教学内容分为5 个教学项目，设置 11 个教学任务。其中，项目 1 主要介绍通信电源和接地系统的施工等；项目 2 主要介绍以太网的铜缆施工；项目 3 主要介绍光传输、光纤 FTTX 施工；项目 4 主要介绍WiMAX 和 WLAN 施工；项目 5 主要介绍移动基站设备的安装与调测。学生通过 11 个教学任务的学习，可掌握通信设备安装流程、通信设备硬件安装规范与要求等，为今后从事通信设备安装与调测、工程督导等方面的工作打下良好的基础。同时，也为报考通信工程师、通信专业技术人员初级、中级职业水平评价等资格考试奠定基础。

本书编写理念先进，内容编排新颖，结合了通信设备安装与调测的实际，实践性、实用性强。在具体的实践过程中还可以利用室内地阻测试仪、远距离摇阻仪、数据电缆测试仪、OTDR时域分析仪、光缆故障定位测试仪、数据信号衰减、基站信号衰减测试仪、天馈线测试仪器、WLAN 测试仪等仪器仪表，通过具体的实践过程中使用这些仪器仪表来掌握这些仪器仪表的使用方法和注意事项。

本书由方水平、刘业辉任主编，王巍、王英卓、赵元苏、朱贺新、宋玉娥任副主编。具体编写分工如下：王巍和王英卓编写了项目 1；刘业辉编写了项目 2；赵元苏和杨洪涛编写了项目 3；宋玉娥和郭蕊编写了项目 4；方水平和朱贺新编写了项目 5。本书在编写过程中，得到国内外诸多专家的指点和帮助，得到北京高通正华有限公司的大力支持，相关专家学者也对本书的编写给予了高度认可，并提出了宝贵的建议，在此一并致谢！

由于编者水平有限，加上通信技术不断发展，书中难免有疏忽和不妥之处，敬请读者批评指正。

编　者
2016 年 5 月于北京

# 目录

目录

# 项目 ①

**➡ 通信电源安装和接地系统施工**

## 项目描述

本项目主要涉及电源系统基本知识、电源系统安装规范、电源系统的安装、接地基本知识和规范、接地系统施工等。这些内容是通信电源设备安装工程施工质量检查、随工检验和工程竣工验收等工作的技术依据。

## 项目说明

本项目依据工程设计工程师、硬件安装工程师、调测工程师、系统维护工程师、工程督导、线路工程师等岗位技能要求设计，并通过典型工作任务或示例的方式进行技能训练。

本项目是通信机房中供电系统建设的重要环节，具体包含 2 个子任务，分别是通信电源系统的安装和接地系统的安装与测试。主要内容如下：

- 基础知识介绍：相关接地理论、设备功能等。
- 安装注意事项：安装规范、人身安全等。
- 安装前准备：电源系统和接地系统安装器材及辅助工具等。
- 安装过程：机柜安装、模块安装、接地系统安装等。
- 系统测试：安装后的加电测试、告警指示、地阻测试等。

## 能力目标

**专业能力：**

- 加深对电源系统和接地系统基础理论的了解和掌握。
- 掌握电源系统和接地系统的设备和线缆的布线等。
- 掌握接地系统的安装与测试。

**方法能力：**

- 能根据工作任务的需要使用各种信息媒体，独立收集、查阅资料信息。
- 能根据工作任务的目标要求，合理进行任务分析，制订小组工作计划，有步骤地开展工作，并做好各步骤的预期与评估。
- 能分析工作中出现的问题，并提出解决问题的方案。
- 能自主学习新知识、新技术，并应用到工作中。

**社会能力：**

- 具有良好的社会责任感、工作责任心。

- 具有团队协作精神，主动与人合作、沟通和协商。
- 具备良好的职业道德，按工程规范、安全操作的要求开展工作。
- 具有良好的语言表达能力，能有条理地、概括地表达自己的思想、态度和观点。

## 任务 1-1　通信电源系统的安装

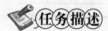

本任务是常用通信电源系统建设过程中的重要安装环节，主要依据硬件安装工程师、安装调测工程师等岗位技能要求以及在通信机房建设工程中的典型工作任务而设置的，让学生掌握通信电源系统的安装技能。本任务以艾诺斯华达电源系统（以下简称 HD-48120）为例，详细阐述了电源系统的基本知识、电源系统的安装注意事项、安装准备工作、硬件安装过程、电源线缆连接、标签制作等。任务目标和要求如表 1-1-1 所示。

表 1-1-1　任务描述

| | |
|---|---|
| 任务目标 | （1）了解通信电源各模块的功能；<br>（2）了解工程安装过程中的安装规范；<br>（3）了解电源系统安装前的准备工作；<br>（4）掌握电源安装流程及相关操作；<br>（5）掌握线缆和标签制作 |
| 任务要求 | （1）掌握通信电源系统的组成；<br>（2）掌握通信电源系统安装前的准备工作及注意事项；<br>（3）学会电源系统的安装步骤及方法；<br>（4）学会相关线缆的连接及标签制作过程 |
| 注意事项 | （1）爱护电源设备、安装工具等；<br>（2）按规范操作使用工具仪表；<br>（3）注意操作安全；<br>（4）各小组按规范协同工作；<br>（5）按规范进行设备的安装操作，防止损坏设备；<br>（6）做好安全防范措施，防止人身伤害；<br>（7）避免材料的浪费 |
| 建议学时 | 8 学时 |

### 1. 电源系统

电源系统是通信系统中重要的组成部分之一，如果将通信系统比作一个人，交换系统就是大脑，传输系统就是血液，而电源系统就是心脏。常见的电源系统主要由整流设备、直流配电单元、交流配电单元、蓄电池组、监控单元模块等组成，如图 1-1-1 所示。

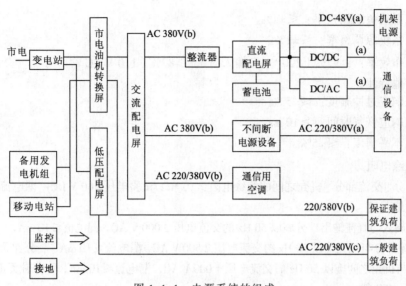

图 1-1-1 电源系统的组成

（a）—不间断；（b）—可短时间中断；（c）—允许中断

本次通信电源系统实训设备选择艾诺斯华达电源系统（以下简称 HD-48120），HD-48120 适用于小型程控交换机、接入网、传输设备、移动通信、卫星通信地面站、微波通信供电，也可用于其他通信设备供电。

HD-48120 电源系统的性能指标如下：

（1）交流输入

- 额定输入电压：220 V AC。
- 输入电压范围：90～280 V AC。
- 最大输入电流：60 A。
- 频率：50 Hz。
- 输入功率因数：≥0.98。

（2）电池输入

蓄电池组的正、负极与整流模块的直流输出并联（极性一致），工作在浮充或均充状态。

（3）直流输出

- 标准电压：54V DC。
- 电压可调范围：42～58 V。
- 直流输出电流：200 A（176～290 V AC）、100 A（151～175 V AC）、55 A（90～150 V AC）。
- 直流配电：250 A×1 路（电池）63 A×4 路、32 A×6 路、16 A×10（负载）。

（4）直流输出杂音

- 电话衡重杂音：≤2 mV。
- 宽频杂音电压：≤100 mV（3.4～150 kHz），≤30mV（150～30 MHz）。
- 峰-峰值杂音电压：≤200 mV（20 MHz 范围内）。

（5）电源系统偏离率

- 电源系统稳压精度：≤±1%。

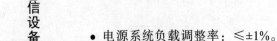

- 电源系统负载调整率：≤±1%。
- 电源系统源调整率：≤±1%。

（6）工作效率：≥92%（220 V AC 输入时），≥87%（110 V AC 输入时）。

（7）其他特性：

- 动态响应过冲幅度：≤±5%。
- 动态响应恢复时间：≥10 ms。
- 均流不平衡度：≤±5%。

（8）绝缘电阻

直流部分、交流部分、机壳之间的绝缘电阻≥10 MΩ (试验电压 500 V DC)，漏电流 < 3.5 mA。

（9）绝缘强度

对交流输入与直流输出部分施以 50 Hz 的交流电压 3 000 V AC，漏电流≤10 mA，一分钟无击穿飞弧；交流部分与机壳施以 50 Hz 的交流电压 2 500 V AC，漏电流≤10 mA，一分钟无击穿飞弧；对直流输出与机壳之间施以 50 Hz 的交流电压 1 000 V AC，漏电流≤10 mA，一分钟无击穿飞弧。

（10）保护功能

保护功能要求如表 1-1-2 所示。

表 1-1-2 保护功能项目

| 项　目 | 单　位 | 有/无 | 最小值 | 典型值 | 最大值 | 恢复特性 |
|---|---|---|---|---|---|---|
| 输入过压告警 | V AC | 有 | 285 | 295 | 305 | 恢复回差 10 ± 5V |
| 输入欠压告警 | V AC | 有 | 85 | 90 | 95 | |
| 输入过压保护 | V AC | 有 | 300 | — | 315 | 可自恢复，回差 10 ± 5V |
| 输入欠压保护 | V AC | 有 | 75 | — | 85 | |
| 输出过压告警 | V DC | 有 | 58 | — | 59 | 恢复回差 1 V |
| 输出欠压告警 | V DC | 有 | 46.5 | 47 | 47.5 | 恢复回差 1 V |
| 输出过压保护 | V DC | 有 | 59 | — | 60 | 不可自恢复 |
| 电池下电保护 | V DC | 有 | 42.5 | 43 | 43.5 | 恢复回差 2.5～3V |
| 环境高温告警 | ℃ | 有 | 45 | 50 | 55 | 恢复回差 3℃ |
| 环境低温告警 | ℃ | 有 | –15 | –10 | –5 | |
| 短路保护 | A | 有 | 可长期短路；检测到短路后打嗝工作，打嗝 5 min 后如果模块输出仍然短路则关机 | | | |

（11）机械特性

- 冷却方式：风机强制冷却。
- 通信电源系统整机尺寸（长×深×高）：600 mm×600 mm×2 200 mm。
- 系统总质量：≤190 kg（带模块）。
- 电源系统外形示意图如图 1-1-2 所示。

（12）环境条件要求

- 工作温度：HD–481200 嵌入式电源系统在大于–35 ℃时上电(但不给负载供电)，在–30～+55 ℃正常工作；当温度高于 55 ℃时，电源系统降额工作。
- 相对湿度：10%～90%。

- 大气压力：70～106 kPa。
- 海拔高度：0～3 000 m。

## 2. 电源监控模块

监控模块功能如表 1-1-3 所示。

表 1-1-3　监控模块功能

| 功　能　项 | 说　　　明 |
|---|---|
| 上位机对监控单元远程监控功能 | 上位机可远程对系统监控随时进行查询、设置和控制，实现"三遥"功能 |
| 监控模块对整流模块的管理 | 监控模块通过 RS485 通信给模块发出控制调节命令或获取参数命令 |
| 电池管理 | 管理"电池低压、电池下电、电池均浮充管理、温度补偿，容量测试" |
| 监控对系统输出管理功能 | 检测和控制系统 |
| LED 指示功能 | 信号说明 |
| 6 路干结点输出功能 | 干结点设置 |
| COM 端口信号 | RS485　TCP/IP |
| LCD 显示屏 | 菜单进行设置、修改 |

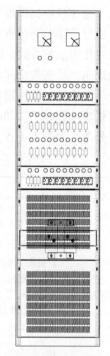

图 1-1-2　HD-48120
电源系统外形示意图

监控模块机械性能如表 1-1-4 所示。

表 1-1-4　机　械　性　能

| 尺寸 | （嵌入式电源小系统监控）213.4 mm ×126 mm×41.6 mm |
|---|---|
| 整机重量 | ≤1.5 kg |

HD-48120 监控模块功能如图 1-1-3 所示。

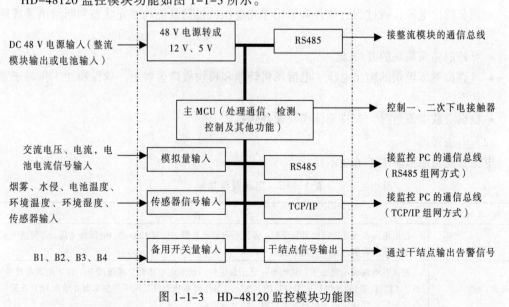

图 1-1-3　HD-48120 监控模块功能图

监控模块提供给上位机一个 RS485 接口和一个 TCP/IP 网络接口，上位机可通过远程对系统监控随时进行查询、设置和控制，实现"三遥"功能，通信时整个网络只选择其中一种接口作为通信方式，其中 RS485 组网用于 1.2 km 距离范围以内通信，TCP/IP 组网通信距离不受限制，可实现全球范围内的监控。

上位机与监控模块是主从关系，所有的读取、设置和控制过程都应由上位机来启动，监控模块一直处于从动状态，没有上位机的正确命令，监控模块不能主动上报数据给上位机。信号关系如表 1-1-5 所示。

表 1-1-5　信号关系表

| 数据类型 | 具　体　信　号 | 备　注 |
|---|---|---|
| 模拟数据 | 三相交流电压、电流，母排电压、电池电流、负载电流、用户模块电流，电池温度、环境温度、环境湿度 | 监控模块向上位机传送参数和告警量 |
| 开关量和告警状态 | 模块故障（LOAD1～LOAD12）、直流欠压、直流过压、一次下电、二次下电、模块开关机（LOAD1～LOAD12）、负载熔丝状态、快充、电池测试、电池熔丝状态、电池均浮充状态、备用传感器状态（IN1～IN4）、备用继电器状态（OUT1～OUT6）模块故障（LOAD1～LOAD12）、直流欠压、直流过压、一次下电、二次下电、负载熔丝状态、电池熔丝状态、电池过流、负载过流、交流空开短开，交流过欠压、缺相 | |
| 设置参数 | 均充电压、浮充电压、快充电压、直流输出过压告警点、电池欠压告警点、电池下电告警点、电池容量、电池限流系数、温度补偿系数、均充转浮充电流系数、浮充转均充电流系数 | 上位机向监控模块设置参数和命令 |
| 控制命令 | 模块开/关机、温度补偿开/关、备用继电器断开/闭合和手动均充 | |
| 告警记录 | 校时，时间段内告警记录查询，读告警记录 | |

（1）监控模块对整流模块的管理

监控模块通过 RS485 通信给模块发出控制调节命令或获取参数命令。其具体控制功能如下：

- 调节输出电压：通过后台软件调节均浮充电压，根据系统均浮充状态判断给出系统输出电压。
- 可控制整流模块的开/关机。
- 可查询整流模块的输出电压、电流风机转速和模块故障告警量，确保模块工作与正常状态。
- 根据负载电流情况，安排整流模块循环休眠。

（2）电池管理

电池管理功能如表 1-1-6 所示。

表 1-1-6　电池管理功能

| 管　理　类　型 | 条　件 |
|---|---|
| 电池低压 | 输出电压在设定的电池低压下时，系统后台输出告警，告警 LED 亮，电压恢复后，告警消失；恢复电压与告警点存在一定回差 |
| 电池下电 | 系统在电池放电状态下，输出电压低于设定的一次下电电压时，系统断开一次下电继电器并输出 LED 告警，输出电压低于设定的二次下电电压时系统断开二次下电继电器并输出 LED 告警；在电压恢复到设定的下电恢复电压时，闭合继电器 |

| 管理类型 | 条　　件 |
|---|---|
| 电池均浮充管理 | 电池充电电流大于设定的电池最大充电电流时，系统对电池进行恒流均充，恒流均充到均充电压时，系统进行恒压均充，恒压均充电流小到均充转浮充电流以下时，电流浮充，浮充电流大于浮充转均充电流时，系统均充、浮充连续时间到设定时间则自动转均充，恒压均充时间超过设定均充持续时间，自动转浮充，手动均充则转均充 |
| 温度补偿 | 在电池温度传感器接入条件下，温度补偿开的情况下，电池温度高于25℃温度补偿，低于25℃负温度补偿，补偿最大值不超过2 V，补偿值＝（温度-25℃）×系数 |
| 快充 | 以设定的电压供电池充电设定的时间，时间完成自动转均浮充 |
| 电池测试 | 自动测试电池保持能量及电池可用容量 |

（3）监控模块对系统输出管理功能

- 检测：不停地监测系统的交流电压、电流，母排电压，负载电流，电池电流、电池温度、环境温湿度、门禁、烟雾、水浸、电池熔丝、负载熔丝等状态。
- 控制：根据系统输出电压控制系统的一次、二次下电。

（4）声光告警功能

电源监控模块能够在视觉上向管理员提供部分信息。在面板上设计有两个指示灯及内部有告警蜂鸣器，LED指示灯说明如表1-1-7所示。

表1-1-7　LED指示灯说明

| 指示灯 | 亮/灭 | 信　　号 |
|---|---|---|
| 红灯 | 亮 | 交流过压告警、交流欠压告警、交流掉电告警、模块故障告警、风机故障、直流欠压告警、直流过压告警、电池下电、模块开关机、电池熔丝断、负载熔丝断、门禁告警、烟雾告警、水浸告警 |
| | 灭 | 无以上任何告警 |
| 绿灯 | 闪烁 | 通信正常时 |

（5）告警处理

监控模块可根据采集到的数据对系统故障进行定位、记录，并根据设置的告警级别进行声光告警，产生相应的动作，同时能上报到后台主机。用户可在监控模块的显示屏上查阅历史告警记录和当前告警记录。出厂时，监控模块对每一个高级功能类型都预置有相应的告警级别。告警级别共有两种，"非紧急告警"和"紧急告警"。出现任何告警，监控模块都会发出声光告警。表1-1-8为告警名称与级别对应表。

（6）监控模块的维护

- 通信中断原因分析及维护：

中断原因：监控单元与上位机设置不一致。

维护：通过LCD显示屏重新设置监控单元地址。

- 监控模块CPU电路故障或二次整流模块电路故障。

维护：通知厂家进行维修。

- 网络故障：

故障原因：网络路由器配置不正确或损坏，或操作软件的IP地址、端口号设置不正确，

项目 1 通信电源安装和接地系统施工

或电源的 IP 通信模块损坏。

维护：检查路由器及 IP 设置是否正确，PING 设备的 IP 是否有网络故障。

● 若上报数据有误（包括模拟量和开关量）且保持不变，或控制状态与下发命令不一致，或参数设置与实际执行情况不符。

故障原因：输入信号有误；输入电路损坏；整流模块故障。

表 1-1-8　告警名称与级别对应表

| 故障类型 | 告 警 名 称 | 默认告警级别 | 故障类型 | 告 警 名 称 | 默认告警级别 |
|---|---|---|---|---|---|
| 直流配电故障告警 | 系统负载电流过高 | 非紧急告警 | 交流配电故障告警 | A 相交流空开 | 紧急告警 |
| | 1 路低压断开操作 | 非紧急告警 | | A 相电流过高 | 紧急告警 |
| | 2 路低压断开操作 | 非紧急告警 | | A 相电压过高 | 紧急告警 |
| | 环境温度过高 | 非紧急告警 | | A 相电压过低 | 紧急告警 |
| | 环境温度过低 | 非紧急告警 | | A 相电压缺相 | 紧急告警 |
| | 电池电流过高 | 非紧急告警 | | B 相交流空开 | 紧急告警 |
| | 电池温度过高 | 非紧急告警 | | B 相电流过高 | 紧急告警 |
| | 电池温度过低 | 非紧急告警 | | B 相电压过高 | 紧急告警 |
| | 传感器 1 断 | 非紧急告警 | | B 相电压过低 | 紧急告警 |
| | 传感器 2 断 | 非紧急告警 | | B 相电压缺相 | 紧急告警 |
| | 传感器 3 断 | 非紧急告警 | | C 相交流空开 | 紧急告警 |
| | 传感器 4 断 | 非紧急告警 | | C 相电流过高 | 紧急告警 |
| | 直流输出过压 | 紧急告警 | | C 相电压过高 | 紧急告警 |
| | 电池低压 | 紧急告警 | | C 相电压过低 | 紧急告警 |
| | 负载熔丝断 | 紧急告警 | | C 相电压缺相 | 紧急告警 |
| | 电池熔丝断 | 紧急告警 | 整流模块告警 | 模块保护告警 | 紧急告警 |
| | 防雷告警 | 紧急告警 | | 模块故障告警 | 紧急告警 |
| | 水侵告警 | 紧急告警 | | 风机故障告警 | 紧急告警 |
| | 烟雾告警 | 紧急告警 | | 限流告警 | 紧急告警 |

### 3. 电源整流模块

（1）整流模块的外观

4830 整流模块外形如图 1-1-4 所示。外形尺寸为 208 mm × 116.5 mm × 41.6 mm；模块质量 ≤1.5 kg。

（2）整流模块的技术指标

输入/输出特性如表 1-1-9 所示。

保护功能项目如表 1-1-10 所示。

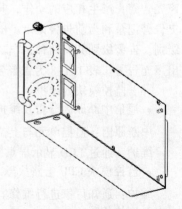

图 1-1-4　4830 整流模块外形图

表 1-1-9 输入/输出特性

| 系统型号 | 电压 交流输入电压范围 | 交流输入电流（最大） | 直流输出电流（额定） | 最大输出功率 |
|---|---|---|---|---|
| | 输入和输出 | | | |
| 4830 | 90～280 V AC | 10 A | 30 A | 1 800 W |

表 1-1-10 保护功能项目

| 项 目 | 单位 | 有/无 | 最 小 值 | 典 型 值 | 最 大 值 | 恢复特性 |
|---|---|---|---|---|---|---|
| 输入过压保护 | V AC | 有 | 285 | 295 | — | 可自恢复 |
| 输入过压保护恢复点 | V AC | 有 | 280 | — | — | 回差不小于 5 V |
| 输入欠压保护 | V AC | 有 | — | — | 85 | 可自恢复 |
| 输入欠压保护恢复点 | V AC | 有 | — | — | 90 | 回差不小于 5 V |
| 输出过压保护点 | V DC | 有 | 58.5 | 59 | 61.5 | 锁死 |
| 输出限流保护 | A | 有 | $I_a \times 110\%$ | $I_a \times 115\%$ | $I_a \times 120\%$ | 自恢复（$I_a$=额定电流） |
| 短路保护 | A | 有 | 可长期短路；检测到短路后打嗝工作，可自恢复 | | | |
| 电源过温保护 | — | 有 | 环境温度 65 ℃下能自动恢复 | | | |
| 风扇故障保护 | — | — | 在单风扇故障时模块自动降功率运行（220 V AC 输入电压时输出电流为 15 A，110 V AC 输入电压时输出电流为 7.5 A）并上报告警，直至模块过温保护关闭输出；两个风扇都故障时，模块上报风扇故障告警后直接关闭输出 | | | |

（3）整流模块的工作环境要求

- 工作环境温度：-33～+55℃（55℃环境温度下，全载条件下能正常工作+55～+65℃，线性降额 2.0%/℃）。
- 相对湿度：5%～95%（无冷凝）。
- 贮存环境温度：-40～+70℃。
- 海拔高度：0～3 000 m。
- 大气压力：70～106 kPa。
- 散热方式：风机强制散热方式。

（4）整流模块的说明与维护

整流模块面板外形如图 1-1-5 所示。

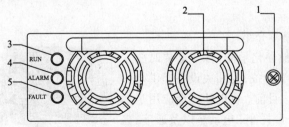

图 1-1-5 整流模块面板外形

1—面板紧固螺钉；2—风扇；3—RUN 模块运行指示灯(绿)；

4—ALARM 模块故障告警灯(黄)；5—FAULT 告警指示灯(红)

（5）整流模块告警信号指示

- 电源模块运行正常时，绿灯亮；反之则灭。（市电故障、模块无输出时绿灯灭）
- 电源模块运行正常时，黄灯灭；电源模块异常出现温度预告警、自动降额、限流、风扇预告警时、黄灯亮。
- 电源模块运行正常时，红灯灭；电源模块故障出现输出过压关机、风扇故障、过温关机、远程关机或其他内部原因引起的无输出时，红灯亮。表 1-1-11 为 LED 指示灯运行状态表。

表 1-1-11　LED 指示灯运行状态表

| LED 状态 | 模块告警状态 | | | LED 信号指示 |
|---|---|---|---|---|
| | 灯颜色 | 正常 | 异常 | 异常原因 |
| 运行指示灯 | 绿 | 亮 | 灭 | 出现红灯亮时灭<br>出现黄灯亮时见本表"保护指示灯" |
| 保护指示灯 | 黄 | 灭 | 亮 | 电源模块出现可恢复保护，模块 ALARM 有效时常亮，否则，当通信中断时黄灯闪烁；<br>OTP（环境温度超过 65℃到模块过温关机）、输入过欠压有效以及过流时 ALARM 有效；<br>休眠关机（休眠关机时模块只亮保护指示灯，模块不上报告警） |
| 故障指示灯 | 红 | 灭 | 亮 | 模块内部有不可恢复的故障，模块 FAULT 有效时常亮；PS-enable 正常时，风扇故障（单或双风扇故障）、输出短路、无输出出现时 FAULT 有效 |

（6）整流模块的使用与维护注意事项

若正常期间整流模块前面板上红灯(FAULT)常亮，则表明整流模块发生工作故障，此时要将模块从系统中退出，准备维修。如果整流模块损坏，请与厂家联系，未经允许，禁止非本厂专业人员拆卸整流模块。

整流模块允许带电热插拔，但是要注意以下事项：

- 当需要将整个模块退出工作时，拧松紧固螺钉，拉住拉手，拔出即可，而无须关交流电源。这样可以很好地保证多模块组成的电源系统，在需退出某个整流模块进行检修时，整个电源系统不需要下电，确保电源系统的正常运行。
- 在把整流模块的电气接口接入电源系统时，必须保证整流模块前面板上的指示灯已灭，才能将整流模块插入。

### 4. 蓄电池组

（1）蓄电池组的基本介绍

所谓蓄电池即是储存化学能量，于必要时放出电能的一种电气化学设备，为相关设备提供能量，如图 1-1-6 所示。目前，蓄电池广泛应用于汽车、火车、拖拉机、摩托车、电动车以及通信、电站、电力输送、仪器仪表、UPS 电源和飞机、坦克、舰艇、雷达系统等领域。

图 1-1-6　蓄电池外形图

（2）蓄电池的构造

常见铅蓄电池的构造如图 1-1-7 所示。

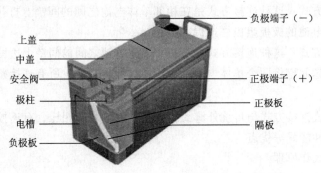

图 1-1-7　常见铅蓄电池构造

- 正、负极板：极板分正极板和负极板两种，均由栅架和填充在其上的活性物质构成。在蓄电池充、放电过程中，电能和化学能的相互转换，就是依靠极板上活性物质和电解液中硫酸的化学反应来实现的。正极板上的活性物质是二氧化铅($PbO_2$)，呈深棕色；负极板上的活性物质是海绵状纯铅($Pb$)，呈青灰色。栅架的作用是容纳活性物质并使极板成形。为增大蓄电池的容量，将多片正、负极板分别并联焊接，组成正、负极板组。安装时正负极板相互嵌合，中间插入隔板。在每个单体电池中，负极板的数量总比正极板多一片。
- 隔板：隔板的作用是为了减小蓄电池的内阻和尺寸，蓄电池内部正负极板应尽可能地靠近，避免彼此接触而短路，正负极板之间要用隔板隔开。

隔板材料应具有多孔性和渗透性，且化学性能要稳定，即具有良好的耐酸性和抗氧化性。常用的隔板材料有木质隔板、微孔橡胶、微孔塑料、玻璃纤维和纸板等。安装时隔板上带沟槽的一面应面向正极板。

- 壳体：壳体的作用是用来盛放电解液和极板组，由耐酸、耐热、耐震、绝缘性好并且有一定力学性能的材料制成。壳体为整体式结构，壳体内部由间壁分隔成 3 个或 6 个互不相通的单格，底部有突起的肋条以搁置极板组。肋条之间的空间用来积存脱落下来的活性物质，以防止在极板间造成短路。极板装入壳体后，上部用与壳体相同材料制成的电池盖密封。在电池盖上对应于每个单格的顶部都有一个加液孔，用于添加电解液和蒸馏水，也可用于检查电解液液面高度和测量电解液相对密度。
- 电解液：电解液在电能和化学能的转换过程即充电和放电的电化学反应中起离子间的导电作用并参与化学反应。它由纯硫酸和蒸馏水按一定比例配制而成，而其密度一般为 1.24～1.30 g/mL。特别注意的是电解液的纯度是影响蓄电池的性能和使用寿命的重要因素。

（3）单体电池的串接方式

蓄电池一般都由 3 个或 6 个单体电池串联而成，额定电压分别为 6 V 或 12 V。单体电池的串接方式一般有传统外露式、穿壁式和跨越式 3 种。

- 传统外露式：这种连接方式工艺简单，但耗铅量多，连接电阻大，因而起动时电压压降大、功率损耗也大，且易造成短路。
- 穿壁式连接方式：这种连接方式是在相邻单体电池之间的间壁上打孔供连接条穿过，将两个单体电池的极板组极柱连焊在一起。
- 跨越式连接方式：这种连接方式是在相邻单体电池之间的间壁上边留有豁口，连接条通过豁口跨越间壁将两个单体电池的极板组极柱相连接，所有连接条均布置在整体盖的下面。

穿壁式和跨越式连接方式与传统外露式铅连接条连接方式相比，有连接距离短、节约材料、电阻小、起动性能好等优点。

（4）蓄电池的工作原理

蓄电池由正极板群、负极板群、电解液和容器等组成。充电后的正极板是棕褐色的二氧化铅（$PbO_2$），负极板是灰色的绒状铅（$Pb$），当两极板放置在浓度为 27%～37% 的硫酸（$H_2SO_4$）水溶液中时，极板的铅和硫酸发生化学反应，二价的铅正离子（$Pb^{2+}$）转移到电解液中，在负极板上留下两个电子（$2e$）。由于正负电荷的引力，铅正离子聚集在负极板的周围，而正极板在电解液中水分子作用下有少量的二氧化铅（$PbO_2$）渗入电解液，其中两价的氧离子和水化合，使二氧化铅分子变成可离解的一种不稳定的物质——$Pb(OH)_4$。氢氧化铅由正 4 价的铅离子（$Pb^{4+}$）和 4 个氢氧根〔$4(OH)^-$〕组成。4 价的铅正离子（$Pb^{4+}$）留在正极板上，使正极板带正电。由于负极板带电，因而两极板间就产生了一定的电位差，这就是电池的电动势。当接通外电路时，电流即由正极流向负极。在放电过程中，负极板上的电子不断经外电路流向正极板，这时在电解液内部因硫酸分子电离成氢正离子（$H^+$）和硫酸根负离子（$SO_4^{2-}$），在离子电场力作用下，两种离子分别向正负极移动，硫酸根负离子到达负极板后与铅正离子结合成硫酸铅（$PbSO_4$）。在正极板上，由于电子自外电路流入，而与 4 价的铅正离子（$Pb^{4+}$）化合成 2 价的铅正离子（$Pb^{2+}$），并立即与正极板附近的硫酸根负离子结合成硫酸铅附着在正极上。

铅酸蓄电池用填满海绵状铅的铅板作负极，填满二氧化铅的铅板作正极，并用 1.28% 的稀硫酸作电解质。在充电时，电能转化为化学能，放电时化学能又转化为电能。电池在放电时，金属铅是负极，发生氧化反应，被氧化为硫酸铅；二氧化铅是正极，发生还原反应，被还原为硫酸铅。电池在用直流电充电时，两极分别生成铅和二氧化铅。移去电源后，它又恢复到放电前的状态，组成化学电池。铅蓄电池是能反复充电、放电的电池，叫作二次电池。它的电压是 2 V，通常把 3 个铅蓄电池串联起来使用，电压是 6 V。汽车上用的是 6 个铅蓄电池串联成 12 V 的电池组。铅蓄电池在使用一段时间后要补充蒸馏水，使电解质保持含有 22%～28% 的稀硫酸。

放电时，正极反应为：$PbO_2 + 4H^+ + SO_4^{2-} + 2e \Longrightarrow PbSO_4 + 2H_2O$

负极反应：$Pb + SO_4^{2-} - 2e \Longrightarrow PbSO_4$

总反应：$PbO_2 + Pb + 2H_2SO_4 \Longrightarrow 2PbSO_4 + 2H_2O$（向右反应是放电，向左反应是充电）

（5）蓄电池的性能特点

蓄电池具有如下特点：

- 采用电池槽盖、极柱双重密封设计，确保不漏酸。

- 吸附式的玻璃的氧复合效率有效地控制了电池内部水分的损失，因此在整个电池的使用过程中无须补水或补酸维护。
- 安全可靠，特殊的密封结构，阻燃单向排气系统，在使用过程中不会产生泄漏，更不会发生火灾。
- 使用的低钙铅合金板栅，最大限度降低了气体的产生，并可方便循环使用，大大延长了电池的使用寿命。
- 粗壮的极板、槽盖的热封黏结，多元格的电池设计使电池的安装和维护更经济。
- 体重比能量高，内阻小，输出功率高。
- 充放电性能高，自放电控制在每个月 2% 以下（20 ℃）。
- 恢复性能好，在深放电或者充电器出现故障时，短路放置 30 天后，仍可充电恢复其容量。
- 温度适应性好，可在 –40～50 ℃下安全使用。
- 无须均衡充电，由于单体电池的内阻、容量、浮充电压一致性好，确保电池在使用期间无须均衡充电。
- 电解液被吸附于特殊的隔板中，不流动，防涌出，可竖立、旁侧或端侧放置。

## 任务实施

### 1. 电源系统安装规范

在安装、操作、维护通信电源设备时，应遵守下列相关安全注意事项。

（1）电源系统安装注意事项

- 设备入场时，轻拿轻放，保证场地清洁干燥。
- 在地板上钻孔前，应确保不伤及其他线缆及防静电地板等。
- 钻孔时应佩戴护目镜，以免飞溅的金属屑伤到眼睛。
- 通信电源的金属外壳一般与地(FG)连接，要可靠接地，以确保安全，不可误将外壳接在零线上。
- 在安装通信电源完毕通电试行之前，应再次检查和校对各接线端子上的连接，确认输入和输出、交流和直流、单相和多相、正极和负极、电压值和电流值等正确，方可通电运行。
- 为了达到充分散热，一般通信电源宜安装在空气对流条件较好的位置或配套安装空调设备。
- 确保在电池与设备之间进行充分的绝缘措施。不充分的绝缘措施可能引起电击、短路发热、冒烟或燃烧。

（2）电源系统调试注意事项

- 上电前，先检查通信设备内配线、螺钉是否松动。
- 通信设备调测过程涉及的技术内容较多，调测人员必须经过相应的技术培训。
- 调测过程是带电作业过程，操作时应站在干燥的绝缘物上，不要佩戴手表、项链等金属物品。
- 通信设备调测中应使用经过绝缘处理的工具。
- 作业中要避免人体接触两点不同电位带电体。

- 通信电源设备调测中，任何"合闸操作"前一定要检查相关单元或部件的状态是否符合要求。
- 在作业过程中，如果不允许其他人操作，配电设备上应悬挂"禁止合闸，有人操作"等禁止标识。
- 在调试的过程中，应边调试边观察，发现异常现象要立即关机，待查明原因后，再继续进行。
- 操作电池时会有大电流危险。连接电池电缆的时候，确保所有电池熔断器都已断开。电源系统在接入蓄电池组的连接线缆前，必须断开相应的电池熔断器，也可断开蓄电池组内的单体电池连接器，以避免安装后电源系统带电。
- 电池电缆两端连接的极性必须一致，否则会损坏电池和电源系统。

（3）电源系统设备的安全防护

- 操作前，应先将设备可靠地固定在地板或其他稳固的物体上，如墙体或安装架上。
- 安装模块时，如果螺钉需要拧紧，必须使用工具操作。
- 安装完设备，应该清除设备区域的空包装材料。
- 蓄电池安装、维护等操作前，为确保安全，应使用专用绝缘工具。
- 在搬运电池的过程中，应始终保持电极向上，禁止倒置、倾斜。
- 进行安装、维护等操作时，充电电源要保持断开状态。

### 2. 安装准备

为保证整个设备安装的顺利进行，需要对现场进行勘查并准备施工图样、安装套件、相关工具和仪表。

（1）安装现场的准备

设备安装前要对将要安装的场所进行施工勘查，主要内容有：

- 设备安装的走线情况检查，如地沟、走线方向、地板、走线孔等内容。
- 设备安装所需要的环境检查，如温度、湿度、粉尘等。
- 安装场所所需要的条件检查，如供电、照明等。
- 设备工作所需要条件的检查，包括交流供电情况、地线等。

（2）工具及材料准备

- 施工设计图：根据施工图样确定机架安装位置、底座固定方式，同时也要根据施工图样确定线缆型号、布线径路等。
- 安装套件：包括：电源柜、配电框架、监控模块、整流模块、信号指示灯、配套电缆、蓄电池组及配套安装材料。
- 安装工具及仪表：电源系统的安装工具和仪表如图1-1-8所示。包括：电烙铁、长卷尺、电工刀、螺丝刀、记号笔、各种扳手、冲击钻、压线钳、剥线钳、绝缘胶带、万用表等。

### 3. 电源机柜的安装

（1）确定电源柜的安装孔位

按照机房安装图样，确定电源机柜在机房中的安装位置，并根据电源机柜安装孔的机械参数（见图1-1-9），在画线板上标记。

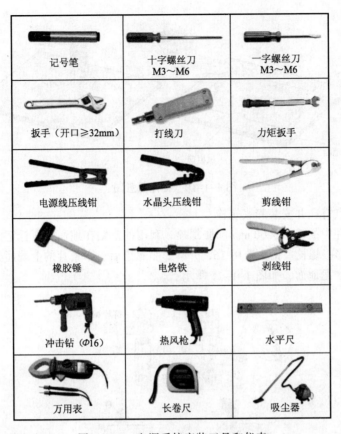

| | | |
|---|---|---|
| 记号笔 | 十字螺丝刀<br>M3～M6 | 一字螺丝刀<br>M3～M6 |
| 扳手（开口≥32mm） | 打线刀 | 力矩扳手 |
| 电源线压线钳 | 水晶头压线钳 | 剪线钳 |
| 橡胶锤 | 电烙铁 | 剥线钳 |
| 冲击钻（Φ16） | 热风枪 | 水平尺 |
| 万用表 | 长卷尺 | 吸尘器 |

图 1-1-8  电源系统安装工具和仪表

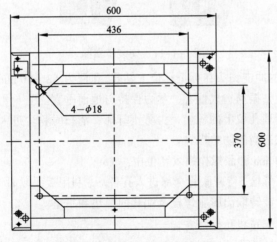

图 1-1-9  机柜底座的安装尺寸

根据画线板的安装孔位确定机柜在地面的安装孔位，并在画线板和地面上用铅笔或油笔进行标注，如图 1-1-10 所示。

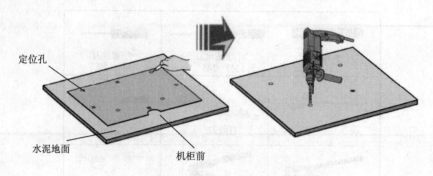

图 1-1-10　标注示意图

（2）在定位点打孔并安装膨胀螺栓

使用发货附件中的 M12×60 mm 膨胀螺栓，利用冲击钻在地面上所标记的安装孔中心点上冲孔，并安装膨胀螺栓。钻头选用 16，分解膨胀螺栓后，膨胀管的上端面必须与水泥地面相平，不能凸出水泥地面，如图 1-1-11 所示。

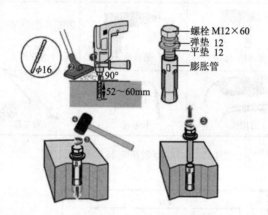

图 1-1-11　安装步骤图

- 使用型号为 16 的冲击钻头在标记孔位上钻孔，孔深为 52～60 mm，且各孔位深度相同。冲孔时要防止电钻振动造成偏心，尽力保持与地面垂直。
- 使用清洁工具清理孔位上的粉尘，为防止打孔、清扫时粉尘进入人体呼吸道和眼睛，操作人员应采取适当的防护措施。
- 将型号 M12×60 mm 膨胀螺栓插入孔位中。
- 用铁锤敲入膨胀螺栓，待膨胀管全部进入孔位后，利用扳手顺时针旋转拧紧膨胀螺栓。
- 利用扳手逆时针旋转取出膨胀螺栓及配套的弹垫和平垫。

（3）将电源柜放置于安装孔位并安装

将电源柜放置于已经开孔的地面上，并使 4 个孔位与电源柜孔位对齐，使用 45N·m 力矩扳手按照对角顺序依次紧固电源柜底部的螺栓。电源机柜固定过程如图 1-1-12 所示。

（4）检查机柜水平度并调平

电源柜安装完成后，利用水平尺进行水平校准，出现安装不平稳的情况可通过调整 4 个角的螺栓松紧度来进行调节，检查过程如图 1-1-13 所示。

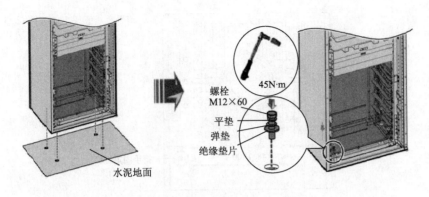

水泥地面

图 1-1-12 电源柜定位示意图

（5）测量螺栓和水泥地面之间的绝缘度

电源柜安装完成后，需对 4 个膨胀螺栓做绝缘测试。若阻值小于 5 MΩ，则机柜和大地没有绝缘，需检查螺栓绝缘垫是否正常。若阻值大于或等于 5 MΩ，则机柜和大地已绝缘。测量方法如图 1-1-14 所示。

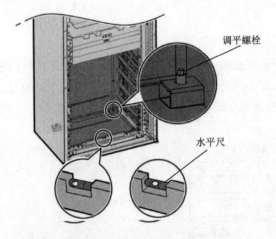

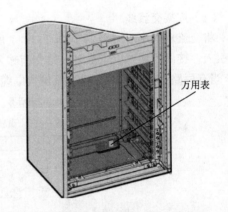

图 1-1-13　机柜安装水平检查示意图　　图 1-1-14　机柜绝缘测试示意图

#### 4. 电源模块的安装

安装整流模块：

用十字螺丝刀松开把手固定螺钉，把手将自动弹出，定位销将凹进模块里面，安装位置如图 1-1-15 所示。

将整流模块放入相应的模块槽中，往里将模块缓慢推至不动为止，合上模块面板上的把手，模块将被锁定在机柜上，用十字螺丝刀紧固把手固定螺钉。安装完毕，如图 1-1-16 所示。

在上述操作中应该注意：

- 当整流模块个数少于 4 个时，应按从左到右的顺序安装（监控模块安装位除外）。
- 整流模块安装时，必须抓住模块把手轻推至安装槽位，否则会损伤模块的定位槽。

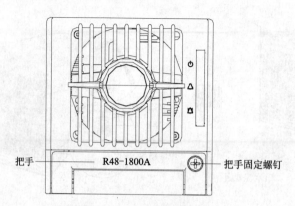

图 1-1-15 整流模块的把手位置示意图

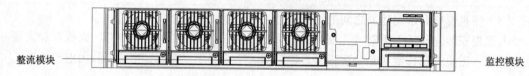

图 1-1-16 整流模块安装完成示意图

### 5. 电气安装

（1）连接交流线

将交流输入/输出线连接到图 1-1-17 所示交流输入空开位置，交流输入电缆可从机柜顶部引入。接线时注意，当只有一路交流输入时，将交流输入电缆连接到交流输入空开的端子 1；当有两路交流输入时，将交流输入电缆连接到交流输入空开的端子 1 和端子 2。

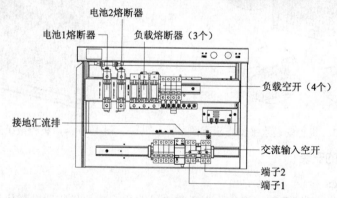

图 1-1-17 接线端子示意图

（2）连接负载线

将负载的负极电缆接至负载空开或负载熔断器的上端，然后将各负载的正极电缆接至机柜背面的直流输出正母排，如图 1-1-18 所示。

（3）连接电池线

将电池负极电缆的一端连接到"电池 1 熔断器"或"电池 2 熔断器"的上端；将电池正极电缆的一端接至机柜的"系统直流输出正母排"，如图 1-1-17 和图 1-1-18 所示。同时，将两根电池电缆未接线的一端做好铜鼻子并用绝缘胶布把铜鼻子缠好，分别放到电池负极和正极旁边，等到直流配电初调时，将电池电缆连接到电池上。

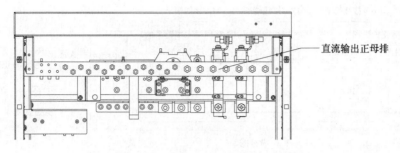

图 1-1-18　系统直流输出正母排示意图

对于选用了 DC/DC 模块的系统，出厂前模块已安装在机柜上。DC/DC 模块位置如图 1-1-19 所示。

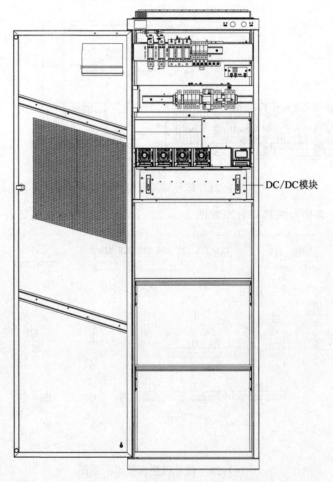

DC/DC模块

图 1-1-19　DC/DC 模块位置示意图

DC/DC 模块的接线端子位于模块背面,共有六对输出电压不同的接线端子(分别为两个 6 V 接线端子,两个 12 V 接线端子和两个 24 V 接线端子)。每对接线端子的上部端子为正接线端子,下部端子为负接线端子,如图 1-1-20 所示,接线时将电缆连接到相应的接线端子即可。

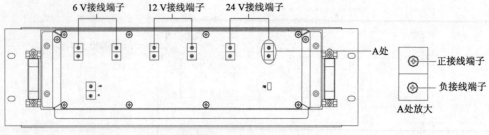

图 1-1-20　DC/DC 模块接线端子示意图

（4）连接信号线

所有的信号线都需要连接到信号转接板上，转接板位置如图 1-1-21 所示。

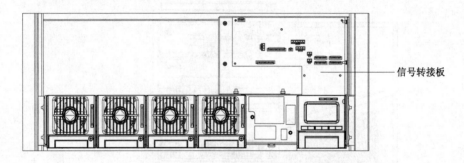

图 1-1-21　信号转接板位置示意图

信号转接板上各信号线接口分布如图 1-1-22 所示，部分接口功能如表 1-1-12 所示。

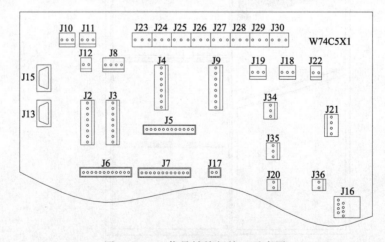

图 1-1-22　信号转接板接口示意图

表 1-1-12　电源信号转接板部分接口功能

| 接　口 | 定　　　　义 |
| --- | --- |
| J10 | 温度传感器接口 1 |
| J11 | 温度传感器接口 2 |
| J13 | RS232 接口（可连接 Modem 传输数据，或连接便携计算机） |

| 接　口 | 定　　　　义 |
|---|---|
| J16 | 网口 |
| J18[1] | 电池强制下电：接通此端口电池下电接触器强制处于断开状态，即强制切断电池 |
| J19 | 电池保护：接通此端口电池下电接触器处于受监控模块控制状态 |
| J20[2] | 负载下电：接通此端口负载下电接触器处于受监控模块控制状态 |
| J22 | 提供 Modem 48 V 电源 |

注：1. 电池强制下电与电池保护接口共用一根信号线，出厂设置为接通电池保护接口，未接通电池强制下电接口。若需接通电池强制下电接口，需要将电池保护接口信号线拔下，插入通电池强制下电接口中。

2. 本系统没有负载下电接触器，无负载下电功能

（5）连接温度传感器

温度传感器是可选附件，其探头工作电压为 5 V，测量范围为 -5～100℃，测量精度为 ±2℃。安装步骤如下：

- 将温度传感器电缆三芯插头连至电源系统的信号转接板上的 J10 或 J11 插座。
- 将温度探头放于最能体现所测温度的地方，尽量远离其他发热设备。当电池放置柜外时，温度探头不能置于机柜内部。

## 6. 安装蓄电池

将蓄电池整齐置于机柜底层机架上，摆放时，要根据蓄电池正负极的位置、连线的长短选择最佳的有序方式进行摆放，如图 1-1-23 所示。

图 1-1-23　蓄电池连线长短示意图

将几组蓄电池连接在一起，确定好连接完毕后总的正、负极的位置，然后将其余的极柱依次正负相连。紧固螺栓时要切实紧固，不可松动；也不可盲目用力，造成螺栓脱扣，或损坏蓄电池极柱。紧固时以弹垫压平为紧固标准。

将连接在直流输出正母排上的两根电池线的正负极分别与电池连接。连接完毕后，用万用表测量整组蓄电池电压，判断是否在可用范围内及连线是否正确，并确定整个蓄电池组的正负极。将整流充电部分的交流电源合上，用万用表测量其电压，确定其输出电压是否与蓄电池组相匹配，并确定其正负极。

将整流充电部分停机，然后将整流充电部分的输出"正"与蓄电池组的正极相连，整流充电部分的输出"负"与蓄电池组的负极相连。将整流充电部分开机，观察运行情况，若有异常，则须将整流充电部分停机后，进行相应处理。

任务单

任务实施过程中的相关任务单如表1-1-13所示。

表1-1-13  任　务　单

| 项　　目 | 项目1　通信电源安装和接地系统施工 | | 学时 | 16 |
|---|---|---|---|---|
| 工作任务 | 任务1-1　通信电源系统的安装 | | 学时 | 8 |
| 班　　级 | 小组编号 | | 成员名单 | |
| 任务描述 | （1）各小组根据任务要求在实验室完成电源设备的安装并根据需要制作相关线缆及布线；<br>（2）通过对工程安装的训练，了解通信电源系统工程安装准备工作、硬件安装的流程及相关操作、电源安装及接地规范；<br>（3）通过安装相关操作掌握线缆的制作及标签制作、线缆布放等 | | | |
| 工作内容 | （1）电源基础知识学习：<br>• 熟悉HD-48120电源系统的工作原理和相关性能指标；<br>• 了解HD-48120电源系统各模块的功能。<br>（2）安装准备：<br>• 按照规范，检查安装环境，记录相关数据；<br>• 按照规范，准备安装过程中所需的全部材料及工具仪表。<br>（3）HD-48120电源系统安装：<br>• 按照安装规范，进行机柜安装；<br>• 按照安装规范，安装电源模块；<br>• 手动制作相关线缆并安装线缆；<br>• 安装蓄电池组 | | | |
| 注意事项 | （1）爱护电源设备、机房其他设施等；<br>（2）按规范操作使用仪表，防止损坏仪器仪表；<br>（3）注意用电安全；<br>（4）各小组按规范协同工作；<br>（5）按规范进行设备的安装操作，防止损坏设备；<br>（6）做好安全防范措施，防止人身伤害；<br>（7）工程施工时，采取相应措施防范环境污染；<br>（8）避免材料的浪费 | | | |
| 提交成果、文件等 | （1）学习过程记录表；<br>（2）材料检查记录表、安装报告；<br>（3）学生自评表；<br>（4）小组评价表 | | | |
| 完成时间及签名 | | | 责任教师： | |

练习题

一、简答题

1. 简述HD-48120电源系统的基本工作原理。

2. HD-48120电源系统有哪些模块组成？各有什么作用？

3. 简述电源系统工程安装中的注意事项包含哪些内容。

4. 简述电源系统安装准备的工作有哪些。

5. 简述电源系统安装所需的工具仪表有哪些。

6. HD-48120 电源系统的硬件安装流程是什么？

## 二、填空题

1. 当电源系统出现市电故障，此时系统将改由（　　　）供电。

2. 安装设备时使用的膨胀螺栓由（　　　）、（　　　）、（　　　）和（　　　）四部分组成。

3. 从市电引接过来的交流电源线需要连接到电源柜里的（　　　）和（　　　）端子。

4. HD-48120 电源系统直流输出模块的容量由（　　　）、（　　　）和（　　　）等构成。

5. 蓄电池的结构主要由（　　　）、（　　　）、（　　　）、（　　　）、铅连接条和极柱等组成。

## 三、实践操作题

参照 HD-48120 电源的安装步骤及方法，对设备进行安装并写出安装报告。

### 任务评价

本任务评价的相关表格如表 1-1-14、表 1-1-15、表 1-1-16 所示。

表 1-1-14　学生自评表

| 项目 1 | | 通信电源安装和接地系统施工 | | |
|---|---|---|---|---|
| 任务名称 | | 任务 1-1 通信电源系统的安装 | | |
| 班　级 | | | 组名 | |
| 小组成员 | | | | |

自评人签名：　　　　　　　　评价时间：

| 评价项目 | 评 价 内 容 | 分值标准 | 得 分 | 备　注 |
|---|---|---|---|---|
| 敬业精神 | 不迟到、不缺课、不早退；学习认真，责任心强；积极参与任务实施的各个过程；吃苦耐劳 | 10 | | |
| 专业能力 | 了解正确的安装流程、安装环境检查要点 | 5 | | |
| | 了解安装前要做的准备，包括材料和工具 | 10 | | |
| | 掌握机柜、模块的安装方法 | 10 | | |
| | 掌握电源安装相关操作 | 10 | | |
| | 掌握电缆、光纤、电源线等线缆的走线技能 | 10 | | |
| | 了解设备接地规范和操作方法 | 10 | | |
| | 掌握标签制作和使用方法 | 5 | | |
| 方法能力 | 工具仪表的使用；信息、资料的收集整理能力；制订学习、工作计划的能力；发现问题、分析问题、解决问题的能力 | 15 | | |
| 社会能力 | 与人沟通能力；组内协作能力；安全、环保、责任意识 | 15 | | |
| 综合评价 | | | | |

表 1-1-15　小组评价表

| 项目 1 | 通信电源安装和接地系统施工 | | | | |
|---|---|---|---|---|---|
| 任务名称 | 任务 1-1　通信电源系统的安装 | | | | |
| 班级 | | | | | |
| 组别 | | 小组长签字： | | | |
| 评价内容 | 评 分 标 准 | | 小组成员姓名及得分 | | |
| | | | | | |
| 目标明确程度 | 工作目标明确、工作计划具体结合实际、具有可操作性 | 10 | | | |
| 情感态度 | 工作态度端正、注意力集中、积极创新，采用网络等信息技术手段获取相关资料 | 15 | | | |
| 团队协作 | 积极与组内成员合作，尽职尽责、团结互助 | 15 | | | |
| 专业能力要求 | （1）充分完成设备安装前的各项准备工作；<br>（2）正确掌握设备的安装流程；<br>（3）正确掌握机柜、模块的安装；<br>（4）正确掌握设备的各种线缆连接；<br>（5）掌握电源安装方法与设备接地相关操作；<br>（6）合理安排机房线缆的走线和布放；<br>（7）掌握标签制作和使用方法 | 60 | | | |
| 总分 | | | | | |

表 1-1-16　教师评价表

| 项目 1 | 通信电源安装和接地系统施工 | | | |
|---|---|---|---|---|
| 任务名称 | 任务 1-1 通信电源系统的安装 | | | |
| 班 级 | | 小组 | | |
| 教师姓名 | | 时 间 | | |
| 评价要点 | 评 价 内 容 | 分 值 | 得 分 | 备 注 |
| 资讯准备<br>（10 分） | 明确工作任务、目标 | 5 | | |
| | 硬件安装应遵循怎样的安装规范 | 5 | | |
| 资讯准备<br>（10 分） | 明确电源设备安装前需要做哪些准备工作 | 1 | | |
| | 电源设备安装应遵循怎样的流程 | 1 | | |
| | HD-48120 电源设备有哪些安装方式 | 1 | | |
| | HD-48120 电源有哪些模块？各有什么作用 | 0.5 | | |
| | HD-48120 电源机盒的安装方法 | 0.5 | | |
| | HD-48120 电源设备的线缆如何连接 | 2 | | |
| | 各种线缆（电源线、信号线、接地线）制作方法以及标签制作方法 | 2 | | |
| | 施工中如何保证设备安全和人身安全 | 1 | | |
| | 如何进行设备的接地 | 1 | | |

| 评价要点 | 评 价 内 容 | 分 值 | 得 分 | 备 注 |
|---|---|---|---|---|
| 实施计划<br>(20分) | 检查机房施工环境和设备安装准备 | 5 | | |
| | HD-48120电源设备安装，包括模块、电气开关等 | 5 | | |
| | 连接各种设备线缆，包括信号线、电源线等 | 5 | | |
| | 按照规范给电源设备接地 | 5 | | |
| 实施检查<br>(40分) | 根据机房电源工程安装要求，对机房环境进行检查，确认机房环境满足工程要求 | 5 | | |
| | 根据工程安装准备，按照设备清单并记录相关数据 | 5 | | |
| | 根据电源及机房勘查规划，确定安装设备机柜、走线架位置等 | 5 | | |
| | 根据电源安装规范，对电源柜进行安装 | 10 | | |
| | 根据电源安装规范，对电源模块进行安装 | 5 | | |
| | 根据电源安装规范，对电气线缆进行安装 | 5 | | |
| | 根据电源安装规范，对蓄电池组进行安装 | 5 | | |
| 展示评价<br>(30分) | 提交的成果材料是否齐全 | 10 | | |
| | 是否充分利用信息技术手段或较好的汇报方式 | 5 | | |
| | 回答问题是否正确？表述是否清楚 | 5 | | |
| | 汇报的系统性、逻辑性、难度、不足与改进措施 | 5 | | |
| | 对关键点的说明是否翔实，重点是否突出 | 5 | | |
| 合计 | | | | |

# 任务 1-2　接地系统的安装与测试

## 任务描述

本任务的通信工程接地系统的安装是通信机房工程建设中的核心部分，其主要涉及室外接地装置的安装、室内接地装置的安装、防雷装置的安装、防雷接地系统的测试等相关工作。本任务依据硬件安装工程师、安装调测工程师和施工督导等岗位技能要求以通信系统接地工程中的典型的工作任务而设置。详细阐述通信工程接地系统的相关知识，包括接地器材介绍、安装规范、安装过程、防雷接地系统测试等，掌握通信系统中接地系统的安装技能等。任务目标和要求如表 1-2-1 所示。

表 1-2-1　任　务　单

| 任务目标 | （1）了解通信系统接地的作用及分类；<br>（2）了解接地系统的构成；<br>（3）掌握工程安装前要做的准备工作；<br>（4）掌握工程安装规范；<br>（5）掌握接地系统的安装流程及相关操作；<br>（6）掌握安装环境检查的内容和方法；<br>（7）掌握接地系统的地阻测试方法 |
|---|---|

项目 ① 通信电源安装和接地系统施工

续表

| | |
|---|---|
| 任务要求 | （1）了解通信系统接地的作用及分类；<br>（2）掌握防雷接地施工过程中的注意事项；<br>（3）掌握机房接地系统的施工流程；<br>（4）掌握机房防雷接地的测试方法 |
| 注意事项 | （1）爱护机房设备等；<br>（2）按规范操作使用仪表，防止损坏仪器仪表；<br>（3）注意用电安全；<br>（4）各小组按规范协同工作；<br>（5）按规范进行设备的安装操作，防止损坏设备；<br>（6）做好安全防范措施，防止人身伤害；<br>（7）工程施工时，采取相应措施防范环境污染；<br>（8）避免材料的浪费 |
| 建议学时 | 8 学时 |

 相关知识

### 1. 通信接地的作用及种类

所谓接地，就是把设备的某一部分通过接地装置同大地紧密连接在一起。到目前为止，接地仍然是应用最广泛的并且无法用其他方法替代的电气安全措施之一。不管是电气设备还是电子设备，不管是生产用设备还是生活用设备，不管是直流设备还是交流设备，不管是固定式设备还是移动式设备，不管是高压设备还是低压设备，也不管是发电厂还是用电户，都采用不同方式、不同用途的接地措施来保障设备的正常运行和安全。

通信电源接地的种类很多，主要有交流工作接地、直流工作接地、安全保护接地、防雷接地、屏蔽线接地、防静电接地等。

（1）交流工作接地

电气设备按规定在工作时要进行工作接地，即交流电三相四线制中的中性线直接接入大地，这就是交流工作接地。中性点接地后，当交流电某一相线碰地时，由于此时中性点接地电阻只有几欧姆，故接地电流就成为数值很大的单相短路电流。此时相应的保护设备能迅速地切断电源，从而保护人身和设备的安全。计算机系统交流工作地的实施，可按计算机系统和机房配套设施两种情况来考虑。例如，打印机、扫描仪、磁带机等，其中性点用绝缘导线串联起来，接到配电柜的中线上，然后通过接地母线将其接地；机房配套设施如空调中的压缩机、新风机组、稳压器、UPS等设备的中性点应各自独立按电气规范的规定接地。

（2）直流工作接地

直流工作接地是计算机或电气设备系统中数字逻辑电路的公共参考零电位，即逻辑接地。逻辑电路一般工作电平低，信号幅度小，容易受到地电位差和外界磁场的干扰，因此需要一个良好的直流工作接地，以消除地电位差和磁场的影响。机房直流工作接地线的接法通常有 3 种：串联法、汇集法、网格法。

串联法是在地板下敷设一条截面积为（0.4～1.5 mm）×（5～10 mm）的青铜（或紫铜）带。各设备把各自的直流接地就近接在地板下的这条铜皮带上。这种接法的优点是简单易行；缺点是铜带上的电流流向单一，阻抗不小，致使铜带上各点电位有些差异。这种接法一般用

于较小的系统中。

汇集法是在地板下设置一块厚 5～20 mm、大小为 500 mm×500 mm 的铜板，各设备用多股屏蔽软线把各自的直流地都接在这块铜板上，这种接法也叫并联法。其优点是各设备的直流接地无电位差，缺点是布线混乱。

网格法是用截面积为（2.5 mm×50 mm）左右的铜带，把整个机房敷设网格地线（等电位接地母排），网格网眼尺寸与防静电地板尺寸一致，交叉点焊接在一起。各设备把自己的直流接地就近连接在网格地线上。这种方法的优点在于既有汇集法的逻辑电位参考点一致的优点，又有串联法连接简单的优点，而且还大大降低了计算机系统的内部噪声和外部干扰；缺点是造价昂贵，施工复杂。这种方法适用于计算机系统较大、网络设备较多的大、中型计算机房。

（3）安全保护接地

安全保护接地就是将电气设备的金属外壳或机架通过接地装置与大地直接连接起来，其目的是防止因绝缘损坏或其他原因使设备金属外壳带电而造成触电的危险。

安装好安全保护接地后，由于安全保护接地线电阻远远小于人体电阻，设备金属外壳或机架的漏电被直接引入大地，人体接触带电金属外壳后不会有触电的危险。机房安全保护接地的接法是将机房内所有计算机系统设备的金属机壳用数根绝缘导线就近接入系统的安全保护接地线上。

机房内其他配套辅助设施，如空调中的压缩机、新风机组、稳压器、UPS 等设备的安全保护接地应分别按有关的电气规范要求接地。现在许多计算机设备的电源线采用单相三线电缆，其中一条为火线（右），一条为中线（左），一条为地线（上）。这条地线在设备中连在金属外壳上。与设备相连的电源插座应采用三孔插座，统一连接安全保护接地的接点。

（4）防雷接地

雷电对设备的破坏主要有两类：第一类是直击雷的破坏，即雷电直击在建筑物或设备上，使其发热燃烧和机械劈裂破坏；第二类是感应雷的破坏，即雷电的第二次作用。强大的雷电磁场产生的电磁效应和静电效应使金属构件和电气线路产生高至数十万伏的感应电压，危机建筑物、设备甚至人身安全。

防雷接地在雷击的情况下，会有很大的电流通过流入大地，雷电流的幅值一般在数千安（kA）至数百千安，接地极及其附近的大地电位将产生瞬时高电位。如果在防雷接地极较近处有其他接地系统的接地极（接入端），就会产生干扰。所以，防雷接地与其他接地应严格分开，并保持一定的距离，一般需大于 20 m。在雷电频繁区域，应装设浪涌电压吸收装置。

机房如果设在有防雷设施的建筑中可不再考虑防雷接地。但如果在这种已有防雷装置的建筑物上再架设计算机网络通信接入设备，如卫星接收天线、微波接收天线或红外接收天线等设备，则必须另外敷设通信设备防雷接地。

机房接地系统其实不能单独自成一个独立的系统，必须要与建筑物的防雷与接地系统形成一个整体。所以，有必要了解一些建筑物的接地系统原理，那就是等电位连接与共用接地系统。

共用接地系统是由接地装置（基础地或环形接地体）和等电位连接网络组成。采用共用接地系统的目的是达到均压、等电位以减小各种接地设备之间、不同系统之间的电位差。其接地电阻因采取了等电位连接，所以要按所有接入设备中要求接地电阻的最小值决定。没有必要规定共用接地系统的接地电阻要小于 1 Ω。建筑物内应设总等电位接地端子板（在最低楼层），每层竖井内的接地干线上设置楼层等电位接地端子板，设备机房设置局部等电位接

项目
1

通信电源安装和接地系统施工

端子板。图 1-2-1 是建筑物防雷区等电位连接及共用接地系统示意图。

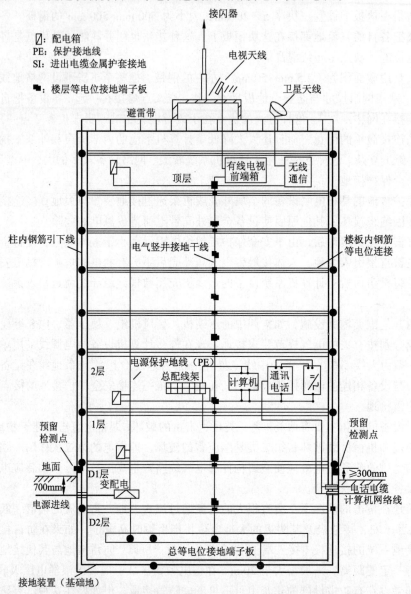

图 1-2-1　建筑物防雷连接及共用接地系统示意图

　　当基础采用硅酸盐水泥和周围土壤的含水量不低于 4%，基础外表面无防水层时，应优先利用基础内的钢筋作为接地装置。但如果基础被塑料、橡胶、油毡等防水材料包裹或涂有沥青质的防水层时，不宜利用在基础内的钢筋作为接地装置。宜在建筑物外面四周敷设闭合状的水平接地体作为接地装置。

　　接地干线宜采用横截面积大于 16 mm² 的铜质导线在弱电井中敷设，在施工中一般宜采用截面积大于 35 mm² 的铜质导线敷设，其目的是使导线阻抗远远小于建筑物结构钢筋阻抗，为楼层、局部等电位接地端子板上可能出现的雷电流提供了一个快速泄放通道。接地系统的接地干线与各楼层等电位接地端子板及各系统设备机房内局部等电位接地端子板之间存在连接关系。

建筑物外部防雷装置是直接安装在建筑物外部，防雷装置与各种金属物体之间的安全距离不可能得到保证。为防止防雷装置与邻近的金属物体之间出现高电位反击，减小其间的电位差，除了将屋内的金属物体做好等电位连接外，应将各种接地（交流工作接地、安全保护接地、直流工作接地、防雷接地等）共用一组接地装置。

上述 4 种接地引出线经过接地干线与基础地或环形接地体相连形成等电位连接，但防雷接地在基础地或环形接地体上的接地点与其他几种接地的接地点之间的距离宜大于 10 m。

电子设备的金属外壳、机柜、机架、金属管（槽）、屏蔽线缆外屏蔽层、信息设备防静电接地和安全保护接地及浪涌保护器接地端等均应以最短的距离与等电位连接网络的接地端子板连接，电位连接网络再连接至接地干线。

（5）屏蔽体接地

屏蔽与接地应当配合使用，才能起到良好的屏蔽效果。典型的两种屏蔽是静电屏蔽与交变电场屏蔽。

静电屏蔽是当用完整的金属屏蔽体将带电导体包围起来，在屏蔽体的内侧将感应出与带电导体等量异种的电荷，外侧出现与带电导体等量的同种电荷，因此外侧仍有电场存在。如果将金属屏蔽体接地，外侧的电荷将流入大地，金属壳外侧将不会存在电场，相当于壳内带电体的电场被屏蔽起来。

交变电场屏蔽是为减少交变电场对敏感电路（比如多级放大电路、RAM、ROM 电路）的耦合干扰电压，可以在干扰源和敏感电路之间设置导电性好的金属屏蔽体，或将干扰源、敏感电路分别屏蔽，并将金属屏蔽体接地。只要金属屏蔽体良好接地，能极大地减小交变电场对敏感电路的耦合干扰电压，电路就能正常工作。

电路的屏蔽罩接地是各种信号源和放大器等易受电磁辐射干扰的电路应设置屏蔽罩。由于信号电路与屏蔽罩之间存在寄生电容，因此要将信号电路地线末端与屏蔽罩相连，以消除寄生电容的影响，并将屏蔽罩接地，以消除共模干扰。

电缆的屏蔽层接地是在某些通信设备中的弱信号传输电缆中，为了保证信号传输过程中的安全和稳定，使用外面带屏蔽网的电缆来使信号传输稳定，防止干扰其他设备和防止自己被干扰。例如，闭路电视使用的是同轴电缆，外面的金属网是用来屏蔽信号的。再如，网线里面由 8 根细金属导线绕制的电缆，其中 4 根就起屏蔽作用，保证信号的数字信号正确。

低频电路电缆的屏蔽层接地是低频电路电缆的屏蔽层接地，应采用单点接地的方式，屏蔽层接地点应当与电路的接地点一致,一般是电源的负极。对于多层屏蔽电缆，每个屏蔽层应在一点接地，但各屏蔽层应相互绝缘。

高频电路电缆的屏蔽层接地应采用多点接地的方式。高频电路的信号在传递中会产生严重的电磁辐射，数字信号的传输会严重衰减，如果没有良好的屏蔽，会使数字信号产生错误。一般采用以下原则：当电缆长度大于工作信号波长的 15%时，采用工作信号波长的 15%的间隔多点接地式。如果不能实现，则至少将屏蔽层两端接地。

当整个系统需要抵抗外界电磁干扰，或需要防止系统对外界产生电磁干扰时，应将整个系统屏蔽起来，并将屏蔽体接到系统地上。例如，计算机的机箱、敏感电子仪器、某些仪表。

项目 1 通信电源安装和接地系统施工

（6）防静电接地

将带静电物体或有可能产生静电的物体（非绝缘体）通过导静电体与大地构成电气回路的接地叫静电接地。静电接地电阻一般要求不大于 10 Ω。

防静电工程中静电防护区的地线较常用的敷设方法有两种：一种是专从埋设的地线接地体引出的接地线，单独敷设到生产线的防静电作业岗位，以便做静电泄漏之用，单独敷设的接地导线通常使用大于 1 mm 厚，约 25 mm 宽镀锌铁皮或用铜芯软线单独引入；二是采用三相五线制供电系统中的地线，引出电源零线的同时，单独引出大地地线作防静电接地母线，工程上称为"一点引出电阻隔离"，电源主变电箱至大地的接地电阻应小于 4 Ω。

在一般情况下静电接地可以和保护接地或有重复接地的工作接地共用一个接地体。静电接地应尽可能避开和某些精密仪器的信号接地、微小参量仪器的接地共用一个接地体。因为静电接地泄放静电有时可产生较高脉冲，对仪器产生干扰。

静电接地应和防雷接地分开。因为防雷接地在泄放雷电流时，可产生较高的反击电压，通过静电接地能将反击电压引入静电防护区造成安全事故或将仪器设备损坏。在工程中静电接地应与防雷接地相隔 20 m 距离。

对于某些建筑物，由于在设计中以防雷接地和其他接地共用一个接地体，此时系统接地电阻必须小于 1Ω。另外，在其他地线支路（不包括防雷地线支路）必须装设防反击电压的装置（压敏元件等）和防雷接地连接，形成等电位体。

**2. 通信接地器材**

（1）接地棒

接地棒，又名接地极或接地网，是以提高接地导体内部导电性能，降低接地导体外部土壤电阻率为理论依据所设计生产的一种接地装置。产品具有施工简便、占地面积小、无环境污染、使用寿命长及阻值低等优点。普遍适用于通信、电力、交通、金融、石化、建筑系统等诸多领域，如通信局（站）、移动基站、调度机房、变电站、高速公路设施、计算机房、智能化小区等对接地要求严格的单位和部门，采用该系统均可以构成性能优良的接地系统。

目前，市场上的接地棒均为铜包钢结构接地棒，如图 1-2-2 所示。

铜包钢材料由于具有良好的导电性能、较高的机械强度，尤其是外部包覆的铜层具有良好的抗腐蚀性能，已被广泛地应用于接地装置中。在我国，接地装置的防腐蚀性和可靠性已日益引起重视，采用铜包钢复合材料替代型钢或镀锌角钢做接地装置已开始普及。铜包钢接地极是在借鉴

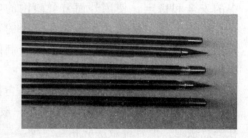

图 1-2-2　接地棒外形图

国外技术的基础上研制开发的用水平连铸工艺生产的系列产品，克服了电镀法和套管包覆法存在的结合力差等缺陷，具有铜层厚、阻值低、耐腐蚀性强、强度高、安装方便、电气连接性能好等优点，可广泛用于输变电和通信线路、电站、建筑物及天线的接地装置中，也可用于计算机等电子设备的接地系统，并可与接闪器（避雷针、避雷线）及引下线组成防雷接地装置。

现我国有关标准中都规定接地导体均可采用铜包钢复合材料。铜包钢复合材料替代型钢或镀锌角钢作接地导体，已日益被各设计院和工程施工单位接受、采用、重视和普及，广泛

用于发电厂、变电站、输电线路杆塔、通信基站、机场、铁路、各种高层建筑、微波中继站、网络机房、石油化工厂、储油库等场所防雷接地、防静电接地、保护接地、工作接地等。

铜包钢接地棒主要技术参数包括：

- 铜层最薄厚度≥0.5 mm。
- 抗拉强度≥600 N/mm²。
- 平直度误差≤1 mm/m。
- 铜层可塑性：接地棒（线）弯曲30°时，折角内外缘无裂缝现象。
- 铜层结合度：经附着力试验，除虎口钳钳口咬合处出现剥落铜层，其余部分铜钢结合良好，未出现剥离现象。

可以按要求的长度连接接地棒，接地棒可以深入地下30 m，而不受任何可能增加土壤电阻率及接地电阻的气候条件（如霜和干旱）的影响。通过深入接地，可用最少的接地棒获得所需的接地电阻值。接地深度与电阻值的对应关系如图1-2-3所示。

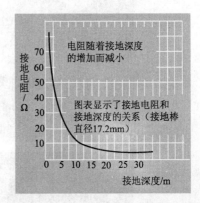

图1-2-3　接地深度与电阻值对应关系

（2）接地线

接地线就是直接连接地球的线，也可以称为安全回路线，危险时它就把高压直接转嫁给地球，算是一根生命线。家用电器设备由于绝缘性能不好或使用环境潮湿，会导致其外壳带有一定静电，严重时会发生触电事故。为了避免出现事故可在电器的金属外壳上面连接一根电线，将电线的另一端接入大地，一旦电器发生漏电时接地线会把静电带入大地释放掉。另外，对于电器维修人员在使用电烙铁焊接电路时，有时会因为电烙铁带电而击穿损坏电器中的集成电路，这一点比较重要。使用计算机的用户有时也会忽略主机壳接地，其实给计算机主机壳接根地线，在一定程度上可以防止死机现象的出现。在电力系统中接地线，是为了在已停电的设备和线路上意外地出现电压时保证工作人员的重要工具。按照规定，接地线必须由25 mm²以上裸铜软线制成。常见的接地线外观如图1-2-4所示。

在电器中，接地线就是接在电气设备外壳等部位及时地将因各种原因产生的不安全的电荷或者漏电电流导出的线路。

高压接地线是用于线路和变电施工，为防止临近带电体产生静电感应触电或误合闸时保证安全之用。高压接地线包括携带型高压接地线由绝缘操作杆、导线夹、短路线、接地线、接地端子、汇流夹、接地夹。按照规定，接地线必须是25 mm²以上裸铜软线制成。

- 电阻要求：高压短路接地线对地电阻要求决定了接地线的品质，一般按照电力行业技术规定要求每个截面积的接地线对地电阻不大于下列数值：接线鼻之间测量直流电阻，对于16 mm²、25 mm²、35 mm²、50 mm²、70 mm²、95 mm²、120 mm²的各种截面，平均每米的电阻值应分别小于1.24 mΩ、0.79 mΩ、0.56 mΩ、0.40 mΩ、0.28 mΩ、0.21 mΩ、0.16 mΩ。
- 高压接地线分类：高压接地线按照使用环境可以分为室内母排型接地线（JDX-NL）和室外线路型接地线（JDX-WS）。

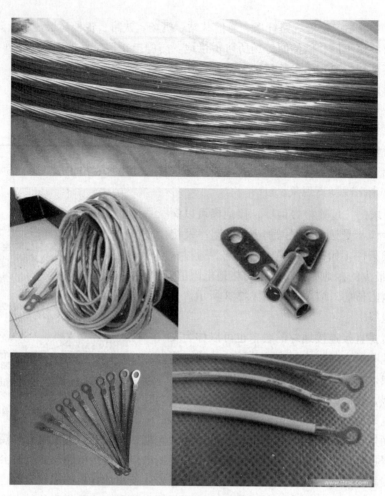

图 1-2-4  常见接地线外观

高压接地线按照电压等级可分为：10 kV 接地线、35 kV 高压接地线、110 kV 接地线、220 kV 高压接地线、500 kV 高压接地线。

- 使用说明：挂接地线时，先连接接地夹，后接接电夹；拆除接地线时，必须按程序先拆接电夹，后拆接地夹。安装时将接地软铜线分相上的双眼铜鼻子固定在接地棒上的接电夹（接电夹有固定式和活动式）相应位置上，将接地线合相上的单眼铜鼻子固定在接地夹或地针上，构成一套完整的接地线。核实接地棒的电压等级与操作设备的电压等级是否一致。接地软铜线有分相式和组合式，接地棒有平口式和双簧钩式线夹。

- 使用维护：使用携带型短路接地线前，应先验电确认已停电，在设备上确认无电压后进行。先将接地线夹连接在接地网或扁铁件上，然后用接地操作棒分别将导线端线类拧紧在设备导线上。拆除短路接地线时，顺序正好与上述相反。

装设的短路接地线，它和带电设备的距离，考虑到接地线摆的影响，其安全距离应不小于《电力安全工作规程》新规定的数值。严禁不用线夹而用缠绕的方法进行接地短路。

悬挂点如有接地点，应用接地线夹或专用铜棒作接地连接；如无固定接地点可利用；则可用临时接地点，接地极埋入地下深度应不小于 0.6 m。

携带型短路接地线应妥善保管。每次使用前，均应仔细检查其是否完好，软铜线无裸露，螺母不松脱，否则不得使用。携带型短路接地线检验周期为每五年一次，检验项目同出厂检验。经试验合格的携带型短路接地线在经受短路后，应根据经受短路电流大小和外观检验判断，一般应予报废。

（3）汇流排

接地汇流排在内部防雷系统中（或者电气系统）的主要作用是均压，一般接地汇流排安装在机房至地网的地线前端，而机房里所有设备的接地线汇集到这个汇集排上。如果机房设备过多，一般是在静电地板下制作均压环，设备接地线和静电地板接地线就近连接至均压环上。这样做的目的就是防止地电位反击事故发生，设备间都均压了，无电位差，就不会发生事故。

目前，常用的接地汇流排都采用铜质电工铜排，如图 1-2-5 所示。

铜排又称铜母线、铜母排或铜汇流排、接地铜排，是由铜材质制作的，截面为矩形或倒角（圆角）矩形的长导体，由铝质材料制作的称为铝排，在电路中起输送电流和连接电气设备的作用。由于铜的导电性能等优于铝，铜排在电气设备，特别是成套配电装置中得到了广泛的应用；一般在配电柜中的 U、V、W 相母排和 PE 母排均采用铜排；铜排在使用中一般标有相色字母标志或涂有相色漆，U 相铜排涂有"黄"色，V 相铜排涂有"绿"色，W 相铜排涂有"红"色，PE 母线铜排涂有"黄绿相间"双色。

图 1-2-5　接地汇流排

（4）避雷装置

防雷工作包括电气设备的防雷和建（构）筑物的防雷两项内容。电气设备的防雷主要包括发电厂、变配电所和架空电力线路的防雷；建（构）筑物的防雷则分工业和民间两大类，它们按危险程度和设施的重要性又可分为不同的类型。避雷针、避雷线、避雷网、避雷带及避雷器都是经常采用的防雷装置。一套完善的防雷装置包括接闪器、引下线和接地装置。上述针、线、网、带实际上都只是接闪器。避雷针主要用于发电厂、变电站等电气设备及建（构）筑物的直接雷防护；避雷线主要用来保护输电线路；避雷网和避雷带主要用来保护建（构）筑物；避雷器则主要用来保护电力设备，它属于一种专用的防雷设备。除避雷器外，它们都是利用其高出被保护物的突出地位，把雷电引向自身，然后通过引下线和接地装置把雷电流泄入大地，使被保护物免受雷击。各防雷装置的具体作用如下：

- 避雷针：利用尖端放电原理，使其保护范围内所有电气设备或建筑物免遭直击雷的破坏。避雷针外形如图 1-2-6 所示。
- 避雷线：避雷线主要用来保护输电线路，线路上的避雷线称为架空地线。常见避雷线的外观如图 1-2-7 所示。
- 避雷器：避雷器可进一步防止沿线侵入变电所（或发电厂）的雷电侵入波对电气设备的破坏，把雷电侵入波限制在避雷器残压值范围内，从而使变压器及其他电气设备可免受过电压的危害。常见的避雷器如图 1-2-8 所示。

图 1-2-6 避雷针

图 1-2-7 避雷线

图 1-2-8 避雷器

- 避雷带：沿建筑物屋顶四周易受雷击部位明设的作为防雷保护用的金属带作为接闪器、沿外墙作引下线和接地网相连的装置称为避雷带，多用在民用建筑特别是山区。由于雷击选择性较强（可能从侧面横向发展对建筑物放电），故使用避雷带（网）的保护性能比避雷针的要好。常见的避雷带工艺图如图 1-2-9 所示。

图 1-2-9 避雷带工艺图

- 避雷网：避雷网分为明装避雷网和笼式避雷网两大类。沿建筑物屋顶上部明装金属网格作为接闪器，沿外墙装引下线接到接地装置上，称为明装避雷网。一般建筑物中常采用这种方法。而把整个建筑物中的钢筋结构连成一体，构成一个大型金属网笼，称为笼式避雷网。笼式避雷网又分为全部明装避雷网、全部暗装避雷网和部分明装避雷网、部分暗装避雷网等几种。例如，高层建筑中都采用现浇的大模板和预制装配式壁板，结构中钢筋较多，把它们从上到下与室内的上下水管、热力管道、煤气管道、电

气管道、电气设备及变压器中性点等均连接起来，形成一个等电位的整体，叫笼式暗装避雷网。常见避雷网工艺如图1-2-10所示。

图 1-2-10　避雷网工艺图

### 3. 接地安装规范

（1）接地装置的敷设要求及规范

- 接地装置所用材料的材质、规格、型号、数量、重量等应符合工程设计规定，如果没有规定则必须采用铜导体，以降低高频阻抗。接地线尽量粗和短。
- 接地体顶面埋设深度应符合设计规定，当没有规定时，埋设的深度不宜小于 0.6 m。角钢及钢管接地体应垂直配置，除接地体外，接地体引出线的垂直部分和接地装置焊接部位应做防腐处理。在做防腐处理前，表面必须除锈并去掉焊接处残留的焊药。
- 为了易于打入土中，接地极的下端应锯成斜口或加热后打尖。
- 根据设计图样，用大锤将接地极打入预定位置，为了防止接地极上端打裂，应在管端套上护管帽。
- 接地极顶面埋设深度应符合设计规定，为 1.35 m，钢管接地体应垂直配置，接地极相互间距不小于其长度的 2 倍，水平接地体间距不宜小于 5 m。焊接部位应做防腐处理（刷防腐漆），做防腐处理前表面必须除锈并去掉残留的焊药。
- 垂直接地体的间距不宜小于其长度的 2 倍，水平接地体的间距应符合设计规定，当无设计规定时不宜小于 5 m。
- 接地装置应按隐蔽工程处理，经检验合格后再回土。回土时，要分层夯实，不应将石块、乱砖、垃圾等杂物填入沟内。外取的土壤不得有较强的腐蚀性，在回填土时应分层夯实。
- 接地体和连接线（一般为镀锌扁钢）各部件连接方法应符合规定。接地体连接线与接地体焊接牢固，焊缝处应做防腐处理。接地连接线（扁钢）在接头处的搭接长度应大于其宽度的 2 倍（如元钢，则为其直径的 6 倍以上）。
- 从接地体至机房的接地引入线应做防腐和绝缘处理。接地引入线与室内接地汇集排连接的端头处应镀锡，与接地装置连接可靠。
- 接地引入线应由地网中心部位就近引出，与机房接地汇集排连通，一般不应少于 2 根。地线引出处如有人孔装置，则引出线在人孔内应留有余长。

项目 1　通信电源安装和接地系统施工

- 接地汇集排安装位置应符合工程设计规定，安装端正、牢固，与接地引入线连接可靠并应有明显的标志。
- 所有交、直流配电设备的机架应从接地汇集排上引入保护接地线。交流配电屏中的中性线汇集排应与机架绝缘。严禁采用中性线做交流保护地线。
- 配线架应从接地汇集排上引入保护接地。同时配线架与机房通信机架间不应通过走线架形成电气连通。
- 所有通信设备机架应从接地汇接排上引接保护接地线。
- 通信机房内各类需要接地的设备与接地汇集排之间的连线，其截面应根据通过的最大负荷电流确定，一般应采用有塑料外套的多股绝缘铜线，严禁使用裸导线布放。
- 通信设备直流电源工作地应从接地汇集排上引入。电缆线应走线方便、整齐、美观，与设备连线余留不宜过长，同时不应妨碍今后的维护工作。

（2）接地体（线）的连接要求及规范

- 接地体（线）的连接应采用焊接，焊接必须牢固无虚焊，接至电气设备上的接地线应用镀锌螺栓连接，有色金属接地线不能采用焊接时，可用螺栓连接；螺栓连接处的接触面应按现行国家标准电气装置安装工程母线装置施工及验收规范的规定处理。
- 接地电源线布放时，应保持其平直、整齐，绑扎间隔均匀、松紧合适，塑料带扎头（或麻线扎头）应放在隐蔽处。外皮完整，中间严禁有接头和急弯。
- 截面在 $10\ mm^2$ 以下的接地电源线可与设备直接连接，即在电源线端头制作接头圈，线头弯曲方向应与紧固螺栓、螺母的方向一致，并在导线与螺母间加装平垫片和弹簧垫片，拧紧螺母。
- 截面在 $10\ mm^2$ 以上的多股接地电源线端头应加装接线端子并镀锡，接线端子尺寸与导线线径相吻合，用压（焊）接工具压（焊）接牢固，接线端子与设备的接触部分应平整，并在接线端子与螺母间应加装平垫片和弹簧垫片，拧紧螺母。
- 接地电源线与设备端子连接时，不应使端子受到外界机械压力，以免设备端子受损。
- 较粗的接地电源线进入设备的一端应将外皮剥脱，并缠扎塑料绝缘带，各电源线缠扎长度一致。较细的电源线进入设备时在端头处可直接套上绝缘套管，套管松紧适度，长为 2～3 cm。

（3）避雷针（线带网）的接地要求及规范

- 避雷针（带）与引下线之间的连接应采用焊接。
- 避雷针（带）的引下线及接地装置使用的紧固件均应使用镀锌制品，当采用没有镀锌的地脚螺栓时应采取防腐措施。
- 建筑物上的防雷设施采用多根引下线时，宜在各引下线距地面的 1.5～1.8 m 处设置断接卡，断接卡应加保护措施。
- 装有避雷针的金属筒体，当其厚度不小于 4 mm 时，可作避雷针的引下线，筒体底部应有两处与接地体对称连接。
- 独立避雷针及其接地装置与道路或建筑物的出入口等的距离应大于 3 m，当小于 3 m 时，应采取均压措施或铺设卵石或沥青地面。
- 独立避雷针（线）应设置独立的集中接地装置，当有困难时，该接地装置可与接地网连接，但避雷针与主接地网的地下连接点至 35 kV 及以下设备与主接地网的地下连接点，沿接地体的长度不得小于 15 m。
- 独立避雷针的接地装置与接地网的地中心距离不应小于 3 m。
- 配电装置的架构或屋顶上的避雷针应与接地网连接，并应在其附近装设集中接地装置。
- 建筑物上的避雷针或防雷金属网应和建筑物顶部的其他金属物体连接成一个整体。
- 装有避雷针和避雷线的构架上的照明灯电源线必须采用直埋于土壤中的带金属护层的电缆或穿入金属管的导线，电缆的金属护层或金属管必须接地，埋入土壤中的长度应在 10 m 以上方可与配电装置的接地网相连或与电源线、低压配电装置相连接。
- 发电厂和变电所的避雷线线档内不应有接头。避雷针(网带)及其接地装置应采取自下而上的施工程序，首先安装集中接地装置，后安装引下线，最后安装接闪器。

 任务实施

### 1. 安装准备

（1）材料准备

需要准备的材料包括：接地棒、接地汇流排（包含 12 个接地端子）、接地线、铜鼻子、避雷针等。

（2）施工工具及测试仪器

施工工具包括：螺丝刀、压线钳、剪线钳、多功能扳手、电焊机、人字梯、地阻测试仪等必备的工具，如图 1-2-11 所示。

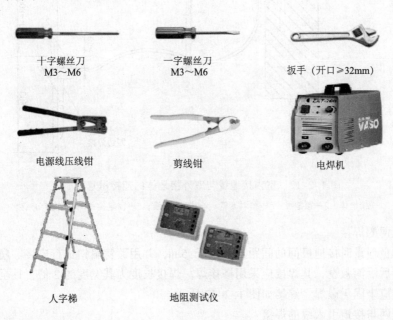

十字螺丝刀　　　　　一字螺丝刀　　　　　扳手（开口≥32mm）
M3～M6　　　　　　M3～M6

电源线压线钳　　　　剪线钳　　　　　　电焊机

人字梯　　　　　　地阻测试仪

图 1-2-11　施工工具图

### 2. 室外接地装置的安装

室外接地装置的安装过程如下：

（1）室外网沟开挖

接地网沟应尽量利用建筑工程土方开挖时的自然沟，这样可减少挖沟工程量，但应注意

配合。接地网沟按设计要求开挖，如无设计，则按以下规定开挖：

- 距建筑物的距离不小于 1.5 m。
- 挖沟深度 1.35 m，沟上口宽 0.6 m，下口宽 0.8 m。
- 挖沟后应尽快安装接地极，以免土方倒塌，造成返工。

（2）接地（棒）极的制作安装

根据一般设计要求，接地（棒）极顶面埋设深度不应低于 0.6 m，接地（棒）极应垂直埋于地下，如图 1-2-12 所示。

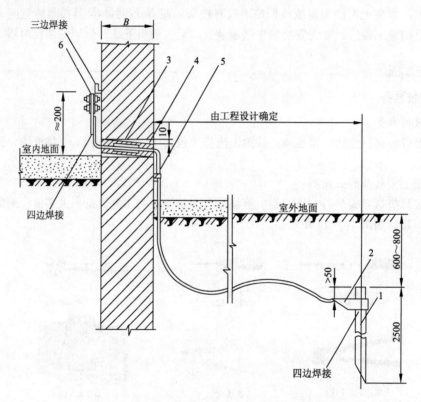

图 1-2-12　室内接地线与室外接地体的连接示意图

1—接地体；2—接地线；3—塑料套管；4—沥青麻线；5—固定钩；6—断接卡子

（3）接地网的焊接

多根接地极埋设时接地极间的间距不应小于 5 m，并用镀锌扁钢进行连接。扁钢应先矫正和平直，然后沿沟敷设，其焊接应采用搭接焊。焊接长度为其宽度的 2 倍，且至少 3 个棱边焊接，焊接应牢固无虚焊。焊接如图 1-2-13 所示。

（4）接地网与接地引入线的焊接

当接地网安装完成后需用接地引入线对接地网进行焊接（见图 1-2-14），以联通室内接地装置。接地网与接地引入线的焊接需使用专用模具进行焊接，连接处需保持洁净，如铁锈、氧化表皮等必须用钢刷或砂纸清洁干净后方可焊接，否则会出现多孔性焊点，接地网与接地引入线的焊接处均刷沥青防腐。

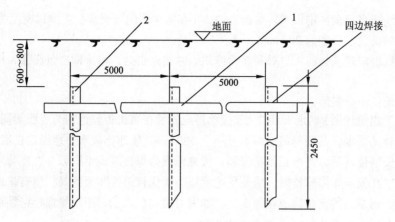

图 1-2-13 接地网的焊接

1—镀锌扁钢；2—镀锌角钢

（5）接地装置测试与回填

接地网安装完毕后，应由各验收单位进行验收并填写隐蔽工程记录单。验收后应及时回填，回填土内不应夹有石块和建筑垃圾等，外取的土壤不得有较强的腐蚀性。回填土时应分层夯实。

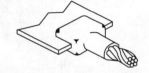

图 1-2-14 接地网与接地引入线的焊接

**3. 室内接地装置的安装**

室内接地装置的安装一般包括接地网安装、接地汇流排安装、通信设备接地线的安装三部分组成。

（1）接地网安装

采用扁钢在机房防静电地板下安装接地网，接地线的敷设位置不应妨碍设备的拆卸与检修。接地线应按水平或垂直敷设，亦可与建筑物倾斜结构平行敷设，在直线段上不应有高低起伏及弯曲等情况。沿墙水平敷设时，离地面距离宜为 200 mm，地线与墙壁间的间隙宜为 10 mm。在接地线跨越建筑物伸缩缝、沉降缝时，应设置补偿器，补偿器可用接地线本身弯成弧形代替。常见接地网的布设如图 1-2-15 所示。

接地线一般都应螺栓固定在支持件上。支持件用膨胀螺栓制作。先把扁钢校直，按膨胀螺栓的规格在扁钢上钻孔，然后用粉线在墙上弹出水平或垂直的线，水平线高度为 200 mm。用冲击钻在线的位置上按扁钢孔距钻孔，相邻

图 1-2-15 常见接地网的布设

两孔间隔水平部为 1.5 m，垂直部为 2 m，转弯部为 0.5 m。最后用膨胀螺栓把扁钢固定在墙上，加垫调整扁钢距墙壁距离为 10 mm。

接地线应防止机械损伤和化学腐蚀，在可能受到损伤处应用钢管或角钢加以保护。在穿过墙壁、楼板和地坪处加装钢管保护。有化学腐蚀的部位应采取防腐措施（刷防腐漆或镀锌）。

明敷接地线表面全部刷以黑防腐沥青漆，并在每个区间可视部位上涂以宽度为 20 mm 的黄、绿相间的条纹，长度为 200 mm。

在接地线引向建筑物的入口处和在检修用临时接地点处，均应刷白色底漆，标以黑色记号"⏚"。

（2）接地汇流排安装

● 根据工程设计图，确定安装位置。接地排应安装在离机柜较近的与走线架同高的墙上。若设计无要求，其顶部离地面不宜小于 600 mm。接地排应水平地固定在墙上。

● 确定安装位置后，进行汇流排安装。接地汇流排焊接应该牢固，并在冷却后刷两遍防腐漆。在安装膨胀螺栓时，应使用绝缘垫，确保接地排和墙绝缘。所有接地汇流排与设备、钢结构的连接均应在地面上。如图 1-2-16 所示，用膨胀螺栓将接地排水平地固定在墙上。安装剖面图如图 1-2-17 所示。

图 1-2-16　接地排安装示意图

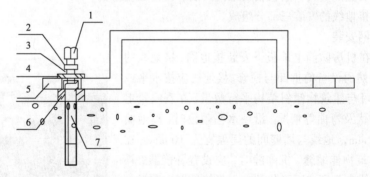

图 1-2-17　接地排安装剖面图

1—螺栓 M12；2—弹垫 12；3—大平垫；4—绝缘垫 a；5—室内接排；6—绝缘垫 b；7—膨胀管及膨胀螺母

● 将安装好的汇流排分别于室内地网的端子和室外接地引入线进行连接，如图 1-2-18 所示。

（3）通信设备接地线安装

● 制作不同种类的接地线或接地板。在制作接地线时，确保线缆与铜鼻子间焊接牢固，焊接处套塑料保护套，如图 1-2-19 所示。

● 金属箱体接地线的连接。线槽接地线的安装：在两个线槽的接口处分别打孔并安装连接片，依次类推，将整个线槽的接口处用连接片串接，如图 1-2-20 所示。

图 1-2-18　室内地网的端子和室外接地引入线连接示意图

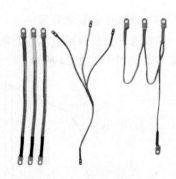

图 1-2-19　室内接地线

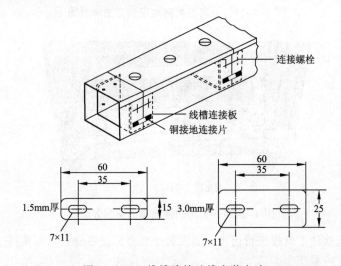

图 1-2-20　线槽跨接地线安装方法

桥架跨接地的安装：在两个桥架的接口处分别打孔并安装连接线，依次类推，将整个桥架的接口处用接地线串接，如图 1-2-21 所示。

机柜接地的安装：机柜的前后门均要用接地线与机柜可靠连接。每扇门的靠机柜侧有上下两个保护地的接线螺钉，机柜上相应位置同样有接地螺钉，将它们用铜缆连接即可，如图 1-2-22 所示。

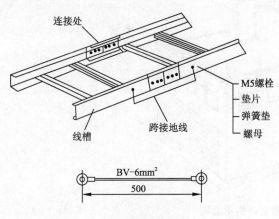

图 1-2-21　桥架跨接地线安装方法

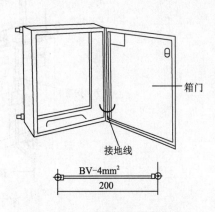

图 1-2-22　机柜接地线安装方法

（4）电气设备接地安装

将所有通信设备或金属容器的接地端上连接接地线，如图 1-2-23 所示。机柜的接地端子安装方法如图 1-2-24 所示。

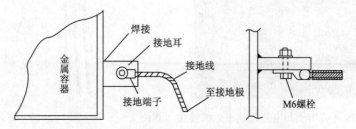

图 1-2-23　金属容器接地安装方法示意图

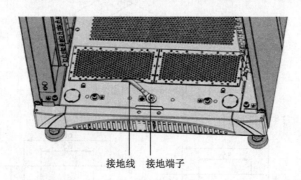

图 1-2-24　机柜的接地端子安装方法

将接地端子与接地汇流排进行连接，要求每个独立的设备分别与汇流排上的一个端子对应连接，并用扳手拧紧压实。

**4. 避雷装置安装**

避雷装置的安装一般包括避雷针的安装和接地引入线的布设两个环节，常见建筑防雷安装如图 1-2-25 所示。

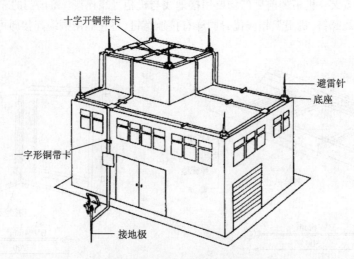

图 1-2-25　建筑防雷示意图

（1）避雷针的安装

在机房楼顶选择合适位置安装避雷针，通信机房一般需要对楼顶安装的天线等室外设备进行防雷措施。

- 基站天线的避雷针安装。在天线附近安装避雷针时，需确保天线在避雷针 45° 角保护范围内，也可直接在天线支架上安装避雷针，安装示意图如图 1-2-26 所示。

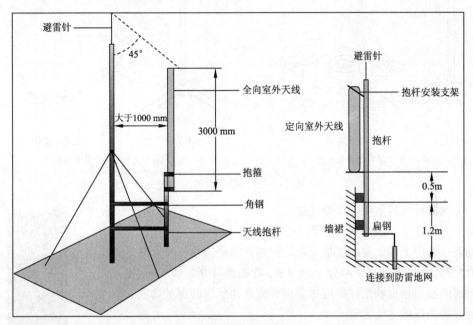

图 1-2-26　天线附近安装避雷针的方法

- 卫星天线的避雷针安装。根据规范规定，在卫星通信天线背后 120° 角范围内，相距接收天线罩 3 m 左右的地方安装防直接雷击避雷针，使室外天线处于直接雷防护区域内而更为安全。安装示意图如图 1-2-27 所示。

需提前在安装位置浇筑水泥基座规格尺寸 400 mm × 400 mm × 600 mm（长×宽×高）并预埋地脚螺栓，或用膨胀螺钉。安装避雷针，避雷针底座固定在预先设置的预制水泥基座，避雷针塔杆底座与水泥基座用地脚螺栓（或用膨胀螺钉）可靠联结。避雷针接地线必须与接地棒可靠连接，接地线为黄绿相间色，截面积 25 mm² 多股铜导线。

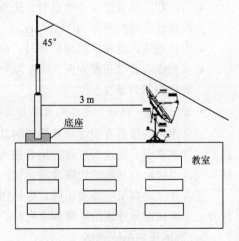

图 1-2-27　卫星天线的避雷针安装方法

（2）常见避雷针的组装

常见避雷针有单只和三叉两种类型，安装过程主要分为底座的安装和针体的安装，组装示意图如图 1-2-28 所示。

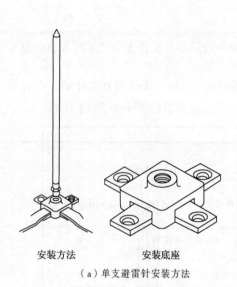

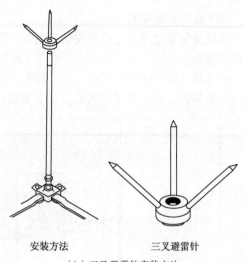

安装方法　　　　　　安装底座　　　　　　　　　安装方法　　　　　　三叉避雷针

（a）单支避雷针安装方法　　　　　　　　　　（b）三叉避雷针安装方法

图 1-2-28　避雷针组装

（3）避雷针与接地引下线的连接

常见避雷针引下线的安装如图 1-2-29 所示。

明敷接地引下线及室内接地干线的支持件间距应均匀，水平直线部分 0.5～1.5 m；垂直直线部分 1.5～3 m；弯曲部分 0.3～0.5 m。接地线在穿越墙壁、楼板和地坪处应加套钢管或其他坚固的保护套管，钢套管应与接地线做电气连通。

变配电室内明敷接地干线安装应符合下列规定：

图 1-2-29　常见避雷针引下线的安装

- 便于检查，敷设位置不妨碍设备的拆卸与检修。
- 当沿建筑物墙壁水平敷设时，距地面高度 250～300 mm；与建筑物墙壁间的间隙 10～15 mm。
- 当接地线跨越建筑物变形缝时，应设补偿装置。
- 接地线表面沿长度方向，每段为 15～100 mm，分别涂以黄色和绿色相间的条纹。
- 变压器室、高压配电室的接地干线上应设置不少于 2 个临时接地用的接线柱或接地螺栓。

如果建筑物顶部有避雷带等外露的其他金属物体，避雷针需与之连成一个整体的电气通路，且与避雷引下线连接可靠，用焊接固定的焊缝饱满无遗漏，螺栓固定的应备帽等防松零件齐全，焊接部分补刷的防腐油漆完整。

避雷针、避雷带应位置正确，焊接固定的焊缝饱满无遗漏，螺栓固定的应备帽等防松零件齐全，焊接部分补刷的防腐油漆完整。

**5. 机房接地系统测试**

（1）机房接地系统测试工具

机房接地系统的电阻测试设备采用 Fluke 1623 接地电阻测试仪。Fluke 1623 接地电阻测试仪是非常出色的接地电阻测试仪，可以完成全部 4 种类型的接地电阻测量。Fluke 1623 既可以使用钳头又可以使用接地棒测量，使用起来非常灵活。特别是该接地电阻测试仪能够仅用一个电流钳完成接地电阻的测量——无辅助极法。Fluke 1623 接地电阻测试仪采用这种方法无须使用辅助接地极，也无须断开接地棒。Fluke 1623 接地电阻测试仪外形如图 1-2-30 所示。

图 1-2-30　Fluke 1623 接地电阻测试仪外形

（2）接地电阻测试要求：
- 独立的防雷保护接地电阻应小于等于 10 Ω。
- 独立的安全保护接地电阻应小于等于 4 Ω。
- 独立的交流工作接地电阻应小于等于 4 Ω。
- 独立的直流工作接地电阻应小于等于 4 Ω。
- 防静电接地电阻一般要求小于等于 100 Ω。
- 共用接地体（联合接地）应不大于接地电阻 1 Ω。

（3）测试准备内容
- Fluke1623 接地电阻测试仪一部。
- 6 节 AA 型（LR6）电池。
- 两根测试导线，长 1.5 m。
- 电缆一盘。
- 1 根接头连接线（用于 RA 双极测量）。
- 2 个鳄鱼夹。

（4）注意事项
- 禁止在有雷电或被测物带电时进行测量。
- 仪表携带、使用时须小心轻放，避免剧烈震动。

任务单

本任务的任务单如表 1-2-2 所示。

表 1-2-2　任　务　单

| 项　　　目 | 项目 1 通信电源安装和接地系统施工 | | 学　　时 | 16 |
|---|---|---|---|---|
| 工作任务 | 任务 1-2 接地系统的安装与测试 | | 学　　时 | 8 |
| 班　　级 | | 小组编号 | 成员名单 | |
| 任务描述 | 各小组根据任务要求完成机房防雷接地系统的安装工作，并根据需要制作相关线缆及布线；<br>通过对接地系统工程安装的训练，了解接地系统工程安装准备工作、硬件安装的流程及相关操作、防雷接地系统施工规范、防雷接地系统的测试等技能；<br>进行相关安装操作，完成线缆的制作及标签制作，并进行设备的布线 | | | |
| 工作内容 | （1）防雷接地系统基础知识学习：<br>• 了解机房防雷接地系统的作用和原理；<br>• 了解常见防雷接地系统器材；<br>• 了解防雷接地系统施工规范。<br>（2）安装准备：<br>• 按照规范，对检查安装环境，记录相关数据；<br>• 按照规范，准备安装过程中所需的材料、工具、仪表 | | | |

| | |
|---|---|
| 工作内容 | （3）防雷接地系统安装：<br>• 按照安装规范，进行室外接地装置的安装；<br>• 按照安装规范，进行室内接地装置的安装；<br>• 按照安装规范，进行防雷装置的安装<br>（4）机房接地系统测试：<br>• 熟悉测试仪表的使用及测试标准；<br>• 进行接地系统的接地电阻的测试 |
| 注意事项 | （1）爱护机房设备等；<br>（2）按规范操作使用仪表，防止损坏仪器仪表；<br>（3）注意用电安全；<br>（4）各小组按规范协同工作；<br>（5）按规范进行设备的安装操作，防止损坏设备；<br>（6）做好安全防范措施，防止人身伤害；<br>（7）工程施工时，采取相应措施防范环境污染；<br>（8）避免材料的浪费 |
| 提交成果、<br>文件等 | （1）学习过程记录表；<br>（2）材料检查记录表、安装报告；<br>（3）学生自评表；<br>（4）小组评价表 |
| 完成时间<br>及签名 | 责任教师： |

## 练习题

### 一、简答题

1. 简述通信接地的作用，常见接地有哪些种类。

2. 组成防雷接地系统需要哪些器材。

3. 简述防雷接地工程安装中需要准备哪些材料及工具。

4. 简述防雷接地系统的安装流程。

5. 简述在基站天线附件安装避雷针注意的事项。

6. 简述各类接地系统的地阻测试标准有哪些。

### 二、填空题

1. 常见的避雷装置包括避雷针、（　　　）、（　　　）、（　　　）、（　　　）等。

2. 接地体顶面埋设深度应符合设计规定，当无规定时，不宜小于（　　　）。角钢及钢管接地体应垂直配置，除接地体外，接地体引出线的垂直部分和接地装置焊接部位应做（　　　）处理。

3. 室内接地装置的安装一般包括（　　　）、（　　　）、（　　　）的安装三部分组成。

4. 根据规范规定，在卫星通信天线背后（　　　）度角范围内，相距接收天线罩（　　　）米左右的地方安装防直接雷击避雷针，使室外天线处于直接雷防护区域内而更为安全。

### 三、实践操作题

请参照机房防雷接地的安装步骤及方法，对实验室现有防雷接地器材进行安装并写出安装报告。

任务评价

本任务评价的相关表格如表1-2-3、表1-2-4、表1-2-5所示。

表1-2-3　学生自评表

| 项目1 | 通信电源安装和接地系统施工 | | | | |
|---|---|---|---|---|---|
| 任务名称 | 任务1-2 接地系统的安装与测试 | | | | |
| 班　级 | | | 组　名 | | |
| 小组成员 | | | | | |
| 自评人签名： | 评价时间： | | | | |
| 评价项目 | 评　价　内　容 | 分值标准 | 得　　分 | 备　　注 | |
| 敬业精神 | 不迟到、不缺课、不早退；学习认真，责任心强；积极参与任务实施的各个过程；吃苦耐劳 | 10 | | | |
| 专业能力 | 了解接地系统的作用及种类 | 5 | | | |
| | 了解防雷接地系统的建设注意事项 | 10 | | | |
| | 了解正确的安装流程、安装环境检查要点 | 10 | | | |
| | 了解安装前要做的准备，包括材料和工具 | 10 | | | |
| | 掌握通信机房防雷接地系统的安装流程 | 10 | | | |
| | 掌握防雷接地工艺 | 10 | | | |
| | 掌握防雷接地系统的测试方法 | 5 | | | |
| 方法能力 | 工具仪表的使用；信息、资料的收集整理能力；制定学习、工作计划能力；发现问题、分析问题、解决问题的能力 | 15 | | | |
| 社会能力 | 与人沟通能力；组内协作能力；安全、环保、责任意识 | 15 | | | |
| 综合评价 | | | | | |

表1-2-4　小组评价表

| 项目1 | 通信电源安装和接地系统施工 | | | | | |
|---|---|---|---|---|---|---|
| 任务名称 | 任务1-2　接地系统的安装与测试 | | | | | |
| 班级 | | | | | | |
| 组别 | | | 小组长签字： | | | |
| 评价内容 | 评　分　标　准 | | 小组成员姓名及得分 | | | |
| 目标明确程度 | 工作目标明确、工作计划具体结合实际、具有可操作性 | 10 | | | | |
| 情感态度 | 工作态度端正、注意力集中、积极创新，采用网络等信息技术手段获取相关资料 | 15 | | | | |
| 团队协作 | 积极与组内成员合作，尽职尽责、团结互助 | 15 | | | | |
| 专业能力要求 | （1）掌握通信机房接地种类；<br>（2）充分完成防雷接地设备安装前的各项准备工作；<br>（3）正确掌握防雷接地系统的施工流程；<br>（4）正确掌握工程施工过程中的线缆连；<br>（5）系统安装及注意事项；<br>（6）掌握接地系统接地电阻的测试方法 | 60 | | | | |
| 总分 | | | | | | |

表 1-2-5　教师评价表

| 项目1 | 通信电源安装和接地系统施工 | | | |
|---|---|---|---|---|
| 任务名称 | 任务 1-2　接地系统的安装与测试 | | | |
| 班　级 | | 小　组 | | |
| 教师姓名 | | 时　间 | | |
| 评价要点 | 评 价 内 容 | 分　值 | 得　分 | 备　注 |
| 资讯准备<br>(10 分) | 明确工作任务、目标 | 1 | | |
| | 明确设备安装前需要做哪些准备工作 | 1 | | |
| | 施工过程中的注意事项 | 1 | | |
| | 施工过程中应遵循怎样的流程 | 1 | | |
| | 完整的机房防雷接地系统安装包括哪几部分 | 1 | | |
| | 室外接地装置安装时应注意哪些 | 1 | | |
| | 室内接地装置安装时应注意哪些 | 1 | | |
| | 避雷装置安装时应注意哪些 | 1 | | |
| | 施工中如何保证设备安全和人身安全 | 1 | | |
| | 如何对接地系统的地阻进行测试并检验接地施工合理性 | 1 | | |
| 实施计划<br>(20 分) | 检查机房施工环境和设备安装准备,如施工图样等 | 5 | | |
| | 机房室内外接地装置的安装与连接 | 5 | | |
| | 楼顶避雷装置的安装与连接 | 5 | | |
| | 按照各系统的接地标准对接地工程进行测试 | 5 | | |
| 实施检查<br>(40 分) | 根据机房防雷接地工程安装要求,对机房及周边环境进行检查,确认机房环境满足工程要求 | 5 | | |
| | 根据工程规划,对设备进行开箱验货,核对设备清单并记录相关数据 | 5 | | |
| | 根据施工要求检查工具和仪表是否齐全 | 5 | | |
| | 根据通信机房防雷接地要求,对相关设备进行防雷接地施工 | 10 | | |
| | 检查施工环节中工艺,确保设备都能良好接地 | 10 | | |
| | 根据验收标准,准备相关材料及数据 | 5 | | |
| 展示评价<br>(30 分) | 提交的成果材料是否齐全 | 10 | | |
| | 是否充分利用信息技术手段或较好的汇报方式 | 5 | | |
| | 回答问题是否正确,表述是否清楚 | 5 | | |
| | 汇报的系统性、逻辑性、难度、不足与改进措施 | 5 | | |
| | 对关键点的说明是否翔实,重点是否突出 | 5 | | |
| 合计 | | | | |

# 项目②

**➡ 以太网的铜缆施工**

## 项目描述

本项目以以太网建设过程中铜缆施工为载体来组织教学，通过项目教学让学生掌握铜缆的端接、配线、布线等工程技能。主要实训任务为网络跳线制作、性能测试及设备布线实训。通过项目的学习掌握网络跳线制作、测试及立式机架设备布线的具体操作等。

## 项目说明

本项目主要针对硬件安装工程师、安装调测工程师、工程督导等岗位在机房设备安装布线中的典型任务、操作技能进行训练等。

## 能力目标

**专业能力：**
- 学会网络跳线的制作及测试方法。
- 学会为立式机架设备布放线缆。

**方法能力：**
- 能进行信息资料的收集、整理。
- 能根据任务的需要制定计划、进行项目文档的编辑等。
- 能自主学习新知识、新技术应用到工作中。

**社会能力：**
- 具有团队协作精神，主动与人合作、沟通和协商。
- 具备良好的职业道德，按工程规范、安全操作的要求开展工作。
- 具有良好的语言表达，能有条理地、概括地表达自己的思想、态度和观点。

## 任务　网络跳线制作、性能测试及设备布线

### 任务描述

本任务是通信机房建设的重要环节，主要依据通信安装工程师的岗位技能要求和通信机房建设中的典型工作任务而设置。本任务以网络跳线的制作、性能测试和立式机架设备布放线缆为载体，通过教学使学生学会网线的端接、网络跳线制作和性能测试方法等，掌握布放线缆的准备工作，能进行线缆的布放和线缆绑扎，学会为立式机架设备布放线缆。具体的任

务目标和要求如表 2-1-1 所示。

表 2-1-1　任 务 描 述

| | |
|---|---|
| 任务目标 | （1）了解配线端接技术原理；<br>（2）了解 RJ-45 水晶头的端接原理；<br>（3）掌握网络跳线的制作方法；<br>（4）掌握网络跳线性能测试方法及结果分析；<br>（5）学会为立式机架设备布放线缆 |
| 任务要求 | （1）学会网络跳线的制作；<br>（2）学会网络跳线性能测试及结果分析；<br>（3）学会为立式机架设备布放线缆 |
| 注意事项 | （1）爱护制作工具、测试仪表等；<br>（2）按规范操作使用仪表，防止损坏仪器仪表；<br>（3）各小组按规范协同工作；<br>（4）做好安全防范措施，防止人身伤害；<br>（5）保持环境卫生，禁止乱丢乱放；<br>（6）避免材料的浪费 |
| 建议学时 | 8 学时 |

 相关知识

### 1. 配线端接技术原理

每根双绞线有 8 芯，每芯都有外绝缘层，如果像电气工程那样将每芯线剥开外绝缘层直接拧接或者焊接在一起，不仅工程量大，而且将严重破坏双绞节距，因此在网络施工中坚决不能采取电工式接线方法，而是采用端接的方式完成配线。

配线端接是将线芯用机械力量压入两个刀片中，在压入过程中刀片将绝缘护套划破与铜线芯紧密接触，同时金属刀片的弹性将铜线芯长期夹紧，从而实现长期稳定的电气连接，如图 2-1-1 所示。

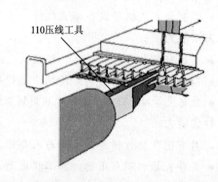

图 2-1-1　使用 110 压线工具将线对压入线槽内

### 2. RJ-45 水晶头的端接原理

RJ-45 水晶头的端接的步骤：利用压线钳的机械压力使 RJ-45 水晶头中的刀片首先压破线芯绝缘护套，然后再压入铜线芯中，实现刀片与线芯的电气连接。每个 RJ-45 水晶头中有 8 个刀片，每个刀片与 1 个线芯连接。注意观察压接后 8 个刀片比压接前低，如图 2-1-2 所示。

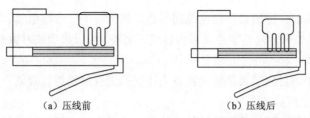

| (a) 压线前 | (b) 压线后 |

图 2-1-2　RJ-45 水晶头刀片压线前位置图和后位置图

## 任务实施

### 1. 准备工作

（1）制作和测试网络跳线准备

制作网络跳线之前首先要准备相应的器材、工具和测试仪表：

- 网线测试仪 1 个（见图 2-1-3）。
- 压线钳 1 把（见图 2-1-4）。
- 双绞线 2 m（见图 2-1-5）。
- RJ-45 水晶头 2 个（见图 2-1-6）。

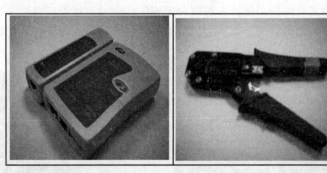

图 2-1-3　双绞线测试仪　　　图 2-1-4　压线钳

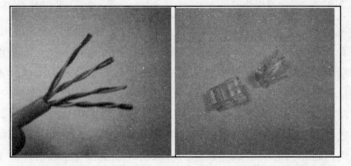

图 2-1-5　双绞线　　　图 2-1-6　RJ-45 水晶头

（2）设备布线准备

- 线缆布放前需检查电缆、尾纤的外观是否完好，出厂记录、品质证明等是否齐全。
- 核对电缆、尾纤等的规格、型号和长度是否和施工图设计及合同要求相符。
- 将电缆的设备侧连接插头按照目的单板或接口区的端子形式加工好。

项目 2　以太网的铜缆施工

- 线缆布放敷设前，特别是多根电缆同时敷设的情况下，应将电缆、尾纤的标签制作好并粘贴牢固，如果暂时不能将标识内容填写完整，可以采用临时编号对电缆进行标识，以免混淆电缆。
- 根据线缆连接的目的单板位置对设备内线缆的走线路径进行规划，并对可能的扩容情况一并考虑。
- 尾纤布放前应穿入随设备配供的保护软管，对于光纤连接到不同的设备或同一设备的不同子架以及在同一子架内经由不同走线区敷设的情况，应将光纤分别进行穿管。保护软管的长度应根据施工图设计和现场情况确定，每根保护管内可以穿放多根尾纤，但不宜超过 8 根，穿管前应将多根尾纤的连接头交错叠放后，用胶带进行绑缚，穿管时应注意对尾纤连接头的保护。

### 2. 网络跳线的制作

按照 T568B（插座/插头配线规范）线序标准制作网络跳线，制作步骤如下：

（1）剪裁双绞线

利用压线钳的剪线刀口剪裁出计划需要使用到的双绞线长度，如图 2-1-7 所示。

（2）划开保护层

需要把双绞线的灰色保护层剥掉，可以利用到压线钳的剪线刀口将线头剪齐，再将线头放入剥线专用的刀口，稍微用力握紧压线钳慢慢旋转，让刀口划开双绞线的保护胶皮，并把一部分的保护胶皮去掉，如图 2-1-8 所示。

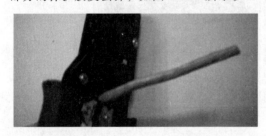

图 2-1-7　剪裁双绞线　　　　　　　　　　　图 2-1-8　划开保护层

压线钳挡位离剥线刀口长度通常恰好为水晶头长度，这样可以有效避免剥线过长或过短。若剥线过长看上去不够美观，另一方面因网线不能被水晶头卡住，容易松动；若剥线过短，则因有保护层塑料的存在，不能完全插到水晶头底部，造成水晶头插针不能与网线芯线完好接触，当然也会影响到线路的质量。

剥除灰色的塑料保护层之后即可见到双绞线网线的 4 对 8 条芯线（见图 2-1-9），并且可以看到每对的颜色都不同。每对缠绕的两根芯线是由一种染有相应颜色的芯线加上一条只染有少许相应颜色的白色相间芯线组成。制作网络跳线时必须将 4 个线对的 8 条细导线逐一解开、理顺、扯直，然后按照规定的线序排列整齐。

（3）把每对相互缠绕在一起的线缆逐一解开

把缠绕在一起的线缆解开后根据需要线序连接的规则把几组线缆依次排列好并理顺，之后利压线钳的剪线刀口把线缆顶部裁剪整齐，如图 2-1-10 所示。裁剪之后应该尽量把线缆按紧，并且应该避免大幅度地移动或者弯曲网线，否则也可能会导致已经排列且裁剪好的线缆出现不平整的情况。

排列的时候应该尽量避免线路的缠绕和重叠，尽量扯直并尽量保持线缆平扁。要确保剪裁后的电缆芯线长度一致，否则会影响到线缆与水晶头的正常接触。裁剪后的芯线长度约为15 mm，这个长度正好能将各细导线插入到水晶头的线槽。

图 2-1-9　剥除保护层后的双绞线

图 2-1-10　裁剪整齐芯线

（4）把线缆插入水晶头

需要注意的是要将水晶头有塑料弹簧片的一面向下，有针脚的一方向上，使有针脚的一端指向远离自己的方向，有方型孔的一端对着自己。此时，最左边的是第一脚，最右边的是第八脚，其余依次顺序排列。插入的时候需要注意缓缓地用力把 8 条线缆同时沿 RJ-45 水晶头内的 8 个线槽插入，一直插到线槽的顶端，如图 2-1-11 所示。

（5）水晶头压线

把水晶头插入压线钳 8P 槽内，用力握紧压线钳，压制的过程需要使水晶头凸出在外面的针脚全部压入水晶并头内，水晶头受力后听到轻微的"啪"一声即完成压线步骤，如图 2-1-12 所示。

图 2-1-11　将线缆插入水晶头

图 2-1-12　水晶头压线

（6）完成制作

压线之后水晶头凸出在外面的针脚全部压入水晶并头内，而且水晶头下部的塑料扣位也压紧在网线的灰色保护层之上，至此完成双绞线水晶头的制作过程，如图 2-1-13 所示。

按照上面相同的步骤完成双绞线另一端水晶头的制作后，一根完整的双绞线就制作完成。

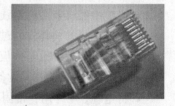

图 2-1-13　制作完成外观

3. **网络跳线性能测试**

网络跳线制作完成之后，为了检测双绞线是否连接正确、各导线和水晶头连接紧密，需要对制作完的网络跳线进行测量。在对网络跳线进行测量之前，先认识一下双绞线测试仪。双绞线线测试仪外观如图 2-1-14 所示。测试仪有 2 个 RJ-45 接口可以连接双绞线两端的连接头，另外测试仪面板上的 LED 灯用来显示双绞线线序的连接顺序。

（1）网络跳线的测试

连接被测试双绞线电缆，把双绞线两端的两个 RJ-45 接口分别插入测试仪的两个接口（见图 2-1-15），之后打开测试仪观察两组 LED 指示灯的闪动情况。

图 2-1-14　双绞线测试仪

图 2-1-15　连接双绞线测试仪

（2）分析测试结果

若测试的线缆为直通线缆，在测试仪上的 8 个指示灯应该依次为绿色闪过，证明了双绞线制作成功，可以顺利地完成数据的发送与接收。

若测试的线缆为交叉线缆，其中一侧的 LED 指示灯同样是依次按 1～8 的顺序闪动绿灯，另外一侧则会按照 3、6、1、4、5、2、7、8 的顺序依次闪动绿灯。

若出现任何一个灯为红灯或黄灯，都证明存在断路或者接触不良现象，此时最好先对两端水晶头再用网线钳压一次，再测。如果故障依旧，再检查一下两端芯线的排列顺序是否一样，如果不一样，应剪掉水晶头重新按照正确的芯线排列顺序制作水晶头，直到测试全为绿色指示灯闪过为止。

4. **设备布线**

（1）立式机架设备布放线缆的步骤

- 按照施工图样中设计的路由，将线缆由数字配线架（Digital Distribution Frame，DDF）、光纤配线架（Optical Distribution Frame，ODF）等用户设备敷设至设备进线口。
- 将机架线缆通过设备机柜的橡胶线盖孔引入设备机柜，尾纤保护管应进入机柜内，其引入长度应不妨碍尾纤接入子架或接口区，但不应小于 20 cm。
- 线缆沿经机架两侧走线区引入子架，顺延到目的单板或接口区进行连接。连接至子架上方单板的线缆应通过上方走线区至单板正上方引下，连接至下方单板的线缆应通过子架下方走线区至单板正下方引上，注意布放后的线缆不得妨碍单板的插拔。
- 连接稳妥后，在用户设备侧拉拽线缆，直至线缆在设备机柜内顺直，并且没有卷曲和堆叠。
- 将电缆、尾纤用扎带固定到走线区的隔板上，在侧面走线区将电缆、尾纤保护管固定。
- 将上下走线区的挡板安装回原来位置。
- 将尾纤接入 ODF 架上相应的光连接法兰（Flange），并将尾纤的超长部分盘绕在 ODF 架内。
- 将电缆引入 DDF 架，根据 DDF 架具体规格确定电缆长度和终端插头类型，制作 DDF 架连接插头，完成电缆成端。

（2）线缆布放要求

- 线缆布放的路由走向、布放位置等，均应符合施工图样设计要求，每条线缆的布线长度应根据实际位置而定，布放后的线缆不得有断线和中间接头。
- 线缆在走道内应顺直排放整齐，拐弯均匀、圆滑，外径不大于 12 mm 的各种线缆弯曲率半径应不小于 60 mm，外径大于 12 mm 的线缆弯曲率半径应不小于其外径的 10 倍。
- 对于沿墙敷设的所有线缆和敷设在电缆槽道中的尾纤，均应穿套管加以保护。
- 线缆在槽道中应顺直，不得溢出槽道，挡住其他进出线孔，在线缆出槽道部位或线缆拐弯处应绑扎、固定。
- 当线缆过长时，可以在机柜顶部、底部或槽道中间进行盘留，但应保证盘留位置能够保障线缆会不受到外界损伤，盘留后的线缆不得堆压在其他线缆上。
- 光纤、电缆、电源线在同一槽道中布放时，每种线缆应分开布放、各走一边，不可交叠、混放，交流电源线和直流电源线间至少应保持 50 mm 的间隔。
- 尾纤布放时，应尽量减少折弯，尾纤绑扎时应注意松紧适度，使尾纤不能随意移动即可，由于尾纤极其细微，操作中要轻拿轻放，尤其是拉拽时应注意力度适中，避免损伤光纤。
- 对于尾纤在走线架、槽道或架顶的裸露部分，以及尾纤进出设备机柜、走线架的拐弯处时，均应对尾纤加以固定并采取适当的保护措施。
- 光纤连接应小心仔细，并注意光器件的防尘，在连接尾纤前应用酒精棉将光纤头擦拭干净。

（3）绑扎线缆的要求

插头附近的线缆应按布放顺序进行绑扎，应防止线缆互相缠绕，线缆绑扎后应保持顺直，水平线缆的扎带绑扎位置高度应相同，垂直线缆绑扎后应能保持顺直，并与地面垂直，如图 2-1-16 所示。

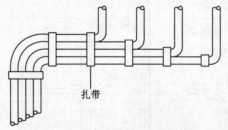

扎带

图 2-1-16　插头附近的线缆绑扎

选用扎带时，应视具体情况选择合适的扎带规格，尽量避免使用多根扎带连接后并扎，以免绑扎后强度降低。扎带扎好后应将多余部分齐根平滑剪齐，在接头处不得带有尖刺，如图 2-1-17 所示。

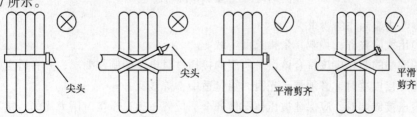

尖头　　　尖头　　　平滑剪齐　　　平滑剪齐

图 2-1-17　线缆扎带的剪切

线缆绑扎成束时扎带间距应为线缆束直径的 3～4 倍，如图 2-1-18 所示。

图 2-1-18　线缆的绑扎间隔

绑扎成束的线缆转弯时，扎带应扎在转角两侧，以避免在电缆转弯处应力过大造成线缆断芯故障，如图 2-1-19 所示。

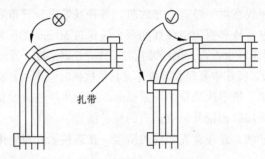

图 2-1-19　线缆转弯时的固定方法

机架内电缆应由远及近顺次布放，即最远端的电缆应最先布放，使其位于走线区的最低层，布放时尽量避免线缆交错，如图 2-1-20 所示。

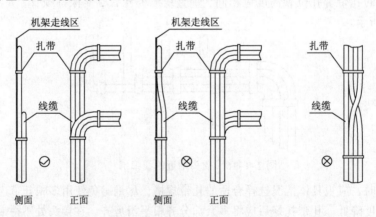

图 2-1-20　机架内电缆布放要求

（4）电缆成端制作的要求

● 电缆出线应整齐，美观，余幅长度一致。

● 电缆成端的制作应该符合该设备所用的接插件对电缆的制作要求，并有适当的余留。

● 电缆焊接成端时，必须焊点光滑，锡量适中，焊接良好。

● 电缆压接成端时，应保证被压体配件齐全、位置正确，压接时用力均匀，接触牢固。

● 对于连接到 2M 微同轴接口的 2M 电缆，在连接前应装有微同轴组件，根据实际需要的业务数量将连有微同轴组件的电缆插入连接到 64 芯载体插座中的相应位置，然后再将载体插座压进设备的 2M 接口插座中。

- 如果成端时的 2M 同轴接口电缆数目过多，建议每 8 组输入/输出线捆扎成一束，每束中的输入/输出线又分别捆扎为两小束，捆扎时应注意保持线束的顺直、整齐。

任务单

任务实施过程中的相关任务单如表 2-1-2 所示。

表 2-1-2 任 务 单

| 项　　　目 | 项目2　以太网的铜缆施工 | | 学　　时 | 8 |
|---|---|---|---|---|
| 工作任务 | 任务 2-1 网络跳线制作、性能测试及设备布线 | | 学　　时 | 8 |
| 班　　级 | | 小组编号 | 成员名单 | |
| 任务描述 | 各小组根据任务要求完成网络跳线的制作、性能测试及设备布线工作；<br><br>　　通过本次对网络跳线的制作、性能测试和立式机柜设备布线的训练，了解网络跳线的制作原理；学会网络跳线制作和性能测试方法，能进行布放线缆的准备，掌握布放线缆和线缆绑扎的要求、学会为立式机架设备布放线缆 | | | |
| 工作内容 | （1）准备工作：<br>● 了解网络跳线制作的原理；<br>● 准备器材、工具和测试仪表；<br>● 设备布线准备。<br>（2）网络跳线制作。<br>（3）网络跳线性能测试及结果分析。<br>（4）立式机架设备布放线缆：<br>● 线缆布放步骤；<br>● 线缆布放要求；<br>● 绑扎线缆的要求；<br>● 电缆成端制作的要求 | | | |
| 注意事项 | （1）爱护制作工具、测试仪表等；<br>（2）按规范操作使用仪表，防止损坏仪器仪表；<br>（3）各小组按规范协同工作；<br>（4）做好安全防范措施，防止人身伤害；<br>（5）保持环境卫生，禁止乱丢乱放；<br>（6）避免材料的浪费 | | | |
| 提交成果文件等 | （1）学习过程记录表；<br>（2）材料检查记录表、实训报告；<br>（3）学生自评表；<br>（4）小组评价表 | | | |
| 完成时间及签名 | | | 责任教师： | |

练习题

一、简答题

1. 简述网络跳线的制作原理。

项目②以太网的铜缆施工

2. 简述制作网络跳线的步骤和注意事项。

3. 简述网络跳线性能测试结果分析方法。

4. 设备布线有哪些工艺要求？

## 二、填空题

1. 电缆的设备侧连接插头按照目的（　　　）的端子形式加工好。

2. 网络跳线制作时，线序排列应该尽量避免线路的（　　　），尽量扯直并尽量保持线缆平扁。

3. 光纤连接应小心仔细，并注意光器件的防尘，在连接尾纤前应用（　　　）将（　　　）擦拭干净。

4. 机架内电缆应按照（　　　）原则布放。

## 三、实践操作题

参照立式机架设备布放线缆方法及工艺要求，对系统整体进行线缆布放。

 任务评价

该任务评价的相关表格如表 2-1-3、表 2-1-4、表 2-1-5 所示。

### 表 2-1-3　学生自评表

| 项目 2 | | 以太网的铜缆施工 | | | |
|---|---|---|---|---|---|
| 任务名称 | | 任务　网络跳线制作、性能测试及设备布线 | | | |
| 班　级 | | | 组　名 | | |
| 小组成员 | | | | | |
| 自评人签名： | | 评价时间： | | | |
| 评价项目 | 评 价 内 容 | 分值标准 | 得　　　分 | 备　　注 | |
| 敬业精神 | 不迟到、不缺课、不早退；学习认真，责任心强；积极参与任务实施的各个过程；吃苦耐劳 | 10 | | | |
| 专业能力 | 了解网络跳线制作原理 | 5 | | | |
| | 了解制作网络跳线和性能测试的工具 | 10 | | | |
| | 掌握制作网络跳线的具体方法 | 10 | | | |
| | 掌握网络跳线的测试方法和测试结果分析 | 10 | | | |
| | 了解设备布线的准备工作 | 10 | | | |
| | 了解立式机架设备布放线缆方法 | 10 | | | |
| | 了解设备布线的工艺要求 | 5 | | | |
| 方法能力 | 工具仪表的使用；信息、资料的收集整理能力；制订学习、工作计划能力；发现问题、分析问题、解决问题的能力 | 15 | | | |
| 社会能力 | 与人沟通能力；组内协作能力；安全、环保、责任意识 | 15 | | | |
| 综合评价 | | | | | |

表 2-1-4　小组评价表

| 项目 2 | 以太网的铜缆施工 | | | | | |
|---|---|---|---|---|---|---|
| 任务名称 | 任务　网络跳线制作、性能测试及设备布线 | | | | | |
| 班　　级 | | | | | | |
| 组　　别 | | | 小组长签字： | | | |
| 评价内容 | 评分标准 | | 小组成员姓名及得分 | | | |
| 目标明确程度 | 工作目标明确、工作计划具体结合实际、具有可操作性 | 10 | | | | |
| 情感态度 | 工作态度端正、注意力集中、积极创新，采用网络等信息技术手段获取相关资料 | 15 | | | | |
| 团队协作 | 积极与组内成员合作，尽职尽责、团结互助 | 15 | | | | |
| 专业能力要求 | 充分完成实训前的各项准备工作；<br>正确掌握网络跳线流程；<br>正确掌握网络跳线性能测试方法和分析；<br>正确掌握立式机架设备布线方法；<br>掌握线缆布放的工艺要求 | 60 | | | | |
| 总分 | | | | | | |

表 2-1-5　教师评价表

| 项目 2 | 以太网的铜缆施工 | | | |
|---|---|---|---|---|
| 任务名称 | 任务　网络跳线制作、性能测试及设备布线 | | | |
| 班　　级 | | 小　组 | | |
| 教师姓名 | | 时　间 | | |
| 评价要点 | 评　价　内　容 | 分　值 | 得　　分 | 备　注 |
| 资讯准备<br>（10分） | 明确工作任务、目标 | 1 | | |
| | 明确实训前需要做哪些准备工作 | 1 | | |
| | 了解网络跳线的基础知识 | 1 | | |
| | 网络跳线按线序排放不同，分为哪些类别 | 1 | | |
| | 网络跳线制作过程中需要注意的事项 | 1 | | |
| | 网络跳线性能测试及分析方法 | 1 | | |
| | 立式机柜布线方法 | 1 | | |
| | 线缆布放要求 | 1 | | |
| | 绑扎线缆的要求 | 1 | | |
| | 电缆成端制作的要求 | 1 | | |
| 实施计划<br>（20分） | 按机房日常环境要求，检查机房环境 | 4 | | |
| | 网络跳线的制作 | 4 | | |

| 评价要点 | 评价内容 | 分值 | 得分 | 备注 |
|---|---|---|---|---|
| 实施计划<br>(20分) | 网络跳线性能的测试及分析 | 4 | | |
| | 立式机柜线缆布放 | 4 | | |
| | 线缆布放工艺检查 | 4 | | |
| 实施检查<br>(40分) | 网络跳线的制作 | 10 | | |
| | 网络跳线性能的测试及分析 | 10 | | |
| | 立式机柜线缆布放 | 10 | | |
| | 线缆布放工艺检查 | 10 | | |
| 展示评价<br>(30分) | 提交的成果材料是否齐全 | 10 | | |
| | 是否充分利用信息技术手段或较好的汇报方式 | 5 | | |
| | 回答问题是否正确，表述是否清楚 | 5 | | |
| | 汇报的系统性、逻辑性、难度、不足与改进措施 | 5 | | |
| | 对关键点的说明是否翔实，重点是否突出 | 5 | | |
| 合计 | | | | |

# 项目 3

## ➡ 光传输、光纤 FTTX 施工

 **项目描述**

本项目以光传输机房设备、光传输线路设备的安装及光缆线路的施工作为载体，设置典型的工作任务，通过教学让学生了解光传输基本理论知识、光缆线路工程的基础知识，掌握设备安装（制作）准备内容，能进行设备的安装和施工。

 **项目说明**

本项目是通信光传输网设备安装的重要环节，具体包含 3 个子任务，分别是光传输机房设备安装、光纤连接器的制作和光传输线路设备的安装。每一个具体的任务又分为不同的学习部分，各部分主要内容如下：

- 基础知识介绍：光传输设备的介绍、光纤基础知识等。
- 安装规范：设备安装规范和制作光纤连接器的规范。
- 安装前准备：安装设备和制作光纤连接器前需要准备的工具、检查的工作环境等。
- 安装（制作）过程：OptiX 155/622H（Metro1000）、ODF 单元箱、光分路器、光交接箱、光接头盒、光纤分纤箱的安装和光纤连接器制作具体任务的实施。

本项目针对硬件安装工程师、安装调测工程师、工程督导、线路工程师等岗位设计；通过典型工作任务实例或示例的方式进行技能训练。

 **能力目标**

**专业能力：**
- 加深对光传输系统组网设备基础知识的掌握。
- 掌握线缆和标签的制作等。
- 掌握安装所需的工具仪表。
- 掌握光传输设备的安装方法及安装注意事项。

**方法能力：**
- 能根据工作任务的需要使用各种信息媒体，独立收集、查阅资料信息。
- 能根据工作任务的目标要求，合理进行任务分析，制订小组工作计划，有步骤地开展工作，并做好各步骤的预期与评估。
- 能自主学习新知识、新技术，并应用到工作中。

社会能力：

● 具有团队协作精神，主动与人合作、沟通和协商。

● 具备良好的职业道德，按工程规范、安全操作的要求开展工作。

● 具有良好的语言表达能力，能有条理地、概括地表达自己的思想、态度和观点。

## 任务 3-1 　光传输机房设备安装

 **任务描述**

本任务依据硬件安装工程师、安装调测工程师、工程督导等岗位在传输网建设组网工程中的典型任务、操作技能要求而设置。以华为光传输系统主设备 OptiX 155/622H（Metro1000）和附属配套设备 ODF 单元箱的安装作为教学的载体。让学生掌握光传输系统主设备 OptiX 155/622H（Metro1000）（以下简称 OptiX 155/622H）和附属配套设备 ODF 单元箱工程安装方法。具体的任务目标和要求如表 3-1-1 所示。

表 3-1-1 　任 务 描 述

| | |
|---|---|
| 任务目标 | （1）了解工程安装前要做的准备工作；<br>（2）掌握安装环境的检查的内容和方法；<br>（3）掌握安装所需的工具仪表的使用；<br>（4）掌握华为 OptiX 155/622H 安装流程及相关操作；<br>（5）掌握电源安装流程及相关操作；<br>（6）掌握标签制作方法；<br>（7）了解 ODF 单元箱的作用、组成单元；<br>（8）了解 ODF 单元箱根据其金属箱体结构的不同可分为哪几类，各有什么特点；<br>（9）掌握 ODF 单元箱的安装步骤及布线方法 |
| 任务要求 | （1）了解材料检查、开箱验货的具体操作；<br>（2）掌握华为 OptiX 155/622H（Metro1000）和 ODF 单元箱的安装操作；<br>（3）学会制作标签 |
| 注意事项 | （1）爱护实训设备、安装工具等；<br>（2）按规范操作使用工具仪表；<br>（3）注意操作安全；<br>（4）各小组按规范协同工作；<br>（5）按规范进行设备的安装操作，防止损坏设备；<br>（6）做好安全防范措施，防止人身伤害；<br>（7）工程施工时，采取相应措施防范环境污染；<br>（8）养成节约习惯，避免材料的浪费 |
| 建议学时 | 8 学时 |

**相关知识**

### 1.　光传输机房设备

光传输 OptiX 155/622H 介绍：

OptiX 155/622H 是华为技术有限公司开发的 STM-1/STM-4 级别的盒式设备，可接入多种业务类型，应用于城域网、本地传输网接入层或引入层，进行大客户专线接入、移动基站接入、DSLAM（Digital Subscriber Line Access Multiplexer）接入。OptiX 155/622H 采用盒式集成设计，由机盒、风扇板、插板区和电源板构成。OptiX 155/622H 的尺寸为：436 mm（宽）×293 mm（深）×86 mm（高），满配置质量为 10 kg，最大功率为 100 W，结构如图 3-1-1 所示。

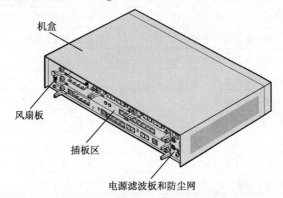

图 3-1-1　OptiX 155/622H 设备外观

OptiX 155/622H 的后视图如图 3-1-2 所示。

图 3-1-2　OptiX 155/622H 后视图

OptiX 155/622H 有 7 个物理槽位用于安装各种单板。OptiX 155/622H 的背板槽位分布如图 3-1-3 所示，可供选用的单板如表 3-1-2 所示。

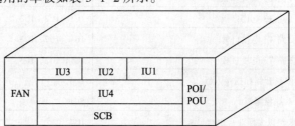

图 3-1-3　OptiX 155/622H 的背板槽位分布

表 3-1-2　OptiX 155/622H 单板列表

| 单 板 名 称 | 单 板 全 称 | 可 插 槽 位 |
| --- | --- | --- |
| OI2S | 1 路 STM-1 光接口板 | IU1、IU2、IU3 |
| OI2D | 2 路 STM-1 光接口板 | IU1、IU2、IU3 |
| SL1O | 8 路 STM-1 光接口板 | IU4 |
| SL1Q | 4 路 STM-1 光接口板 | IU4 |

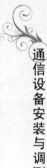

| 单板名称 | 单板全称 | 可插槽位 |
|---|---|---|
| OI4 | 1 路 STM-4 光接口板 | IU1、IU2、IU3 |
| OI4D | 2 路 STM-4 光接口板 | IU1、IU2、IU3 |
| SB2L | 1 路 STM-1 单纤双向光接口板 | IU1、IU2、IU3 |
| SB2R | 1 路 STM-1 单纤双向光接口板 | IU1、IU2、IU3 |
| SB2D | 2 路 STM-1 单纤双向光接口板 | IU1、IU2、IU3 |
| SLE | 1 路 STM-1 电接口板 | IU1、IU2、IU3 |
| SDE | 2 路 STM-1 电接口板 | IU1、IU2、IU3 |
| SP1S | 4 路 E1 电接口板 | IU1、IU2、IU3 |
| SP1D | 8 路 E1 电接口板 | IU1、IU2、IU3 |
| SP2D | 16 路 E1 电接口板 | IU1、IU2、IU3 |
| SM1S | 4 路 E1/T1 电接口板 | IU1、IU2、IU3 |
| SM1D | 8 路 E1/T1 电接口板 | IU1、IU2、IU3 |
| PD2S | 16 路 E1 电接口板 | IU4 |
| PD2D | 32 路 E1 电接口板 | IU4 |
| PD2T | 48 路 E1 电接口板 | IU4 |
| FP2D | 16 路 Framed E1 电接口板 | IU1、IU2、IU3 |
| PM2S | 16 路 E1/T1 电接口板 | IU4 |
| PM2D | 32 路 E1/T1 电接口板 | IU4 |
| PM2T | 48 路 E1/T1 电接口板 | IU4 |
| PE3S | 1 路 E3 电接口板 | IU1、IU2、IU3 |
| PE3D | 2 路 E3 电接口板 | IU1、IU2、IU3 |
| PE3T | 3 路 E3 电接口板 | IU1、IU2、IU3 |
| PT3S | 1 路 T3 电接口板 | IU1、IU2、IU3 |
| PT3D | 2 路 T3 电接口板 | IU1、IU2、IU3 |
| PT3T | 3 路 T3 电接口板 | IU1、IU2、IU3 |
| TDA | 多路音频数据接入板 | IU4 |
| SCB | 系统控制板 | SCB |
| ET1O | 8 路以太网业务电接口板 | IU4 |
| EF1 | 6 路以太网业务接口板 | IU4 |
| ET1D | 2 路以太网业务电接口板 | IU1、IU2、IU3 |
| EFS | 4 路以太网业务接口板 | IU1、IU2、IU3 |
| EFT | 4 路以太网业务接口板 | IU1、IU2、IU3 |
| ET1 | 8 路以太网业务接口板 | IU4 |
| EGS | 1 路千兆以太网光接口板 | IU1、IU2、IU3 |
| EFSC | 12 路以太网业务接口板 | IU4 |
| ELT2 | 2 路百兆以太网光接口板 | IU1、IU2、IU3 |

| 单 板 名 称 | 单 板 全 称 | 可 插 槽 位 |
|---|---|---|
| EGT | 1 路千兆以太网透传处理板 | IU1、IU2、IU3 |
| AIUD | 2 路 ATM 光接口板 | IU4 |
| AIUQ | 4 路 ATM 光接口板 | IU4 |
| SHLQ | 单线对高比特率数字用户线接口板 | IU1、IU2、IU3 |
| N64 | $N×64$ kbit/s 速率接口板 | IU1、IU2、IU3 |
| N64Q | 4 路 $N×64$ kbit/s 速率接口板 | IU1、IU2、IU3 |
| EMU | 环境监控单元 | IU3 |
| FAN | 风扇板 | FAN |
| POI/POU | 滤波板 | POI/POU |

OptiX 155/622H 系统以交叉单元为核心，由同步数字体系（Synchronous Digital Hierarchy，SDH）接口单元、准同步数字体系（Plesiochronous Digital Hierarchy，PDH）接口单元、以太网业务处理单元、ATM 业务处理单元、时钟单元、系统控制与通信单元、环境监控、电源等单元组成。OptiX 155/622H 单板所属单元及相应的功能如表 3-1-3 所示。

表 3-1-3　OptiX 155/622H 单板所属单元及相应的功能

| 系 统 单 元 | 所包括的单板 | 单 元 功 能 |
|---|---|---|
| SDH 接口单元 | OI2S、OI2D、SL1O、SL1Q、OI4、OI4D、SB2L、SB2R、SB2D | 接入并处理 STM-1/STM-4 速率的光信号 |
| PDH 接口单元 | SP1S、SP1D、SP2D、PD2S、PD2D、PD2T、SM1S、SM1D、PM2S、PM2D、PM2T、PE3S、PE3D、PE3T、PT3S、PT3D、PT3T、SHLQ、TDA | 接入并处理 E1、E1/T1、E3/T3 速率的 PDH 电信号 |
| DDN 业务处理单元 | N64、N64Q、FP2D | 接入并处理 $N×64$kbit/s（$N=1\sim31$）信号、 Framed E1 信号；<br>提供系统侧 $N×64$ kbit/s 信号交叉 |
| 以太网业务处理单元 | ET1、ET1O、ET1D、EF1、EFS、EFSC、EGS、EFT、ELT2、EGT | 接入并处理 10/100BAS E-T(X)、100BASE-FX、1000BA SE-LX/SX、100BASE -FX、1000BA SE-LX/SX 以太网信号 |
| ATM 业务处理单元 | AIUD、AIUQ | 接入并处理 ATM 信号 |
| 系统控制与通信单元 | SCB | 提供系统与网管的接口；<br>处理 SDH 信号的开销；<br>处理公务信号；<br>处理时钟信号；<br>完成交叉功能；<br>处理 E1 信号和 STM-1/STM-4 速率的光信号 |
| 环境监控单元 | EMU | 完成设备工作电压监测、设备工作温度监测、开关量输入/输出和串行通信等功能 |
| 电源输入单元 | CAU | 提供电源 |

项目 3　光传输、光纤 FTTX 施工

### 2．ODF 单元箱

YS-O/48 ODF 箱体单元最大限度地使光缆的成端、连接与配线高密度化，同时又为光缆提供了最佳的保护，并可以根据需要作为独立的熔接配单元安装在 19 英寸标准机架上使用。

光纤配线架由金属箱体、耦合器安装面板、熔纤盘、接地装置、各种附件单元组成。

（1）光纤配线架金属箱体

光纤配线架根据其金属箱体结构不同可分为旋转式、固定式和抽屉式等 3 种结构形式。其中旋转式光纤配线架采用旋转盘的结构，从前方旋转出便于操作以及后期维护，但在旋转过程中容易拉断损坏光纤；固定式光纤配线架稳定可靠，但无法从正面进行维护，对于后期的维护人员带去了很大的不便；抽屉式光纤配线架采用抽屉盘的结构，从前方拉出不仅便于操作以及后期维护，其结构还不会损坏光纤。YS-O/48 金属箱体采用的是抽屉式结构。

（2）耦合器安装面板

在光纤配线架的正面，装有数块前面板，用于安装光纤耦合器，由于光纤耦合器的不同，故形成了不同结构的前面板，双工 LC 型和 ST 型。

（3）熔纤盘/绕线盘

当光纤被剥离外护套后进行熔纤，并固定在熔纤盘内，其脱离了外护套的那段光纤极其脆弱，机械强度会明显降低，使用熔纤盘/绕线盘的目的是将其脆弱的光纤固定并盘绕在盘内，以免损坏。一般而言，熔纤盘以及绕线盘为配套使用。

（4）接地装置

接地装置应该满足工程中要使用光纤配线架内的接地装置接地的需求。YS-O/48 满配 48 芯 48 口 ODF 箱体单元，含电信级 FC 或 SC 法兰束状尾纤。壳体采用厚度为 1.5 mm 冷扎板制成，环氧静电喷塑，外形美观，使用方便。

光缆光纤穿过金属板孔时装有保护套，纤芯、尾纤的曲率半径大于 37.5 mm 光缆进入机箱，曲率半径大于光缆直径的 15 倍，壳体采用厚度为 1.5 mm 冷扎板制成，环氧静电喷塑，外形美观，使用方便。ODF 箱体单元外形如图 3-1-4 所示。

图 3-1-4　ODF 箱体单元正面图

 任务实施

### 1．安装规范

在安装、操作、维护光传输系统设备时，应遵守相关安全注意事项。

（1）基本安装要求

负责安装维护设备的人员，必须先经严格培训，了解各种安全注意事项，掌握正确的操作方法之后，方可安装、操作和维护设备。

（2）接地要求及规范

以下要求只针对需要接地的设备：

- 安装设备时，必须先接地；拆除设备时，最后再拆地线。
- 禁止破坏接地导体。
- 禁止在未安装接地导体时操作设备。
- 设备应永久性地接到保护地。操作设备前，应检查设备的电气连接，确保设备已可靠接地。
- 机房内各种通信设备及配套设备（移动基站、传输、交换、电源等）均应做保护接地，站内各种设备的保护接地均应汇接到同一个总接地排。
- 交流电源线的中性线在机房内严禁与传输以及各种通信设备的保护地连接。
- 保护地线的长度不应超过 30 m，且尽量短，长度超过 30 m 时，应要求使用方就近重新设置地排。

（3）人身安全

- 禁止在雷雨天气时操作设备和电缆。
- 雷雨天气时，应拔掉交流电源连接器、禁止使用固定终端、禁止触摸终端和天线连接器。
- 为避免电击危险，禁止将安全特低电压（SELV）电路端子连接到通信网络电压(TNV)电路端子上。
- 禁止裸眼直视光纤出口，以防止激光束灼伤眼睛。
- 操作设备前，应穿防静电工作服，佩戴防静电手套和手腕，并去除首饰和手表等易导电物体，以免被电击或灼伤。
- 如果发生火灾，应撤离建筑物或设备区域并按下火警警铃，或者拨打火警电话。任何情况下，严禁再次进入燃烧的建筑物。
- 禁止在雷雨天气下进行高压、交流电操作及铁塔、桅杆作业，否则会有生命危险。
- 在接通电源之前设备必须先接地，否则会危及人身及设备安全。
- 禁止带电安装、拆除电源线。电源线芯在接触导体的瞬间，会产生电弧或电火花，可导致火灾或眼睛受伤。
- 在进行蓄电池作业之前，必须仔细阅读操作的安全注意事项，操作不当会引发短路，导致严重人身危害。

（4）设备安全

- 操作前，应先将设备可靠地固定在地板或其他稳固的物体上，如墙体或安装架。
- 系统运行时，请勿堵塞通风口。
- 安装面板时，如果螺钉需要拧紧，必须使用专业工具操作。
- 安装完设备，需要清除设备区域的空包装材料。
- 安装、拆除电源线之前，必须先关闭电源开关。
- 为保证设备运行安全，当设备上的熔丝熔断后，应使用相同型号和规格的熔丝替换。
- 在接触设备，手拿单板或专用集成电路（ASIC）芯片等之前，为防止人体静电损坏敏

项目 **3** 光传输、光纤 FTTX 施工

感元器件，必须佩戴防静电手腕，并将防静电手腕的另一端良好接地。

- 蓄电池的不规范操作会造成危险。操作时必须严防电池短路或电解液溢出、流失。电解液溢出会对设备造成潜在的危害，溢出的电解液会腐蚀金属物体及单板，导致单板损坏。
- 佩戴橡胶手套和防护服，预防电解液外溢所造成的危害。
- 在搬运电池的过程中，应始终保持电极向上，禁止倒置、倾斜。
- 进行安装、维护等操作时，充电电源要保持断开状态。
- 铅酸蓄电池在工作中会释放出可燃性气体，摆放蓄电池的地方应保持通风并做好防火措施。

（5）机械安全

- 插入单板时，应佩戴防静电手腕及防静电手套，且用力要轻，以免弄歪背板上的插针。
- 顺着单板滑道插入单板。
- 禁止裸手触摸单板电路、元件、连接器或接线槽，以免人体静电损坏敏感器件。

## 2. 安装准备

（1）工具和仪表

为保证整个设备安装的顺利进行，需要准备工具和仪表。需要准备的工具和仪表如图3-1-5所示。

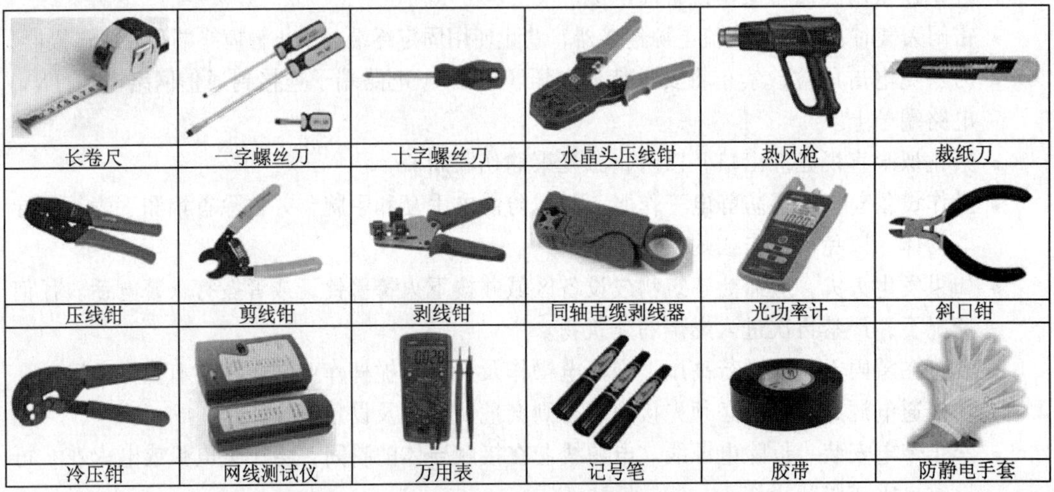

| | | |
|---|---|---|
| 长卷尺 | 一字螺丝刀 | 十字螺丝刀 |
| 水晶头压线钳 | 热风枪 | 裁纸刀 |
| 压线钳 | 剪线钳 | 剥线钳 |
| 同轴电缆剥线器 | 光功率计 | 斜口钳 |
| 冷压钳 | 网线测试仪 | 万用表 |
| 记号笔 | 胶带 | 防静电手套 |

图3-1-5　工具和仪表

（2）开箱验货

根据装箱清单清点货物，检查是否有缺件、是否不符合规格、是否损坏。

（3）检查安装环境

良好的机房环境是传输设备稳定工作的基础，良好的接地是传输设备防止雷击、抵抗干扰的首要保证条件。对机房环境进行检查，对不符合要求的地方进行改造，以免给工程安装和日后的运行维护工作留下隐患。

光传输设备的安全运行需要良好的运行环境。因此，传输机房不应设在温度高、有灰尘、有有害气体、易爆及电压不稳的环境中；应避开经常有大震动或强噪声，以及总降压变电所和牵引变电所的地方。在进行工程设计时，应根据通信网络规划和通信技术要求综合考虑，结合水文、地质、地震及交通等因素，选择符合工程环境设计要求的地址。

传输机房房屋建筑、结构、采暖通风、供电、照明及消防等项目的工程设计一般由建筑专业设计人员承担，但必须严格依据交换机的环境设计要求设计。传输机房还应符合工企、环保、消防及人防等有关规定，符合国家现行标准、规范，以及特殊工艺设计中有关房屋建筑设计的规定和要求。

传输机房要远离污染源，对于冶炼厂、煤矿等重污染源，应距离 5 km 以上；对化工、橡胶、电镀等中等污染源应距离 3.7 km 以上；对食品、皮革加工厂等轻污染源应距离 2 km 以上。如果无法避开这些污染源，则机房一定要选在污染源的常年上风向，使用高等级机房或选择高等级防护产品。

机房进行空气交换的采风口一定要远离城市污水管的出气口、大型化粪池和污水处理池，并且保持机房处于正压状态，避免腐蚀性气体进入机房，腐蚀元器件和电路板。

机房最好位于二楼以上的楼层，如果无法满足，则机房的安装地面应该比当地历史记录的最高洪水水位高 600 mm 以上。

3. Optix 155/622H 的安装

OptiX 155/622H 的安装流程，如图 3-1-6 所示。

（1）安装机盒

安装 OptiX 155/622H 时，应根据实际情况采用相应的安装方法。OptiX 155/622H 在 ETSI 600 mm 深机柜或 19 英寸机柜中安装方法相同，只是使用的挂耳不同，有 4 种安装方式。下面分别介绍这几种安装方式。

● 在滑道上安装。拧下机盒两侧的 4 个螺钉，把机盒挂耳固定在机盒上，如图 3-1-7 所示。

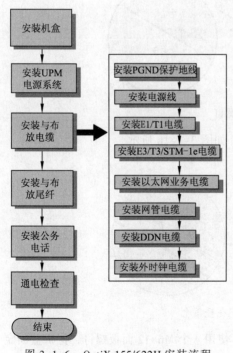

图 3-1-6　OptiX 155/622H 安装流程

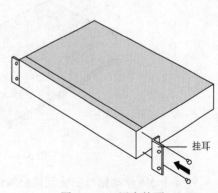

图 3-1-7　固定挂耳

把机盒放入滑道，小心推入。使用 4 个 M6×12 面板螺钉，把机盒固定到机柜中，如图 3-1-8 所示。

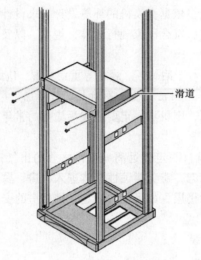

滑道

图 3-1-8　固定机盒

● 挂耳向上安装。拆下 OptiX 155/622H 设备两侧的螺钉，如图 3-1-9 所示。

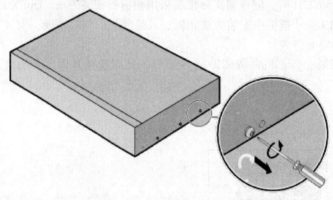

图 3-1-9　拆卸螺钉

把机盒放入挂耳，并用步骤 1 取下的螺钉固定，如图 3-1-10 所示。

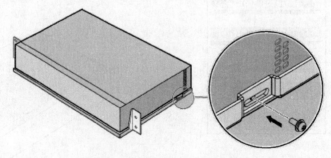

图 3-1-10　将机盒固定在托盘上

把 4 个 M6 浮动螺母安装到机柜两侧的立柱上。使用 4 个 M6×12 面板螺钉，把机盒固定到机柜中。

● 挂耳向下安装。把4个M6浮动螺母安装到机柜两侧的立柱上。拧下机盒两侧的4个螺钉，把机盒挂耳固定在机盒上，如图3-1-11所示。

把4个M6浮动螺母安装到机柜两侧的立柱上。使用4个M6×12面板螺钉，把机盒固定在机柜中，如图3-1-12所示。

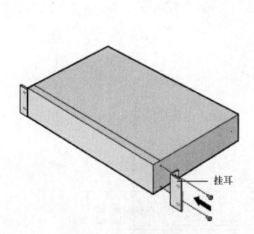

图 3-1-11　固定挂耳

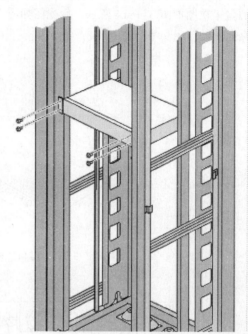

图 3-1-12　固定机盒

● 前出线安装。把4个M6浮动螺母安装到机柜两侧的立柱上。拧下机盒两侧的4个螺钉，把机盒挂耳固定在机盒上，如图3-1-13所示。

使用4个M6×12面板螺钉，把机盒固定在机柜中。机箱安装完成后，需要进行最后的安装检查，确保设备安装无误。机盒安装后应符合如下要求：

● 机盒安装位置符合工程设计文件。
● 机盒固定可靠，符合工程设计文件的抗震要求。
● 单板能顺畅拔插。单板插入机盒后，单板面板上的螺钉应拧紧。
● 空余槽位应全部安装假面板。
● 设备各部件未变形，影响设备外观。
● 机房应干净、整洁，作废的包装箱等杂物应清除。安装剩余的备用物品应整齐合理堆放。

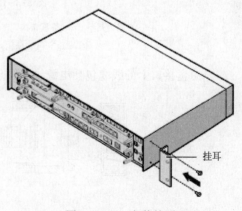

图 3-1-13　安装挂耳

（2）安装 UPM 电源系统

UPM（Uninterrupted Power Module，不间断电源模块）电源转换系统用于将 110/220 V 交流电转换为–48 V 直流电，给 OptiX 155/622H 供电。UPM 电源系统由电源盒和蓄电池两部分组成。电源盒的尺寸为 438 mm（宽）×240 mm（深）×44 mm（高），电源盒型号为 GIE4805S。电源盒正视图如图 3–1–14 所示，后视图如图 3–1–15 所示。电源盒可输出两路–48 V 电源，每路电源的输出功率为 270 W。

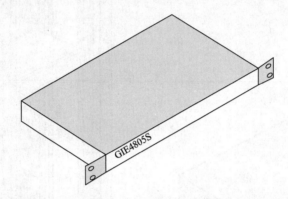

图 3–1–14　电源盒正视图

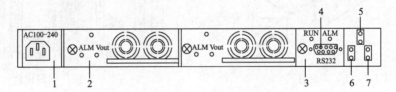

图 3–1–15　电源盒后视图

1—AC 输入接口；2—整流模块；3—监控模块；4—管理接口；5—蓄电池接口；

6—–48 V 电源输出接口；7—–48 V 电源输出接口

电源盒接口上的线缆包括电源线和管理电缆，如图 3–1–16 所示。

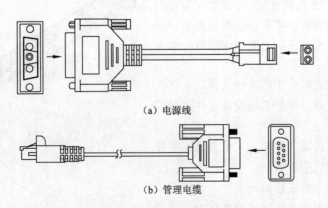

（a）电源线

（b）管理电缆

图 3–1–16　电源线和管理电缆

蓄电池可以安装在蓄电池托盘或蓄电池箱中。蓄电池托盘的尺寸为：436 mm（宽）×173.5 mm（深）×125 mm（高）。蓄电池托盘外形如图 3–1–17 所示。使用蓄电池托盘时，需要先安装蓄电池托盘，然后再将蓄电池放置到蓄电池托盘中。

蓄电池箱的尺寸为：436 mm（宽）×315 mm（深）×133 mm（高）。蓄电池箱外形如图 3-1-18 所示。

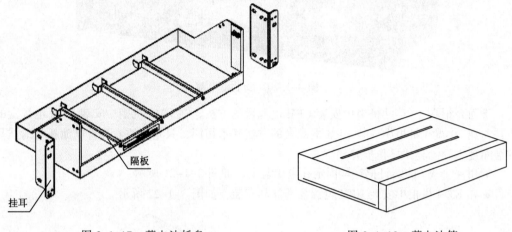

图 3-1-17　蓄电池托盘　　　　　　　　图 3-1-18　蓄电池箱

蓄电池可以安装在蓄电池托盘或蓄电池箱中。这里以安装在蓄电池托盘为例介绍蓄电池在机柜中的安装方法。具体操作步骤如下：

- 确定是否拆卸蓄电池托盘的隔板。如果使用的是 20 Ah 的蓄电池，则拆卸托盘的两个隔板，如图 3-1-19 所示；如果使用的是 12 Ah 的蓄电池，则不需要拆卸隔板。

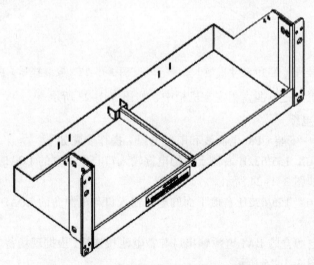

图 3-1-19　拆下蓄电池托盘的两个隔板后

- 固定托盘两侧的挂耳。
- 用 4 个面板螺钉把托盘固定在机柜中。
- 将蓄电池摆放到托盘中，如图 3-1-20 所示。
- 蓄电池的接线端子应远离托盘挂耳的方向。

图 3-1-20　安装蓄电池

下面介绍在 19 英寸机柜中安装 UPM 电源盒的方法，在 ETSI 机柜中安装 UPM 电源盒的方法与在 19 英寸机柜中安装 UPM 电源盒的方法基本相同，只是电源盒和蓄电池托盘的挂耳安装角度不同。具体操作步骤如下：

- 用 4 个 M3 的螺钉把挂耳固定在电源盒上，如图 3-1-21 所示。
- 在 ETSI 机柜中安装 UPM 电源盒的挂耳安装，如图 3-1-22 所示。

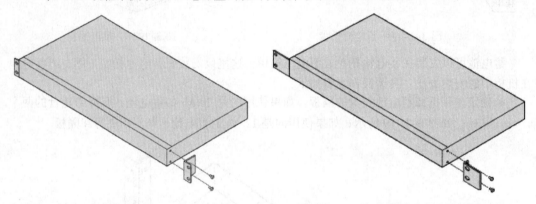

图 3-1-21　安装挂耳（在 19 英寸机柜）　　　图 3-1-22　安装挂耳（在 ETSI 机柜）

- 用 4 个面板螺钉把电源盒固定在机柜中，如图 3-1-23 所示。

（3）安装 UPM 电缆

在 19 英寸机柜中安装 UPM 电源线和串口电缆。操作步骤如下：

用电源线将 OptiX 155/622H 右侧上面的电源输入口与电源盒的 LOAD2 电源输出口相连接。系统直流连接如图 3-1-24 所示。

用电源线将 OptiX 155/622H 右侧下面的电源输入口与电源盒的 LOAD1 电源输出口相连接，如图 3-1-25 所示。

用电源电缆将电源盒的 BAT 电源输出口与蓄电池相连接，根据现场蓄电池型号的不同选用不同的电缆，如图 3-1-25 所示。

使用串口线将电源盒的 RS232 接口与 OptiX 155/622H 设备 SCB 板上的 COM2 接口相连接，实现对蓄电池和电源盒的监控。

UPM 系统安装完成后，需要进行最后的安装检查，确保设备安装无误。蓄电池应安装在远离热源和易生火花的地方，其安全距离应大于 0.5 m。蓄电池应该直立安装，并且尽量安装在机柜底部。电池与电池间水平距离应大于 10 mm。

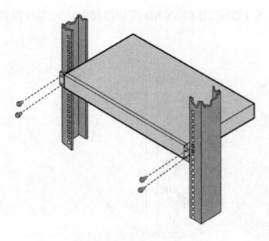

图 3-1-23 电源盒安装

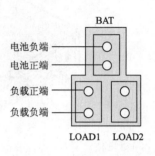

图 3-1-24 系统直流连接图

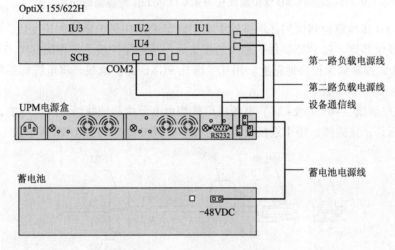

图 3-1-25 机箱的电缆连接图

连接时要将螺栓、螺帽及连接条拧紧，或拧至扭矩为 15～30 N·m 以减少压降，但不要用力过猛，以免损伤端子。不要将蓄电池安装在阳光直射、有大量放射性、红外、紫外线辐射、含有机溶剂气体或腐蚀性气体的环境中。

保证电池所处的环境阴凉、清洁、干燥和通风。严禁电池外表短路，严禁将电池投入火中或对其加热。严禁非专业人员拆卸、维修或者解剖电池。严禁在完全密封的设备中使用电池或对其充电。严禁使用任何物品阻塞安全阀的排气孔。连接导线要尽可能短，以减少压降。

电池工作或者充电电路闭合前，应确保系统的电压正常，电池的正负极连接正确。严禁电池反极充电。

（4）布放电缆

① 安装 PGND 保护地线。PGND 保护地线的外观如图 3-1-26 所示。

图 3-1-26 PGND 保护地线

将 PGND 保护地线的 OT 端子拧紧到 OptiX 155/622H 的 PGND 接地螺栓上。安装效果如图 3-1-27 所示。

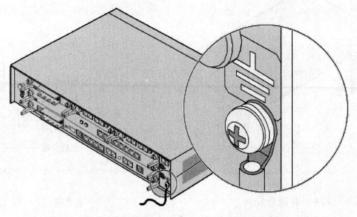

图 3-1-27　PGND 保护地线在 OptiX 155/622H 设备侧的安装效果

根据 PGND 接地螺栓到保护接地排的距离，确定 PGND 保护地线的长度后，剪除 PGND 保护地线的多余部分。在 PGND 保护地线的接头处压接与保护接地排相配套的 OT 端子。将 PGND 保护地线拧紧到保护接地排上。用扎带绑扎 PGND 保护地线。将电缆标签粘贴在距离 PGND 两端连接器 2 cm 处。

② 安装电源线。–48 V 及 +24 V 电源线组件均由电源线和地线两条线缆组成，电源线组件的一端为四针孔接插件，用于连接设备的源接口。其外观如图 3-1-28 所示。

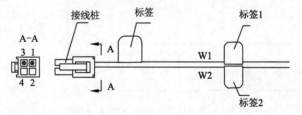

图 3-1-28　电源线

将电源线的接头插到 OptiX 155/622H 的 POI/POU 板的电源插口上。安装效果如图 3-1-29 所示。

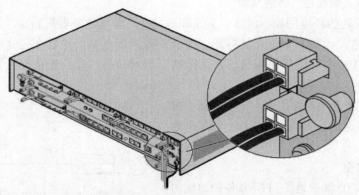

图 3-1-29　电源线的连接

将电源线组件的另一端连接到直流电源配电盒相应的端子上。用扎带绑扎电源线。将电缆标签粘贴在距离电缆两端连接器 2 cm 处电缆上。

③ 安装 E1/T1 电缆。E1 电缆有 75 Ω 和 120 Ω 两种，T1 电缆只有 100 Ω 一种电缆，T1 与 E1 共用 120 Ω 电缆。

- 4 芯 75 Ω 同轴电缆。4 芯 75 Ω 同轴电缆是一个 2 mm HM 导线连接器带 4 芯的同轴电缆，可传输 2 路 E1，电缆外形如图 3-1-30 所示。2 mmHM 导线连接器的针孔和电缆标签的对应关系如表 3-1-4 所示。

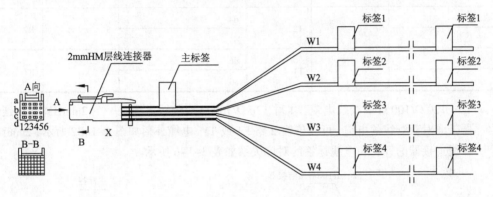

图 3-1-30　4 芯 75Ω 同轴电缆

表 3-1-4　4 芯 75Ω 同轴电缆接线表

| 2mmHM 导线连接器插孔编号 | 电缆上的印字 | 标签印字 | 2mmHM 导线连接器插孔编号 | 电缆上的印字 | 标签印字 |
|---|---|---|---|---|---|
| a3 | 4 | T2 | d1 | 3 | R2 |
| a4 | | | d2 | | |
| a5 | 2 | T1 | d3 | 1 | R1 |
| a6 | | | d4 | | |

- 8 芯 75Ω 同轴电缆。8 芯 75Ω 同轴电缆是一个 2mmHM 导线连接器带 8 芯的同轴电缆，可以传输 4 路 E1，电缆外形如图 3-1-31 所示。2mmHM 导线连接器的针孔和电缆标签的对应关系如表 3-1-5 所示。这种电缆与 SP2D 板一起使用。

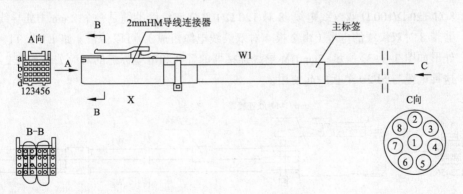

图 3-1-31　8 芯 75Ω 同轴电缆

表 3-1-5  8 芯 75 Ω 同轴电缆接线表

| 2mmHM 导线连接器插孔编号 | 电缆上的印字 | 标签印字 | 2mmHM 导线连接器插孔编号 | 电缆上的印字 | 标签印字 |
|---|---|---|---|---|---|
| b1 | 8 | T4 | c1 | 7 | R4 |
| a1 | | | d1 | | |
| a2 | 6 | T3 | d2 | 5 | R3 |
| a3 | | | d3 | | |
| a4 | 4 | T2 | d4 | 3 | R2 |
| a5 | | | d5 | | |
| a6 | 2 | T1 | d6 | 1 | R1 |
| b6 | | | c6 | | |

- 4 对 120 Ω/100 Ω 双绞线电缆。4 对 120 Ω/100 Ω 双绞线电缆是一个 2mmHM 导线连接器带 4 对双绞线的电缆，可以传输 2 路 E1 或 T1。电缆外形如图 3-1-32 所示，2mmHM 导线连接器的针孔和电缆标签的对应关系如表 3-1-6 所示。

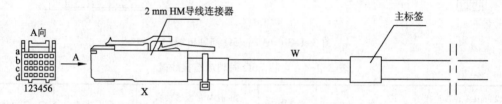

图 3-1-32  4 对 120Ω/100Ω 双绞线电缆

表 3-1-6  4 对 120Ω/100Ω 双绞线电缆接线表

| 2 mm HM 导线连接器插孔编号 | 双绞线电缆颜色 | 标签印字 | 2 mm HM 导线连接器插孔编号 | 双绞线电缆颜色 | 标签印字 |
|---|---|---|---|---|---|
| a3 | 白 | T2 | d1 | 白 | R2 |
| a4 | 褐 | | d2 | 橙 | |
| a5 | 白 | T1 | d3 | 白 | R1 |
| a6 | 绿 | | d4 | 蓝 | |

- 8 对 120 Ω/100 Ω 双绞线电缆。8 对 120 Ω/100 Ω 双绞线电缆是一个 2 mm HM 导线连接器带 8 对双绞线的电缆（由 2 根 4 对双绞线电缆组成），可以传输 4 路 E1 或 T1。电缆外形如图 3-1-33 所示；2mmHM 导线连接器的针孔和电缆标签的对应关系如表 2-1-7。这种电缆与 SP2D 单板一起使用。

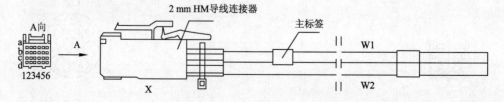

图 3-1-33  8 对 120Ω/100Ω 双绞线电缆

表 3-1-7　8 对双绞线接线表

| 2mmHM 导线连接器<br>插孔编号 | W1 电缆 | 标签印字 | 2mmHM 导线连接器<br>插孔编号 | W2 电缆 | 标签印字 |
|---|---|---|---|---|---|
| b1 | 红 | T4 | c1 | 白 | R4 |
| a1 | 绿 | | d1 | 褐 | |
| a2 | 红 | T3 | d2 | 白 | R3 |
| a3 | 橙 | | d3 | 绿 | |
| a4 | 红 | T2 | d4 | 白 | R2 |
| a5 | 蓝 | | d5 | 橙 | |
| a6 | 白 | T1 | d6 | 白 | R1 |
| b6 | 灰 | | c6 | 蓝 | |

根据机柜到 DDF（数字配线架）的距离剪除多余电缆。将电缆两端粘贴上临时标签，将电缆沿走线槽布放，穿过机柜的信号电缆走线口，布放进机柜。将电缆连接器插入到 E1 接口板的插座上，注意不要接反。听到轻轻"喀"的一声，表示电缆已经插好。安装过程如图 3-1-34 所示。

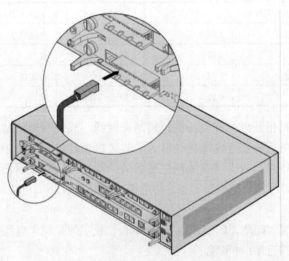

图 3-1-34　安装带 2mmHM 导线连接器的电缆

用扎带把电缆绑扎好。在 DDF 侧制作 E1 电缆的接头。检查所有 E1 电缆接头，确认每条电缆没有短路或断路。安装 DDF 侧的电缆。拆除电缆上的临时标签。制作新标签，将电缆标签粘贴在距离电缆两端连接器 2 cm 处电缆上。

④ 安装 E3/T3/STM-1e 电缆。E3/T3/STM-1e 电缆采用的是阻值为 75Ω 的高频信号电缆，接头为 SMB 型同轴连接器，如图 3-1-35 所示。

⑤ 安装以太网业务电缆。以太网电缆的结构：两端接口为 RJ-45 水晶头，电缆采用 8 芯 5 类双绞线，如图 3-1-36 所示。

以太网电缆分直通网线和交叉网线两种。直通网线与交叉网线的结构相同，但接线关系不同。直通网线接线关系如表 3-1-8 所示，交叉网线的接线关系如表 3-1-9 所示。

SMB连接器

图 3-1-35 E3/T3/STM-1e 电缆

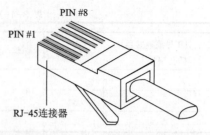

PIN #8

PIN #1

RJ-45连接器

图 3-1-36 以太网线缆连接器

表 3-1-8 直通网线接线关系表

| 插头 X1 | 8 芯 5 类双绞线 | 插头 X2 | 插头 X1 | 8 芯 5 类双绞线 | 插头 X2 |
| --- | --- | --- | --- | --- | --- |
| 1 脚 | 白（橙） | 1 脚 | 5 脚 | 白（蓝） | 5 脚 |
| 2 脚 | 橙 | 2 脚 | 6 脚 | 绿 | 6 脚 |
| 3 脚 | 白（绿） | 3 脚 | 7 脚 | 白（棕） | 7 脚 |
| 4 脚 | 蓝 | 4 脚 | 8 脚 | 棕 | 8 脚 |

表 3-1-9 交叉网线接线关系表

| 插头 X1 | 8 芯 5 类双绞线 | 插头 X2 | 插头 X1 | 8 芯 5 类双绞线 | 插头 X2 |
| --- | --- | --- | --- | --- | --- |
| 1 脚 | 白（橙） | 3 脚 | 5 脚 | 白（蓝） | 5 脚 |
| 2 脚 | 橙 | 6 脚 | 6 脚 | 绿 | 2 脚 |
| 3 脚 | 白（绿） | 1 脚 | 7 脚 | 白（棕） | 7 脚 |
| 4 脚 | 蓝 | 4 脚 | 8 脚 | 棕 | 8 脚 |

具体要求：根据机柜到以太网设备的距离制作网线。线缆两端粘贴上临时标签。将以太网业务信号线缆穿过机柜的信号电缆走线口，布放进机柜。将布入机柜的以太网电缆连接到以太网出线板的 RJ-45 接口上。将以太网电缆的另一端连接到以太网设备接口上。将以太网电缆绑扎好，拆除临时标签。制作新标签，将电缆标签粘贴在距离电缆两端连接器 2 cm 处的电缆上。

⑥ 安装 DDN 电缆。DDN（Digital Data Network，数字数据网）电缆根据其接入信号所符合的协议类型不同，共有 10 种电缆。

● V.35 DCE 电缆：V.35 模式的 DCE（Data Cricuit-terminating Equipment，数据通信设备）电缆采用的是深蓝色 18 芯 28AWG 屏蔽双绞线通信电缆，如图 3-1-37 所示。

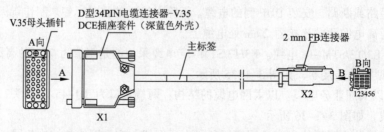

D型34PIN电缆连接器-V.35
V.35母头插针    DCE插座套件（深蓝色外壳）    主标签    2 mm FB连接器

A向    A    B向
B
X1    X2
123456

图 3-1-37 V.35 模式的 DCE 电缆

● V.35 DTE（Data Terminal Equipment，数据终端设备）电缆：V.35 模式的 DTE 电缆采

用的是带铝箔和铜网屏蔽外护套的 9 对 28AWG 的通信电缆，如图 3-1-38 所示。

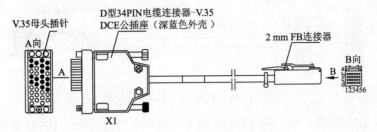

图 3-1-38　V.35 模式的 DTE 电缆

- V.24 DCE 电缆：V.24 模式的 DCE 电缆采用的是阻值为 100 Ω 的 26AWG 的通信电缆，如图 3-1-39 所示。

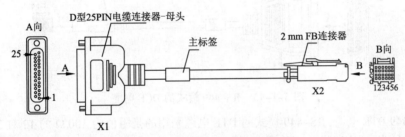

图 3-1-39　V.24 模式的 DCE 电缆

- V.24 DTE 电缆：V.24 模式的 DTE 电缆采用的是阻值为 100 Ω 的 26AWG 的通信电缆，如图 3-1-40 所示。

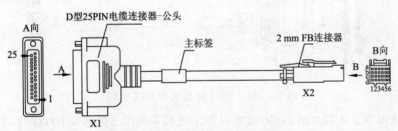

图 3-1-40　V.24 模式的 DTE 电缆

- X.21 DCE 电缆：X.21 模式的 DCE 电缆采用的是阻值为 100 Ω 的 26AWG 的通信电缆，如图 3-1-41 所示。

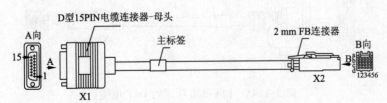

图 3-1-41　X.21 模式的 DCE 电缆

- X.21 DTE 电缆：X.21 模式的 DTE 电缆采用的是阻值为 100 Ω 的 26AWG 的通信电缆，如图 3-1-42 所示。

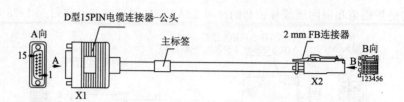

图 3-1-42　X.21 模式的 DTE 电缆

- RS-449 DCE 电缆：RS-449 模式的 DCE 电缆采用的是阻值为 100 Ω 的 12 对 28AWG 的通信电缆，如图 3-1-43 所示。

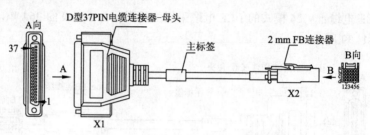

图 3-1-43　RS-449 模式的 DCE 电缆

- RS-449 DTE 电缆：RS-449 模式的 DTE 电缆采用的是阻值为 100 Ω 的 12 对 28AWG 的通信电缆，如图 3-1-44 所示。

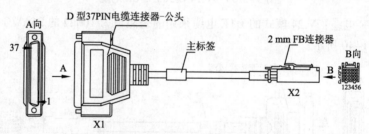

图 3-1-44　RS-449 模式的 DTE 电缆

- EIA-530 DCE 电缆：EIA-530 模式的 DCE 电缆采用的是阻值为 100 Ω 的 12 对 28AWG 的通讯电缆，如图 3-1-45 所示。

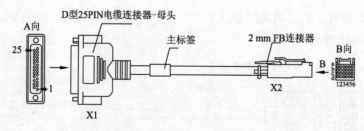

图 3-1-45　EIA-530 模式的 DCE 电缆

- EIA-530 DTE 电缆：EIA-530 模式的 DTE 电缆采用的是阻值为 100 Ω 的 12 对 28AWG 的通信电缆，如图 3-1-46 所示。

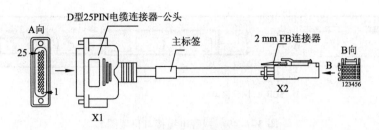

图 3-1-46　EIA-530 模式的 DTE 电缆

　　具体操作：根据机柜到 DDN 设备侧的距离选择相应长度的 DDN 电缆。将电缆两端粘贴上临时标签。将电缆沿走线槽布放，穿过机柜的信号电缆走线口，布放进机柜。将电缆连接器插入到 DDN 接口板的插座，听到轻轻"喀"的一声，表示电缆已经插好。安装过程如图 3-1-47 所示。用扎带把电缆绑扎好，安装 DDN 业务侧的电缆，拆除电缆上的临时标签，制作新标签。将电缆标签粘贴在距离电缆两端连接器 2 cm 处的电缆上。

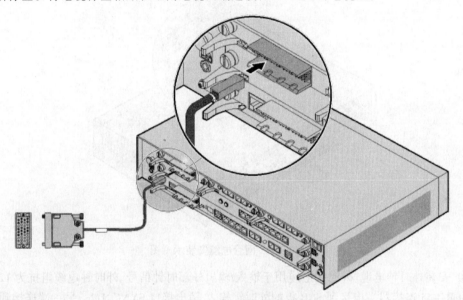

图 3-1-47　安装 DDN 电缆

　　⑦ 安装网管电缆。网线分为交叉网线和直通网线。这里既可以用交叉网线，也可以采用直通网线。网线采用 RJ-45 连接器，如图 3-1-48 所示。

图 3-1-48　标准屏蔽网线外形图

网管接口在系统控制板（System Control Board，SCB）上，如图 3-1-49 所示。

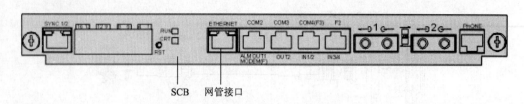

图 3-1-49　网管电缆接口位置图

　　具体操作：根据机柜到网管计算机之间的距离，制作网线。将电缆两端粘贴上临时标签。将网管电缆穿过机柜的信号电缆走线口，布放进机柜。沿机柜侧壁把网线布放到机盒。将网管电缆穿过机盒走线槽，连接接插件到 SCB 板的 ETHERNET 接口，如图 3-1-50 所示。将网管电缆用绑扎带绑扎好，连接网管计算机侧的电缆，拆除临时标签，制作新标签，将电缆标签粘贴在距离电缆两端连接器 2 cm 处电缆上。

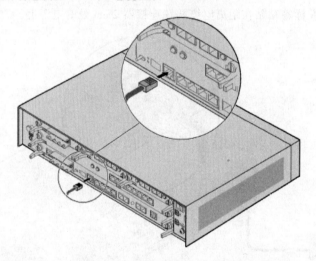

图 3-1-50　网管电缆安装示意图

　　⑧ 安装外时钟电缆。外时钟电缆用于输入/输出外部时钟信号。外时钟电缆阻抗为 120 Ω，一端为 RJ-45 连接器，连接到 SCB 板的外时钟输入/输出接口 SYNC 1/2；另一端连接到外围设备，连接器需要根据现场情况制作。外时钟电缆的结构如图 3-1-51 所示。SCB 板的外时钟接口引脚定义如表 3-1-10 所示。

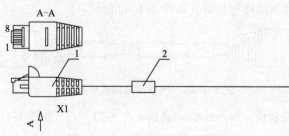

图 3-1-51　外时钟电缆结构图

1—网口连接器 RJ-45；2—主标签；A-A—A 向截面

表 3-1-10　SYNC 1/2 外时钟接口管脚定义

| 引脚号 | 引脚定义 | 功　能 |
|---|---|---|
| 1 | EXT1R+ | 第 1 路外时钟输入口 |
| 2 | EXT1R– | |
| 4 | EXT1T+ | 第 1 路外时钟输出口 |
| 5 | EXT1T– | |
| 3 | EXT2R+ | 第 2 路外时钟输入口 |
| 6 | EXT2R– | |
| 7 | EXT2T+ | 第 2 路外时钟输出口 |
| 8 | EXT2T– | |

具体操作步骤：根据机柜到其他设备的距离剪除多余时钟电缆，并制作电缆接头。将电缆两端粘贴上临时标签；将时钟电缆穿过机柜的信号电缆走线口，布放进机柜；将时钟电缆的插头与 SCB 板的 SYNC 1/2 接口相连接；用扎带将电缆绑扎好。把时钟电缆的另一端连接到其他设备上，拆除临时标签，制作新标签。将电缆标签粘贴在距离电缆两端连接器 2 cm 处电缆上。

（5）安装检查

线缆安装完毕后应进行安装检查。电缆安装完毕后应该符合如下要求：

- 电缆绑扎间距均匀，松紧适度，线扣扎好后应将多余部分齐根剪掉，不留尖刺，扎扣朝同一个方向，保持整体整齐美观统一。
- 电缆布放时应理顺，不交叉弯折。
- 机柜外布线用槽道时，不得溢出槽道。
- 用走线梯时，应固定在走线梯横梁上，绑扎整齐，成矩形（单芯电缆可以绑扎成圆形）。
- 电缆转弯时尽量采用大弯曲半径，转弯处不能绑扎电缆。
- 配发的–48 V 电源线 NEG（–）采用蓝色电缆，–48 V 地线 RTN（+）电源线采用黑色电缆，+24 V 电源线 RTN（+）采用红色电缆，+24 V 地线 NEG（–）采用黑色电缆，PGND 保护地线采用黄绿色或黄色电缆。
- 设备的电源线、地线正确可靠连接。
- 设备的电源线、地线的线径符合设备配电要求。
- 机柜外电源线、地线与信号电缆分开布放间距大于 3 cm。
- 电源线、地线走线转弯处应圆滑。
- 电源线、地线必须采用整段铜芯材料，中间不能有接头。
- 电源线、地线按规范填写标签并粘贴，标签位置整齐、朝向一致，便于查看。

（6）布放尾纤

尾纤分为内部尾纤和外部尾纤。内部尾纤是指连接机柜内部光接口的尾纤，外部尾纤是指连接机柜内部设备和外部设备的尾纤。OptiX 155/622H 使用的尾纤按纤缆类型分有 2 mm 单模尾纤和 2 mm 多模尾纤两种类型。按连接器类型分有 SC、FC、LC 类型的尾纤。单模和多模尾纤可通过不同的线缆颜色来区分，单模尾纤采用黄色线缆，多模尾纤采用红色线缆。OptiX 155/622H 用到的光纤连接器如图 3-1-52 所示。

項目 3　光传输、光纤 FTTX 施工

具体安装操作：

- 将尾纤两头粘贴上临时标签。
- 根据机柜到 ODF 架的走线距离，对波纹管进行切割。
- 将尾纤穿入波纹管，穿管时严禁强行塞入、强力拉扯，以免损坏尾纤。尾纤穿入波纹管后用胶带对波纹管的切口进行包扎，以保护尾纤免于磨损。
- 将波纹管伸入机柜的光纤孔固定，如果光纤口无足够空间穿过波纹管时，将波纹管伸入机柜顶部的信号线缆出线口固定。
- 将尾纤沿机柜左侧的尾纤通道布放到机盒处。
- 取下光纤连接器上的防尘帽，用擦纤纸清洁光连接器。妥善保管取下的防尘帽，以便以后再次利用。对不使用的光纤连接器，必须盖上防尘帽。

根据尾纤接头类型，按如下方法连接尾纤：

- LC 型接头的尾纤：将 LC 接头对准光接口，适度用力推入，将尾纤接头插入到底，当听到一声脆响说明尾纤已经插好，如图 3-1-53 所示。

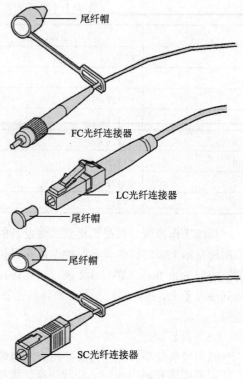

图 3-1-52 光纤连接器

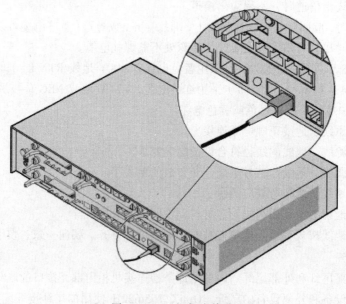

图 3-1-53 机柜出线孔

- FC 型接头的尾纤：将 FC 接头对准光接口，使接头中心与光接口的中心保持在一条直线上；把尾纤接头插到底后，再顺时针旋转外环螺钉套，将接头拧紧。

- 采用扎带对尾纤进行绑扎，绑扎前检查尾纤走线区域附近有无毛刺、锐边或锐角物体等，如果发现应进行保护处理，以免损坏尾纤。
- 连接ODF（光纤配线架）侧的尾纤。
- 拆除尾纤上的临时标签。
- 制作新标签。
- 在尾纤两端距尾纤接口2 cm处粘贴标签，如图3-1-54所示。

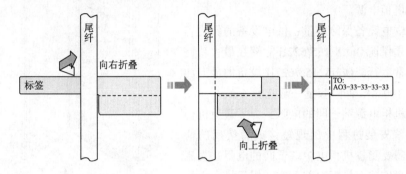

图3-1-54　标签粘贴示意图

尾纤安装完毕后，应进行安装检查。应该符合如下要求：
- 尾纤两端标签填写正确清晰、位置整齐、朝向一致。
- 尾纤与光接口板、法兰盘等连接件须连接可靠。
- 尾纤连接点应清洁。
- 尾纤绑扎间距均匀，松紧适度，美观统一。
- 尾纤在设备至ODF架处，须加保护套管且保护套管两端须进入设备内部。
- 尾纤布放不应有强拉硬拽及不自然的弯折，布放后无其他线缆压在上面。
- 尾纤布放应便于维护和扩容。
- 尾纤布放、连接应与设计相符。
- 尾纤在ODF架内应理顺固定，对接可靠，多余尾纤盘放整齐。
- 没有其他线缆和物品压在上面。

（7）安装公务电话

电话线两端均为RJ-11插头，一头插入话机底部的插孔内，另一头插入OptiX 155/622H的SCB板的PHONE插口。公务电话电缆插口如图3-1-55所示。

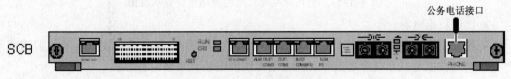

图3-1-55　公务电话电缆插口

具体操作步骤：
- 将公务电话机座固定在机柜中，如图3-1-56所示。
- 将公务电话放在公务电话机座上，并将电话键盘面向公务电话机座。

87

- 将公务电话线的一端插头插在电话机上，将公务电话振铃开关置于"ON"，拨号方式开关置于"T"。
- 将公务电话线的另一端插头插在SCB板的电话口（PHONE）上。

（8）设备上电和检查

- 接通机柜电源。
- 检查供电设备保险容量：供电设备的保险容量必须保证OptiX 155/622H能够在最大功耗下正常运行。OptiX 155/622H设备的最大功率为100 W、保险容量一般选择6 A。
- 测量机柜电源端子间的电阻：为了避免机柜电源线安装过程中出现短接或者接反的情况，需要测量机柜电源端子间的电阻。直流配电盒安装在机柜内部上方，用于接入2路48 V或60 V直流电源，为机柜中各机盒供电。直流配电盒的电源端子位置如图3-1-57所示。

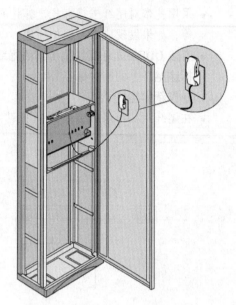

图3-1-56　固定公务电话机座

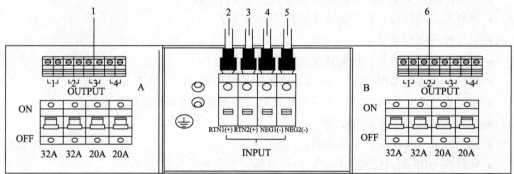

| 1.左侧子架电源端子 | 2.第一路电源线RTN1（+） |
|---|---|
| 3.第二路电源线RTN2（+） | 4.第一路电源线NEG1（-） |
| 5.第二路电源线NEG2（-） | 6.右侧子架电源端子 |

图3-1-57　直流配电盒各个电源端子位置示意图

- 接通机柜电源。
- 接通机盒电源是设备接通电源的最后一步，为避免安装错误对设备接通电源造成影响，在接通机盒电源之前要对机盒电源线的安装和布放进行检查。
- 确认电压正常后，打开机盒POI/POU板上的电源开关。机盒前、后面板的绿色"RUN"指示灯应处于闪烁状态。
- 若设备上已经配置了数据，则设备通电5～6 min后，各单板应能正常运行，机盒上的绿色运行灯"RUN"应以1 s亮1 s灭的频率闪烁。

- 检查机柜顶部的机柜电源指示灯，绿灯应长亮。

（9）测试风扇

打开子架电源开关，风扇开始运转。通过观察风扇的指示灯，可以判断风扇的硬件好坏，以便及时更换有故障的风扇。检查风扇黄色运行灯"FAN"，正常情况下应熄灭。如果运行灯亮，表示风扇出现故障。用手探测机盒风扇板 FAN 的侧面，应有风吹过。

### 4. ODF 单元箱安装

（1）安装及固定

ODF 单元箱安装于 19 英寸机柜，安装尺寸如图 3-1-58 所示，安装时用 4 个 M6 方螺母组件固定在机柜立柱内侧，如图 3-1-59 所示。

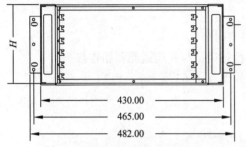

图 3-1-58　ODF 单元箱安装尺寸

图 3-1-59　安装与固定

（2）光缆开剥、固定及保护

- 清洁光缆。
- 按照 ODF 单元箱的尺寸剥开光缆。
- 清理裸纤上的光缆油膏，并套上裸纤保护套管，接口部位用电工胶布缠绕固定。
- 用喉口将光缆固定在光缆固定接地装置上。

（3）适配器及尾纤的安装

- 抽出一个一体化模块，移开上、下两面盖板，将一端连接适配器（FC、SC 或 ST 加适配器法兰）的单头尾纤装在模块的卡槽里。注意：适配器有字面朝上。
- 将冗余尾纤在模块背面盘绕 1～2 圈，用线扎扎固。
- 尾部从一体化模块中间长方孔穿至模块正面，如图 3-1-60 所示。
- 剥除尾纤上松套管，并储存于模块正面熔接区内，盖好上盖板，如图 3-1-61 所示。

图 3-1-60　单芯尾纤安装

图 3-1-61　尾纤盘储

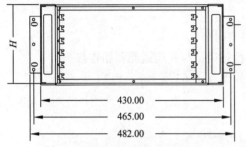

（4）熔接操作

● 揭开模块正面盖板，释放盘储于熔接区内的尾纤。

● 将外线裸纤保护套管端部用线扎固定相应位置，引出适当长度进入熔接工作台。

● 用开剥剪开剥 12 根单芯光缆和非带状光缆。

● 用溶剂清洁纤芯，再切割纤芯，最后熔接，熔保护套管，使熔接点位于其中央，再进行热缩。将熔接后的纤芯整齐放入熔接区。

● 每芯光纤做好熔接标识记录，并将模块插回到原来的位置。

（5）系统接地

单元箱接地点位于侧面光缆固定接地装置处，接地时用接地线引至地线铜排。接地线的截面积大于 6 cm$^2$，如图 3-1-62 所示。

（6）跳纤操作

● 建议选取直径 φ2 mm 的跳线（易于管理，占空间小）。

● 将跳纤一端插入适配器，另一端在挂纤盘上盘储后，与相应适配器相连接。

● 可采用直接连接、交叉连接两种方式跳线，如图 3-1-63 所示。

● 保证尾纤自由弯曲半径大于 40 mm。

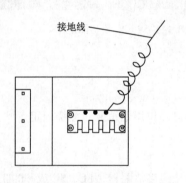

图 3-1-62　接地

图 3-1-63　跳线连接

任务实施过程中的相关任务单见表 3-1-11 所示。

表 3-1-11　任　务　单

| 项　目 | 项目3　光传输、光纤 FTTX 施工 | | 学　时 | 24 |
|---|---|---|---|---|
| 工作任务 | 任务 3-1　光传输机房设备安装 | | 学　时 | 8 |
| 班　级 | | 小组编号 | 成员名单 | |
| 任务描述 | 各小组根据任务要求完成华为 OptiX 155/622H 和 ODF 箱体单元的安装工作，并根据需要布线。通过对光传输机房设备安装的训练，了解工程安装准备工作、硬件安装的流程及相关操作，能根据操作规范进行光传输设备和 ODF 架的安装 | | | |
| 工作内容 | （1）安装准备：<br>● 按照规范，对检查安装环境，记录相关数据；<br>● 按照规范，对拆卸设备包装验货，记录相关数据。 | | | |

| 工作内容 | （2）OptiX 155/622H 设备安装：<br>● 按照安装规范，安装机盒；<br>● 安装公务电话；<br>（3）电源安装：<br>● 按照安装规范，安装 UPM 电源系统；<br>● 设备上电和检查。<br>（4）布线：按规范进行电缆和尾纤的布线。<br>（5）ODF 箱体单元安装：<br>● 箱体固定；<br>● 光纤开剥、固定及保护；<br>● 适配器及尾纤安装；<br>● 熔接操作；<br>● 系统接地 | |
|---|---|---|
| 注意事项 | （1）爱护光传输机房设备；<br>（2）按规范操作使用仪表，防止损坏仪器仪表；<br>（3）注意用电安全；<br>（4）各小组按规范协同工作；<br>（5）按规范进行设备的安装操作，防止损坏设备；<br>（6）做好安全防范措施，防止人身伤害；<br>（7）工程施工时，采取相应措施防范环境污染；<br>（8）避免材料的浪费 | |
| 提交成果、文件等 | （1）学习过程记录表；<br>（2）材料检查记录表、安装报告；<br>（3）学生自评表；<br>（4）小组评价表 | |
| 完成时间及签名 | | 责任教师 |

 练习题

**一、简答题**

1. OptiX 155/622H 有哪些接口？各有什么作用？

2. 简述光传输机房设设备安装中的环境检查包含哪些内容？

3. 华为 OptiX 155/622H 的硬件安装流程是什么？

4. 简述安装准备的工作内容有哪些。

5. 简述光传输机房设备安装中的安全注意事项有哪些。

6. 安装所需的工具仪表有哪些。

7. ODF 箱体单元的作用，由哪些单元组成？

8. ODF 箱体单元根据其金属箱体结构不同可分为哪几类，各有什么特点？

**二、填空题**

1. 安装设备时，必须先（　　　）；拆除设备时，最后再拆（　　　）。

2. 操作设备前，应穿防静电工作服，佩戴（　　　）和（　　　），并去除首饰和手表等易导电物体，以免被电击或灼伤。

3. 安装、维护等操作时，充电电源要保持（　　　）状态。

项目 ③ 光传输、光纤 FTTX 施工

## 三、实践操作题

参照华为 OptiX 155/622H 设备的安装步骤及方法，对 Optix OSN 2000 设备进行安装并写出安装报告。

任务评价

本任务评价的相关表格如表 3-1-12、表 3-1-13、表 3-1-14 所示。

表 3-1-12 学生自评表

| 项目 3 | 光传输、光纤 FTTX 施工 | | | |
|---|---|---|---|---|
| 任务名称 | 任务 3-1 光传输机房设备安装 | | | |
| 班 级 | | | 组 名 | |
| 小组成员 | | | | |
| 自评人签名： | 评价时间： | | | |
| 评价项目 | 评 价 内 容 | 分值标准 | 得 分 | 备 注 |
| 敬业精神 | 不迟到、不缺课、不早退；学习认真，责任心强；积极参与任务实施的各个过程；吃苦耐劳 | 10 | | |
| 专业能力 | 了解工程安装前要做的准备工作 | 5 | | |
| | 掌握华为 OptiX 155/622H 安装流程及相关操作 | 10 | | |
| | 掌握电源安装流程及相关操作 | 10 | | |
| | 掌握标签使用方法 | 10 | | |
| | 掌握安装所需的工具仪表的使用 | 10 | | |
| | 了解 ODF 单元箱的作用、组成单元 | 10 | | |
| | 学会 ODF 单元箱的安装工作及布线 | 5 | | |
| 方法能力 | 工具仪表的使用；信息、资料的收集整理能力；制定学习、工作计划能力；发现问题、分析问题、解决问题的能力 | 15 | | |
| 社会能力 | 与人沟通能力；组内协作能力；安全、环保、责任意识 | 15 | | |
| 综合评价 | | | | |

表 3-1-13 小组评价表

| 项目 3 | 光传输、光纤 FTTX 施工 | | | | | |
|---|---|---|---|---|---|---|
| 任务名称 | 任务 3-1 光传输机房设备安装 | | | | | |
| 班 级 | | | | | | |
| 组 别 | | | 小组长签字： | | | |
| 评价内容 | 评 分 标 准 | | 小组成员姓名及得分 | | | |
| 目标明确程度 | 工作目标明确、工作计划具体结合实际、具有可操作性 | 10 | | | | |
| 情感态度 | 工作态度端正、注意力集中、积极创新，采用网络等信息技术手段获取相关资料 | 15 | | | | |
| 团队协作 | 积极与组内成员合作，尽职尽责、团结互助 | 15 | | | | |
| 专业能力要求 | （1）掌握安装所需的工具仪表的使用；<br>（2）掌握华为 OptiX 155/622H 安装流程及相关操作；<br>（3）掌握电源安装流程及相关操作； | 60 | | | | |

| 评价内容 | 评 分 标 准 | 小组成员姓名及得分 | | | |
|---|---|---|---|---|---|
| 专业能力<br>要求 | （4）了解 ODF 单元箱的作用、组成单元；<br>（5）了解 ODF 单元箱根据其金属箱体结构不同可分为哪几类，各有什么特点；<br>（6）学会 ODF 单元箱的安装工作及布线 | | | | |
| 总分 | | | | | |

表 3-1-14　教师评价表

| 项目 3 | 光传输、光纤 FTTX 施工 | | | | |
|---|---|---|---|---|---|
| 任务名称 | 任务 3-1　光传输机房设备安装 | | | | |
| 班　级 | | | 小　组 | | |
| 教师姓名 | | | 时　间 | | |
| 评价要点 | 评 价 内 容 | 分　值 | 得　分 | 备　注 | |
| 资讯准备<br>（10分） | 明确工作任务、目标 | 1 | | | |
| | 明确设备安装前需要做哪些准备工作 | 1 | | | |
| | 硬件安装应遵循怎样的流程 | 1 | | | |
| | 华为 OptiX 155/622H 设备有哪些安装方式 | 1 | | | |
| | 华为 OptiX 155/622H 背板有哪些接口，各有什么作用 | 1 | | | |
| | 华为 OptiX 155/622H 主要由哪些单板组成，各有什么功能，单板安装在机框的什么位置 | 1 | | | |
| | ODF 单元箱的作用、组成单元 | 1 | | | |
| | ODF 单元箱根据其金属箱体结构不同可分为哪几类，各有什么特点 | 1 | | | |
| | 学会 ODF 单元箱的安装工作及布线 | 1 | | | |
| | 施工中如何保证设备安全和人身安全 | 1 | | | |
| 实施计划<br>（20分） | 检查机房施工环境和设备安装准备 | 4 | | | |
| | 华为 OptiX 155/622H 设备安装 | 4 | | | |
| | 电源安装流程及相关操作 | 4 | | | |
| | ODF 单元箱的安装工作及布线 | 4 | | | |
| | 标签使用方法 | 4 | | | |
| 实施检查<br>（40分） | 根据机房工程安装要求，对机房环境进行检查，确认机房环境满足工程要求 | 10 | | | |
| | 华为 OptiX 155/622H 设备安装 | 10 | | | |
| | 电源安装流程及相关操作 | 10 | | | |
| | ODF 单元箱的安装工作及布线 | 10 | | | |
| 展示评价<br>（30分） | 提交的成果材料是否齐全 | 10 | | | |
| | 是否充分利用信息技术手段或较好的汇报方式 | 5 | | | |
| | 回答问题是否正确，表述是否清楚 | 5 | | | |
| | 汇报的系统性、逻辑性、难度、不足与改进措施 | 5 | | | |
| | 对关键点的说明是否翔实，重点是否突出 | 5 | | | |
| 合计 | | | | | |

项目 3

光传输、光纤 FTTX 施工

## 任务 3-2　光纤连接器制作

### 任务描述

本任务主要依据硬件安装工程师、安装调测工程师、工程督导等岗位技能要求而设置，以 ST 型光纤连接器的制作为载体，通过教学，让学生掌握光纤松套剥纤，压接，粘胶固化，光纤切割、研磨抛光、ST 类型光纤连接器的制作等操作技能。具体的任务目标和要求如表 3-2-1 所示。

表 3-2-1　任务描述

| 任务目标 | （1）能够正确使用光纤连接器制作工具；<br>（2）学习光纤连接器组装工艺；<br>（3）熟练使用研磨机完成光纤端面的研磨；<br>（4）学会分析判别端面研磨质量；<br>（5）总结实习经验，思考实习中的问题 |
| --- | --- |
| 任务要求 | （1）了解光纤的结构、种类、光信号在光纤中的传输原理；<br>（2）掌握常见光纤连接器种类，能够辨别出不同的光纤连接器；<br>（3）学会光纤连接器的制作方法 |
| 注意事项 | （1）爱护光纤和制作工具；<br>（2）按规范制作光纤连接器；<br>（3）注意用电安全；<br>（4）各小组按规范协同工作；<br>（5）做好安全防范措施，防止人身伤害；<br>（6）避免材料的浪费 |
| 建议学时 | 8 学时 |

### 相关知识

#### 1. 光纤

（1）光纤的结构

光纤呈圆柱形，它由纤芯、包层与涂敷层三大部分组成，如图 3-2-1 所示。

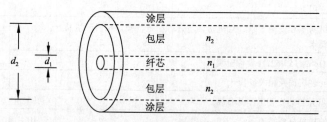

图 3-2-1　光纤结构图

- 纤芯：位于光纤的中心部位（直径 $d_1=5\sim50~\mu m$），其成分是高纯度的二氧化硅，此外还掺有极少量的掺杂剂（如二氧化锗、五氧化二磷），其作用是适当提高纤芯对光的折射率（$n_1$）。
- 包层：包层位于纤芯的周围（直径 $d_2=125~\mu m$），其成分也是含有极少量掺杂剂的高纯度二氧化硅。而掺杂剂（如三氧化二硼）的作用则是适当降低包层对光的折射率($n_2$)，使之略低于纤芯的折射率。

- 涂敷层：光纤的最外层是由丙烯酸酯、硅橡胶和尼龙组成的涂敷层，其作用是增加光纤的机械强度与可弯曲性。涂敷后的光纤外径约 1.5 mm。纤芯的粗细、纤芯材料和包层材料的折射率，对光纤的特性起着决定性的影响。

（2）光纤的种类

光纤的种类很多，分类方法也是各种各样的。

按照制造光纤所用的材料分类，有石英系光纤、多组分玻璃光纤、塑料包层石英芯光纤、全塑料光纤和氟化物光纤等。

按光在光纤中的传输模式可分为：单模光纤和多模光纤。单模光纤有：8/125 μm、9/125 μm、10/125 μm；多模光纤有：50/125 μm（欧洲标准）、62.5/125 μm（美国标准）。

按最佳传输频率窗口分：常规型单模光纤和色散位移型单模光纤。

按折射率分布情况分：阶跃型和渐变型光纤。

按光纤的工作波长分：有短波长光纤、长波长光纤和超长波长光纤。

（3）光信号在光纤中的传输原理

众所周知，利用光纤通信比现用的电缆通信效率要高出很多倍。光纤通信不仅传输速率快、容量大、损耗低、中继距离长；而且具有误码率极低、抗电磁干扰能力强等优势。

光纤通信系统主要是以光纤为传输媒介，光波为载波，其主要由光发送机、光纤电缆、中继器（随长度的要求）、光接收机四部分组成。

光也是一种电磁波，根据波长大致可以将光分为三部分：可见光、红外光、紫外光。对于可见光部分，它的波长一般为 390～760 nm；红外光，其波长一般大于 760 nm；紫外光，其波长则小于 390 nm。光纤中应用的都是红外光，一般为 3 个波段：850 nm、1 300 nm、1 550 nm。

利用光的全反射特性来实现光的传递，从而完成对数据的传输。光在均匀的介质中是沿直线进行传播的，传播速度 $V = c/n$（c 为光速，n 为折射率）。对于反射定律（反射光线位于入射光线和法线所决定的平面内，反射光线和入射光线处于法线的两侧，且反射角等于入射角）我们众所周知，$\theta' = \theta$（$\theta$ 为入射角，$\theta'$ 为反射角）。对于折射定律（折射光线位于入射光线和法线所决定的平面内，折射光线和入射光线位于法线的两侧，且满足（$n_1\sin\theta_1 = n_2\sin\theta_2$），如图 3-2-2 所示。图中 $n_1$ 为纤芯的折射率，$n_2$ 为包层的折射率，$a$ 为纤芯的半径。

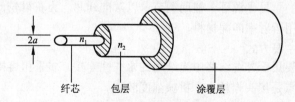

纤芯　　　包层　　　　涂覆层

图 3-2-2　折射率示意图

上述公式中的 $n_1$、$n_2$ 分别指纤芯和包层的折射率。（由于在光纤的制作中，光纤纤芯的折射率大于光纤包层的折射率）所以根据公式 $n_1\sin\theta_1 = n_2\sin\theta_2$，从而得出 $n_1 > n_2$，则 $\theta_1 < \theta_2$，如果 $\theta_1$ 继续增大，则 $\theta_2$ 也会增大，当 $\theta_2 = \pi/2$ 时，则会形成全反射，从而无折射，进而对光进行载波来传输数据。如果没有发生全反射，虽然也可以传输，由于入射角小于临界角，这样就有一部分光被包层所衰减掉，不适用于远距离传输，从而也发挥不到光纤的优势。

### 2. 光纤连接器

由于光纤连接器可以连接两根光纤或光缆以及相关的设备，因此被广泛应用在光纤传输线路、光纤配线架、光纤测试仪器和仪表中，在光传输系统中具有重要的作用，因此各国的厂家对此投入了大量的人力、物力，进行了积极和深入的研究，研制开发出了多种光纤连接器，现已广泛地应用于各类光纤通信系统中。

（1）光纤连接器分类

目前，大多数光纤连接器是由三部分组成的：两个配合插头和一个耦合管。两个插头装进两根光纤尾端；耦合管起对准套管的作用。另外，耦合管多配有金属或非金属法兰，以便于连接器的安装固定。

根据 ITU（International Telecommunication Union，国际电信联盟）的建议，光纤连接器的分类是按光纤数量、光耦合系统、机械耦合系统、套管结构和紧固方式进行的，如表 3-2-2 所示。

表 3-2-2　光纤连接器分类

| 光 纤 数 量 | 光 耦 合 | 机 械 耦 合 | 套 管 耦 合 | 紧 固 方 式 |
|---|---|---|---|---|
| 单通道 | 对接 | 套管/V 型槽 | 直套管 | 螺钉 |
| 多通道 | 透镜 | 锥型 | 锥型套管 | 销钉 |
| 单/多通道 | 其他 | 其他 | 其他 | 弹簧销 |

（2）光纤连接器的对准方式

光纤连接器的对准方式有两种：用精密组件对准和主动对准。

高精密组件对准方式是最常用的方式，这种方法是将光纤穿入并固定在插头的支撑套管中，将对接端口进行打磨或抛光处理后，在套筒耦合管中实现对准。插头的支撑套管采用不锈钢、镶嵌玻璃或陶瓷的不锈钢、陶瓷套管、铸模玻璃纤维塑料等材料制作。插头的对接端进行研磨处理，另一端通常采用弯曲限制构件来支撑光纤或光纤软线。耦合对准用的套筒一般是由陶瓷、玻璃纤维增强塑料或金属等材料制成的两半合成的、紧固的圆筒形构件做成的。为使光纤对得准，这种类型的连接器对插头和套筒耦合组件的加工精度要求很高，需采用超高精密铸模或机械加工工艺制作。这一类光纤连接器的介入损耗在 0.18～3.0 dB 范围内。

主动对准连接器对组件的精度要求较低，可按低成本的普通工艺制造。但在装配时需采用光学仪表（显微镜、可见光源等）辅助调节，以对准纤芯。为获得较低的插入损耗和较高的回波损耗，还需使用折射率匹配材料。

（3）光纤连接的主要方式

- 固定连接：主要用于光缆线路中光纤间的永久性连接，多采用熔接，也有采用粘接和机械连接。特点是接头损耗小，机械强度较高。

- 活动连接：主要用于光纤与传输系统设备以及与仪表间的连接，主要是通过光连接插头进行连接。特点是接头灵活较好，调换连接点方便，损耗和反射较大是这种连接方式的不足。

- 临时连接：测量尾纤与被测光纤间的耦合连接，一般采用此方法连接。特点是方便灵活，成本低，对损耗要求不高，临时测量时多采用此方式连接。也可以用熔接机或者 V 型槽加胶。

（4）对光纤连接的要求

- 对固定连接的要求：光纤固定连接是光缆线路中一项关键性技术。对固定连接的要求有以下几方面：连接损耗小，一致性较好；连接损耗稳定性要好，一般温差范围内不应有附加损耗的产生；具有足够的机械强度和使用寿命；操作应尽量简便，易于施工作业；接头体积要小，易于放置和防护；费用低，材料易于加工。

- 对活动连接的要求：对于要求可拆卸的光纤连接方式，目前都采用机械式连接器来实现。对其要求主要有以下几方面：连接损耗要小，单模光纤损耗小于 0.5 dB；应有较好的重复性和互换性。多次插拔和互换配件后，仍有较好的一致性；具有较好的稳定性，连接件紧固后插入损耗稳定，不受温度变化的影响；体积要小，重量要轻；有一定的强度；价格适宜。

- 对临时连接的要求：光纤的临时连接，也可以用熔接机熔接。要求损耗尽可能地低，在用 V 型槽和毛细管连接时，必须加配比液，否则无法消除菲涅尔反射。

（5）光纤连接损耗产生的因素

光纤连接后，光经过接头部位将产生一定的损耗，称作光纤连接传输损耗，即接头损耗。现主要分析单模光纤连接损耗产生的因素。

- 本征因素：对连接影响最大的单模光纤是模场直径。当模场直径失配 20% 时，将产生 0.2 dB 以上的损耗。尽可能使用模场直径较小的光纤，对降低接续损耗具有重要的意义。

- 外界因素：外界对单模光纤接续损耗产生的主要因素为轴心错位和轴向倾斜。对于机械连接还有纵向分向和熔接的纤芯变形等因素。

当错位达到 1.2 μm 时，引起的损耗可达 0.5 dB，提高连接定位的精度，可以有效地控制轴心错位的影响。

当倾斜达到 1°时，将引起 0.2 dB 的损耗。选用高质量的光纤切割刀，可以改善轴向倾斜引起的损耗。

当自动熔接机的电流、推进量、放电电流、时间等设置合理时，纤芯变形引起的损耗量可以做到 0.02 dB 以下。

（6）光纤连接器的性能

光纤连接器的性能，从根本上讲首先是光纤连接器的光学性能；另外为保证光纤连接器的正常使用，还要考虑光纤连接器的互换（同型号间）性能、机械性能、环境性能和寿命（即最大可拔插次数）。

- 光学性能：对于连接器光学特性的确定，ITU 建议按表 3-2-3 要求加以考虑。

表 3-2-3　连接器光学特性

| 性 能 因 素 | 单纤连接器 | 多纤连接器 |
| --- | --- | --- |
| 介入损耗 | 应当要求 | 应当要求 |
| 回波损耗 | 应当要求 | 应当要求 |
| 谱损 | 应当考虑，适当要求 | 应当考虑，适当要求 |
| 背景光耦合 | 应当考虑，适当要求 | 应当考虑，适当要求 |
| 串话 | 不要求 | 应当要求 |
| 带宽（仅指多模） | 应当考虑，适当要求 | 应当考虑，适当要求 |

目前，对于单纤连接器光性能方面的要求，重点在介入损耗和回波损耗这两个最基本的

项目 3 光传输、光纤 FTTX 施工

性能参数上。其中,介入损耗(或称插入损耗)是指因连接器的介入而引起传输线路有效功率减小的量值,对于用户来说,该值越小越好。对于该项性能,ITU 建议应根据 20 个样品的测试,确定出平均损耗、标准偏差和样品最大损耗。基保平均损耗值应不大于 0.5 dB。

回波损耗(或称反射衰减、回损、回程损耗)是衡量从连接器反射回来并沿输入通道返回的输入功率分量的一个量度,其典型值应不小于 25 dB。对于光纤通信系统来说,随着系统传输速率的不断提高,反射对系统的影响也越来越大,来自连接器的巨大反射将影响高速率激光器(开关速率为 Gbit/s 级)的稳定度,并导致分布噪声的增大和激光器抖动。因此,对回波损耗的要求也越来越高,仅满足典型值的要求已无法符合实际要求,还需要进一步提高回波损耗。研究表明,通过对连接器对接端的端部进行专门的抛光或研磨处理,可以使回波损耗更大。ITU 建议此类经专门处理过的连接器,其回波损耗值不应小于 38 dB。需要指出的是,对于上述两项的有关数值要求,ITU 认为当系统受到光功率分配方面的限制时,这些取值是合适的;对于分配网等对功率分配要求不高的场合,较低的性能也是可以接受的。

- 互换性能:对于光纤连接器的互换(同型号间)性能的确定,在 ITU 的有关建议中未见表述。但在实际应用中,由于光纤连接器是一种通用的光接口元件,因此对于同一种型号的光纤连接器,如无特殊要求,任意组合而成的连接器组合与已匹配好的连接器组合相比较,传输功率的附加损耗应可忽略不计。而目前由于连接方式、加工精度以及光纤的本征特征(模场直径、模场心度误差等)的限制,该附加损耗尚不能完全忽略。

- 机械性能:对于光纤连接器的机械性能的确定,ITU 建议按表 3-2-4 的要求加以考虑。

表 3-2-4　光纤连接器的机械性能

| 性 能 因 素 | 单纤连接器 | 多纤连接器 |
| --- | --- | --- |
| 轴向抗张强度 | 应当要求 | 应当要求 |
| 弯曲 | 应当要求 | 应当要求 |
| 机械耐力 | 应当要求 | 应当要求 |
| 撞击(敲击) | 应当要求 | 应当要求 |
| 下垂 | 应当要求 | 应当要求 |
| 振动 | 应当考虑,适当要求 | 应当考虑,适当要求 |
| 冲击(跌落) | 应当考虑,适当要求 | 应当考虑,适当要求 |
| 静态负荷 | 应当考虑,适当要求 | 应当考虑,适当要求 |

对于光纤连接器机械性能的试验方法,ITU 建议按 EC874-1 总规范最新修订版所规定的方法进行。抽样数量,除特殊要求外,IEC 规定一般不少于 5 个连接器／光缆组合件。对于部分试验项目,IEC 规定的试验方法中还明确了试验条件以及评价标准。

对于配对连接器的轴向抗张强度和至少包含 5 个连接器的光缆组合件的强度保持力,IEC 确定其最小为 90 N(牛顿)。

对于弯曲性能,IEC 规定至少应测试 5 个连接器/光缆组合件样品。应在距连接器 1 m 处对光缆施加 15.0 N 的力。在 1.25 cm 半径的圆轴上弯曲 300 个循环。试验结束后,附加损耗应不超过 0.2 dB。

对于耐机械性能(即重复插拔性能),IEC 规定应从 5 个连接器/光缆组合件样品中取出 1 个,用人工方式接入和断开至 200 次,连接器应加以清洗,每重复接入 25 次就要测量一次介入损耗。完成测试后,与初始值相比,其最大附加损耗不应超过 0.2 dB,并仍能工作。

对于下垂性能，IEC 规定应至少试验 5 个安装了连接器的光缆组合件。试验后的最大附加损耗不应超过 0.2 dB。

对于振动性能，IEC 规定振动频率范围为 10～55 Hz，稳定振幅为 0.75 mm。试验后的最大附加损耗不应超过 0.2 dB。

- 环境性能：对于光纤连接器环境性能的确定，ITU 建议按表 3-2-5 加以考虑。

表 3-2-5　光纤连接器环境性能

| 性能因素 | 单纤连接器 | 多纤连接器 |
| --- | --- | --- |
| 温度循环 | 应当要求 | 应当要求 |
| 高湿 | 应当要求 | 应当要求 |
| 灰尘 | 应当要求 | 应当要求 |
| 工业环境 | 应当要求 | 应当要求 |
| 高低温存放 | 应当考虑，适当要求 | 应当考虑，适当要求 |
| 腐蚀（盐雾） | 应当考虑，适当要求 | 应当考虑，适当要求 |
| 易燃性 | 应当考虑，适当要求 | 应当考虑，适当要求 |

对于光纤连接器环境性能的试验方法，ITU 建议按安装条件来加以考虑。所抽样品及数量，除特殊要求外，ITU 建议一般选用装配了连接器的光缆，其数量不少于 10 根。对于部分试验项目，ITU 还明确了试验条件以及评价标准。

对于温度循环性能的试验，ITU 建议低温应为 -40 ℃，高温应为 +70 ℃，循环次数为 40 个温度周期。试验后，与初始值相比较，附加损耗不应超过 0.5 dB。

对于高湿度（稳态湿热）性能，ITU 建议试验环境为：（60±2）℃，相对湿度 90%～95%，持续时间为 504 h。试验后，与初始值相比较，附加损耗不应超过 0.5 dB。

高低温（冷／干热）性能，主要是用以评估储存温度对装配了连接器的光缆组合件的影响。对于此项目的试验，ITU 建议在最高干热温度 +80 ℃和最低温度 -55 ℃下各持续保温 360 h。然后把带连接器的光缆稳定在（21±2）℃、相对湿度为约为 50% 的环境下，持续 24 h。试验后，与初始值相比较，附加损耗不应超过 0.05 dB。

- 光纤连接器的寿命：由于维护中转接跳线和正常测试等需要，光纤连接器经常要进行插拔，由此引出了插拔寿命即最大可插拔次数的问题。这个问题的提出应基于这样的前提：光纤连接器在正常使用条件下，经规定次数的插拔，各元件无机械损伤，附加损耗不超过限值（通常该限值规定为 0.2dB）。光纤连接器的插拔寿命一般由元件的机械磨损情况决定的。当前，光纤连接器的插拔寿命一般可以达到大于 1 000 次，附加损耗不超过 0.2 dB。对采用开槽陶瓷耦合套筒的光纤连接器来说，由于陶瓷材料存在裂纹生长，因此静态疲劳将导致套筒破裂。

（7）常用的光纤连接器

光在实际应用过程中，一般按照光纤连接器结构的不同来加以区分。以下简单介绍一些目前比较常见的光纤连接器：

- 光纤连接器（FC 型）：这种连接器最早是由日本 NTT 研制。FC 是 Ferrule Connector 的缩写，其外部加强方式是采用金属套，紧固方式为螺丝扣。最早，FC 类型的连接器，采用的陶瓷插针的对接端面是平面接触方式。此类连接器结构简单，操作方便，制作容易，但光纤端面对微尘较为敏感，且容易产生菲涅尔反射，提高回波损耗性能较为

项目 3　光传输、光纤 FTTX 施工

困难。后来，对该类型连接器做了改进，采用对接端面呈球面的插针(PC)，而外部结构没有改变，使得插入损耗和回波损耗性能有了较大幅度的提高，如图 3-2-3 所示。

- 光纤连接器（SC/ST 型）：这是一种由日本 NTT 公司开发的光纤连接器。其外壳呈矩形，所采用的插针与耦合套筒的结构尺寸与 FC 型完全相同。其中，插针的端面多采用 PC 或 APC 型研磨方式；紧固方式是采用插拔销闩式，不需旋转。

图 3-2-3　FC 型光纤连接器

此类连接器价格低廉，插拔操作方便，介入损耗波动小，抗压强度较高，安装密度高。

ST 和 SC 接口是光纤连接器的两种类型，对于 10 Base-F 连接来说，连接器通常是 ST 类型的，对于 100Base-FX 来说，连接器大部分情况下为 SC 类型的。ST 连接器的芯外露，SC 连接器的芯在接头里面，如图 3-2-4 和图 3-2-5 所示。

图 3-2-4　SC 型光纤连接器

图 3-2-5　ST 型光纤连接器

- 光纤连接器（LC 型）：LC 型连接器是著名 Bell（贝尔）研究所研究开发出来的，采用操作方便的模块化插孔（RJ）闩锁机理制成。其所采用的插针和套筒的尺寸是普通 SC、FC 等所用尺寸的一半，为 1.25 mm。这样，可以提高光纤配线架中光纤连接器的密度。当前，在单模 SFF 方面，LC 类型的连接器实际已经占据了主导地位，在多模方面的应用也增长迅速，如图 3-2-6 所示。

图 3-2-6　LC 型光纤连接器

## 任务实施

### 1. 光纤连接器制作规范

光纤犹如人类的头发一样细小。由于光纤是由玻璃和锋利的边缘组成，在操作时要小心以避免被伤害到皮肤。注意：光纤不容易被 X 光检测到，当光纤进入人体后将随血液流动，一旦进入心脏地带就会引发生命危险，因此在进行光纤研磨操作时，应采取必要的保护措施。

（1）安全的工作服

穿上合适的工作服，会增强安全感，放心地和其他人一起高效率地工作。一般情况下，在研磨实验中要求穿着长袖的，面料厚实的外衣。

（2）安全眼镜

在一些环境中，带上安全眼镜不仅能保护眼睛，而且能减少意外事故的发生。能防止光纤进入眼睛，在选购安全眼镜时应选择受外力而不易破碎或损坏的高质量眼镜。

（3）手套

在进行光纤研磨、熔接等操作时，手套是很有用处的，手套能防止细小的光纤刺入人体，保护操作者的安全。

（4）安全工作区

安全工作区是指进行光纤研磨操作的地点。在选择时应避免选择那些污染严重、有灰尘和污染物的地点，因为在这种地方进行光纤的端接，可能会影响端接的效果。此外，也不能选择那些有风区作为工作区，因为在这些地方进行光纤的端接存在一定的安全隐患，空气的流动会导致光纤碎屑在空气中扩散或被吹离工作区，容易落到工作人员的皮肤上，引起危险。

（5）材料要求

连接器所用材料应阻燃，符合 RoHS 标准（电气、电子设备中限制使用某些有害物质指令），且无老化现象。当成品破损时，其部件不允许对人造成危害，且不能对环境造成污染。连接器内部使用的匹配液的折射率需和纤芯相近，并且该匹配液所用材料应是长期可靠的。

2. 制作准备

为保证整个设备安装的顺利进行，需要准备工具，如图表 3-2-6 所示。

表 3-2-6　光纤连接器制作相关工具

| 工具或耗材名称 | 用　　途 | 工具或耗材名称 | 用　　途 |
|---|---|---|---|
| 光纤剥线钳 | 剥离光纤护套，涂覆层等 | ST 头和护套 | 光纤连接器和保护装置 |
| 专用针管 | 注射混合胶水 | 多模光纤 | 光纤的一种类型 |
| 冷压钳 | 进行 ST 头固定操作 | 光纤研磨砂纸 | 对 ST 头进行研磨操作 |
| 16 头热固化炉 | 进行胶水快速固化 | 清洁布 | 用于 ST 头端面的清洁 |
| 切割刀 | 处理多余光纤 | 混合胶水 | 使 ST 头和光纤连在一起 |
| 光纤研磨盘 | 进行光纤研磨 | 双面胶 | 处理多余光纤 |
| 专用显微镜 | 观察 ST 头端面 | | |
| 专用剪刀 | 对光纤进行剪切 | | |

3. 制作过程

各种接口光纤连接器制作方法基本相似，现在以 ST 型光纤连接器的制作方法为例进行说明，制作流程如图 3-2-7 所示。

（1）选定工作区、相关准备工作

- 专用注射器的准备工作：从注射器上取下注射器帽，将附带金属注射器针头插入到针管上，旋转直至锁定。注意：要保留注射器帽，以便盖住部分使用的注射器并放入盒中供以后使用，如图 3-2-8 所示。
- 混合胶水的配制：将白胶和黄胶以 3∶1 的比例进行调配，并将调配均匀的混合胶水灌入专用针管内，完成后放在一边待用。注意：此种混合胶水有一定的使用时限，大约在 2～3 h 后会自动干硬，因此希望及时使用，如图 3-2-9 所示。

图 3-2-7　ST 型光纤连接器制作流程

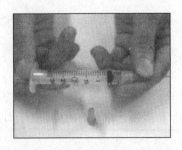

图 3-2-8　专用注射器的准备工作

图 3-2-9　混合胶水的配制

- 光纤护套的安装：按正确的方向将压力防护罩推过光纤。注意：在安装光纤护套时，请注意安装的先后顺序，如图 3-2-10 所示。
- 护套剥除：使用剥线钳，将光纤的最外层进行剥离，在剥离时将剥线钳和光纤成 45°角，并且在剥线时请注意光纤剥线长度。注意：使用剥线钳时不宜用力过猛，以免导致光纤折断，如图 3-2-11 所示。

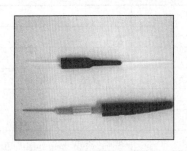

图 3-2-10　光纤护套安装

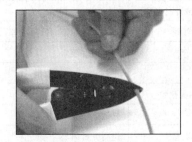

图 3-2-11　护套剥除

- 测量长度：按模板所示，用提供的模板卡量出并用记号笔和标记缓冲层长度，如图 3-2-12 所示。

（2）使用剥线钳去除光纤外表皮，涂覆层等

- 剥离光纤缓冲层、涂覆层：再次使用剥线钳，使用较小的锯齿口，分至少两次剥去缓冲层、涂覆层。注意：请先确保工具刀口没有缓冲层屑，如有请事先清理，如图 3-2-13 所示。

图 3-2-12　测量长度

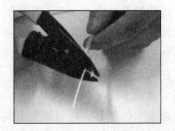

图 3-2-13　剥离光纤缓冲层、涂覆层

- 去除光纤表面的残余物：剥去缓冲层后，使用专用的干燥无毛屑的清洁纸，将光纤上的残余物都擦净。注意：必须擦去所有护套残余，否则光纤会无法装入连接器。擦净光纤后切勿再触摸光纤，如图 3-2-14 所示。

（3）将混合胶水注入 ST 连接器内

抽出连接器的防尘盖，并将注射器的尖端插入 ST 连接器直至稳定。然后，向内注射混合胶水，直至 ST 头的前端出现胶水，就可将注射器慢慢后移，移动的过程中也要注入混合胶水。使整个 ST 头内都充满胶水，这样就能确保光纤和 ST 头能紧密的连接。注意：不要注射太多，以防胶水倒流，如图 3-2-15 所示。

图 3-2-14　去除光纤表面的残余物

图 3-2-15　将混合胶水注入 ST 连接器内

（4）将光纤插入 ST 连接器内

- 将光纤插入 ST 头内：将光纤插入 ST 连接器内，由于已经注入了胶水，会有一定的润滑作用，但在具体操作时还要靠个人的手感，直到光纤露出连接器外为止，如图 3-2-16 所示。
- 安装金属护套：当成功完成上一步工作后，就可将金属护套上移，使其抵住连接器的肩部。注意：金属护套主要是起到固定作用，通过压制，它能将 ST 头和多模光纤紧密地连接在一起，如图 3-2-17 所示。

图 3-2-16　将光纤插入 ST 头内

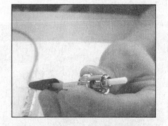
图 3-2-17　安装金属护套

（5）使用冷压钳进行固定，并安装压力防护罩

使用冷压钳进行压制，使 ST 头和多模光纤紧密地连接在一起，使用冷压钳时应充分合拢，然后松开，如图 3-2-18 所示。

完成第一次压制后，将 ST 头转一个方向，再进行一次固定，从而确保多模光纤和 ST 头之间连接的紧密性，如图 3-2-19 所示。

图 3-2-18　使用冷压钳进行固定

图 3-2-19　冷压钳重复固定

将压力防护罩上移，直至 ST 头连接器的肩部，使得整个连接部分都能得到保护，如图 3-2-20 所示。

（6）使用热固化炉进行烘干操作

由于采用的是混合胶水，这种胶水并不带有速干功能，因此需要进行固化烘干。这里使用的 16 头热固化炉，在使用前需要进行预热，预热时间大概是 5 min，如图 3-2-21 所示。

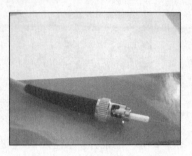
图 3-2-20　安装压力防护罩

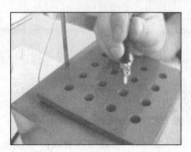
图 3-2-21　准备热固化

当预热完成后，将 ST 头插入热固化炉内，开始进行烘干，所需要的固化时间一般是 10～15 min。注意：在将 ST 头插入热固化炉时，要格外小心，防止光纤折断在固化炉内，如图 3-2-22 所示。

（7）使用切割刀处理多余光纤

用光纤切割刀的平整面抵住 ST 头前端，要小心地在靠近 ST 头前端和光纤的横断面刻划光纤（仅在光纤的一面刻划）。注意：刻划时请勿用力过大，以免光纤断路或产生不均匀的裂痕，如图 3-2-23 所示。

图 3-2-22　开始热固化

图 3-2-23　切割多余光纤

使用双面胶布将切割下来的多余光纤进行收集，使多余的光纤粘在双面胶布上，并保存在安全的位置，如图 3-2-24 所示。

注意：光纤碎屑是不容易看到的，如果没有正确的处理，玻璃纤维可能会造成严重伤害；在研磨前请勿碰撞或刷光纤的端面。

（8）使用粗砂纸进行研磨

在开始研磨前应先将各种类型的砂纸、研磨盘、清洁纸、护垫、纯净水准备好，如图 3-2-25 所示。

ST 连接器用一只手握住，另一只手握住砂纸，进行研磨。用 ST 头前端，以"8 字"方式轻刷研磨砂纸的糙面，以便将光纤小突起磨成更光滑，更容易研磨的尖端。保持此动作直至尖端几乎与光纤端面齐平，如图 3-2-26 所示。

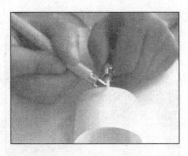

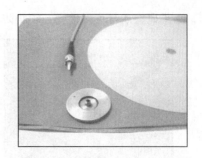

图 3-2-24　多余关系处理　　　　　　　　图 3-2-25　粗砂纸研磨准备

（9）使用细砂纸进行研磨

将 ST 连接器插入研磨盘中（见图 3-2-27），并在砂纸上倒上少许清水，加水的原因是为了使研磨更加顺畅，然后就可以开始研磨。

轻轻握住 ST 连接器，使用"8"字研磨方式，开始进行研磨（见图 3-2-28），应掌握研磨的力度，防止光纤产生碎裂。研磨一段时间后，就应使用显微镜进行观察，查看端面是否平整，是否可进行细磨。

轻轻握住连接器，施以中等压力并以 50～75 mm 的"8 字"方式研磨 25～30 转，如图 3-2-29 所示。注意：研磨时，切勿用力过大。研磨一段时间后，应使用显微镜进行观察，查看端面是否平整，是否已经符合要求。

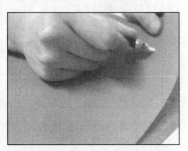

图 3-2-26　初次研磨　　　　　　　　　　图 3-2-27　细砂纸研磨准备

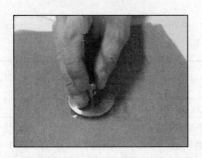

图 3-2-28　研磨　　　　　　　　　　　　图 3-2-29　细磨

研磨结束后，需要使用清洁布将连接器的端面进行擦拭，将研磨时所遗留下来的纯净水，灰尘等一并除去，如图 3-2-30 所示。

（10）使用专用显微镜进行端面观察

用显微镜观察研磨后的连接器端面（见图 3-2-31），以确保在光纤上没有刮伤、空隙或碎屑。如果研磨质量可以接受，须将防尘帽盖到连接器上，以防止光纤损坏。

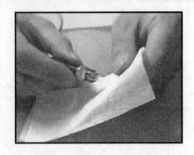

图 3-2-30　清洗连接器端面

图 3-2-31　用显微镜观察端面

（11）完成研磨

从研磨盘上取下连接器，并使用浸润了 99%试剂级无水酒精的无毛屑抹布或浸透酒精的垫子清洁连接器和研磨盘。在储存前务必用蒸馏水或无离子水彻底冲洗砂纸的表面以保证砂纸下次使用时处于最佳状态，如图 3-2-32 所示。

通过上述步骤完成两个 ST 头的研磨后，通过测试的光纤连接器，就能被使用在各种网络通信中，如图 3-2-33 所示。

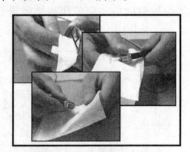

图 3-2-32　设备的清洗保存

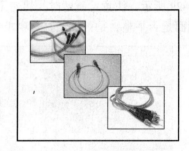

图 3-2-33　成品

任务单

任务实施过程中的相关任务单见表 3-2-7 所示。

表 3-2-7　任　务　单

| 项　　目 | 项目3　光传输、光纤 FTTX 施工 | | 学　　时 | 24 |
| --- | --- | --- | --- | --- |
| 工作任务 | 任务 3-2　光纤连接器制作 | | 学　　时 | 8 |
| 班　　级 | | 小 组 编 号 | 成 员 名 单 | |
| 任务描述 | 各小组根据任务要求在实验室完成光纤连接器的制作工作；<br>通过对光纤连接器制作训练，了解光纤的结构、种类和光信号在光纤中的传输原理、光纤连接器的一般特征、连接器的性能和常见光纤连接器的类型。掌握光纤连接器的制作方法和技能，能进行光纤连接器的制作等 | | | |
| 工作内容 | （1）制作准备<br>● 详细阅读制作规范，做好准备工作；<br>● 准备制作所需要工具。<br>（2）光纤连接器的制作过程：<br>● 选定工作区、相关准备工作；<br>● 使用剥线钳去除光纤外表皮，涂覆层等； | | | |

| 工作内容 | • 将混合胶水注入 ST 连接器内；<br>• 将光纤插入 ST 连接器内；<br>• 使用冷压钳进行固定，并安装压力防护罩；<br>• 使用热固化炉进行烘干操作；<br>• 使用切割刀处理多余光纤；<br>• 使用粗砂纸进行研磨；<br>• 使用细砂纸进行研磨；<br>• 使用专用显微镜进行端面观察；<br>• 完成研磨 | |
|---|---|---|
| 注意事项 | （1）按制作规范采取安全措施；<br>（2）使用专业的剥纤工具，主要是针对涂覆层的剥离，减少对光纤包层的伤害；<br>（3）各小组按规范协同工作；<br>（4）严格按照制作步骤进行光纤连接器的制作，避免浪费 | |
| 提交成果、<br>文件等 | （1）学习过程记录表；<br>（2）材料检查记录表、制作报告；<br>（3）学生自评表；<br>（4）小组评价表 | |
| 完成时间<br>及签名 | | 责任教师： |

 练习题

**一、简答题**

1. 光纤主要由哪几层构成？

2. 光纤按照不同方式主要分为哪几类？

3. 简述光信号在光纤中的传输原理。

4. 光纤连接器的性能指标有哪几方面？

5. 常见的光纤连接器有哪些？

6. 简述光纤连接器的制作过程。

**二、填空题：**

1. 光纤连接器所用材料应（　　　），符合 RoHS 标准（电气、电子设备中限制使用某些有害物质指令），且无老化现象。

2. 使用剥线钳，将光纤的最外层进行剥离，在剥离时将剥线钳和光纤成（　　　）度角，并且在剥线时请注意光纤剥线长度。

**三、实践操作题**

参照 ST 类型光纤连接器设备的制作方法，制作一个 FC 类型光纤连接器。

 任务评价

该任务评价的相关表格如表 3-2-8、表 3-2-9、表 3-2-10 所示。

表 3-2-8　学生自评表

| 项目 3 | 光传输、光纤 FTTX 施工 | | | | |
|---|---|---|---|---|---|
| 任务名称 | 任务 3-2　光纤连接器制作 | | | | |
| 班　级 | | 组　名 | | | |
| 小组成员 | | | | | |
| 自评人签名： | | 评价时间： | | | |
| 评价项目 | 评 价 内 容 | 分值标准 | 得　分 | 备　注 | |
| 敬业精神 | 不迟到、不缺课、不早退；学习认真，责任心强；积极参与任务实施的各个过程；吃苦耐劳 | 10 | | | |
| 专业能力 | 了解光纤的结构、种类、光信号在光纤中的传输原理 | 10 | | | |
| | 掌握光纤连接器种类，能够辨别出不同的光纤连接器 | 10 | | | |
| | 正确使用光纤连接器制作工具 | 10 | | | |
| | 掌握使用研磨机完成光纤端面的研磨 | 15 | | | |
| | 掌握光纤连接器的制作方法 | 15 | | | |
| 方法能力 | 工具仪表的使用；信息、资料的收集整理能力；制订学习、工作计划能力；发现问题、分析问题、解决问题的能力 | 15 | | | |
| 社会能力 | 与人沟通能力；组内协作能力；安全、环保、责任意识 | 15 | | | |
| 综合评价 | | | | | |

表 3-2-9　小组评价表

| 项目 3 | 光传输、光纤 FTTX 施工 | | | | | |
|---|---|---|---|---|---|---|
| 任务名称 | 任务 3-2　光纤连接器制作 | | | | | |
| 班　级 | | | | | | |
| 组　别 | | | | 小组长签字： | | |
| 评价内容 | 评 分 标 准 | | 小组成员姓名及得分 | | | |
| | | | | | | |
| 目标明确程度 | 工作目标明确、工作计划具体结合实际、具有可操作性 | 10 | | | | |
| 情感态度 | 工作态度端正、注意力集中、积极创新，采用网络等信息技术手段获取相关资料 | 15 | | | | |
| 团队协作 | 积极与组内成员合作，尽职尽责、团结互助 | 15 | | | | |
| 专业能力要求 | 了解光纤的结构、种类、光信号在光纤中的传输原理；掌握光纤连接器种类，能够辨别出不同的光纤连接器；正确使用光纤连接器制作工具；掌握使用研磨机完成光纤端面的研磨；掌握光纤连接器的制作方法 | 60 | | | | |
| 总分 | | | | | | |

表 3-2-10  教师评价表

| 项目 3 | 光传输、光纤 FTTX 施工 | | | |
|---|---|---|---|---|
| 任务名称 | 任务 3-2  光纤连接器制作 | | | |
| 班　级 | | 小　组 | | |
| 教师姓名 | | 时　间 | | |
| 评价要点 | 评价内容 | 分值 | 得分 | 备注 |
| 资讯准备<br>(10 分) | 明确工作任务、目标 | 1 | | |
| | 明确实训前需要做哪些准备工作 | 1 | | |
| | 了解光纤的结构 | 1 | | |
| | 了解光纤的种类 | 1 | | |
| | 光信号在光纤中的传输原理 | 1 | | |
| | 光纤连接器种类 | 1 | | |
| | 光纤连接器制作工具的使用方法 | 1 | | |
| | 分析判别端面研磨质量 | 1 | | |
| | 光纤连接器的制作方法 | 2 | | |
| 实施计划<br>(20 分) | 实训准备工作 | 4 | | |
| | 基础知识学习 | 4 | | |
| | 正确使用制作工具 | 4 | | |
| | 光纤连接器的制作 | 8 | | |
| 实施检查<br>(40 分) | 对制作工具进行检查，确保实训顺利进行 | 10 | | |
| | 基础知识学习 | 10 | | |
| | 正确使用制作工具 | 10 | | |
| | 光纤连接器的制作 | 10 | | |
| 展示评价<br>(30 分) | 提交的成果材料是否齐全 | 10 | | |
| | 是否充分利用信息技术手段或较好的汇报方式 | 5 | | |
| | 回答问题是否正确，表述是否清楚 | 5 | | |
| | 汇报的系统性、逻辑性、难度、不足与改进措施 | 5 | | |
| | 对关键点的说明是否翔实，重点是否突出 | 5 | | |
| 合计 | | | | |

# 任务 3-3　光传输线路设备的安装

## 任务描述

　　本任务依据硬件安装工程师、安装调测工程师等岗位在传输网安装开通工程中的典型任务和操作技能要求进行设置。通过教学要求学生掌握光分路器、光缆交接箱、光缆接头盒、光缆分纤箱、用户面板等操作技能。具体的任务目标和要求如表 3-3-1 所示。

表 3-3-1　任 务 描 述

| 任务目标 | （1）了解光传输线路设备安装过程中的安装规范；<br>（2）了解工程安装前的准备工作；<br>（3）了解光传输线路上各种设备的功能；<br>（4）掌握光传输线路上各种设备的安装方法 |
|---|---|
| 任务要求 | （1）认识光传输线路上的设备及功能；<br>（2）了解工程安装过程中的安装规范；<br>（3）掌握光传输线路上设备的安装方法 |
| 注意事项 | （1）爱护设备、安装工具等；<br>（2）按规范操作使用工具；<br>（3）注意操作安全；<br>（4）各小组按规范协同工作；<br>（5）按规范进行设备的安装操作，防止损坏设备；<br>（6）做好安全防范措施，防止人身伤害；<br>（7）工程施工时，采取相应措施防范环境污染；<br>（8）避免材料的浪费 |
| 建议学时 | 8 学时 |

**相关知识**

FTTx 指光纤通信网的一种建网模式，根据光终结点的不同，主要有 FTT Curb（光纤到路边）、FTTB（光纤到大楼）、FTTO（光纤到公司或办公室）、FTTH（光纤到户）等不同应用模式。不同的组网模式，直接影响 ODN 的建设、PON 系统网元的设置等，应根据实际需求，选择合适的组网模式。系统组网拓扑图如图 3-3-1 所示。

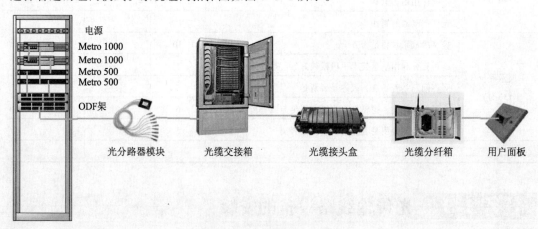

图 3-3-1　系统组网拓扑图

### 1. 光分路器

光分路器又称为分光器，是光纤链路中重要的无源器件之一，是具有多个输入端和多个输出端的光纤汇接器件。光分路器按原理可以分为熔融拉锥型（FBT）和平面波导型（PLC）两种类型。

熔融拉锥型（FBT）就是将两根（或两根以上）除去涂覆层的光纤以一定的方法靠拢，在高温加热下熔融，同时向两侧拉伸，最终在加热区形成双锥体形式的特殊波导结构，通过控制光纤扭转的角度和拉伸的长度，可得到不同的分光比例。最后，把拉锥区用固化胶固化在石英基片上插入不锈铜管内，这就是光分路器。这种生产工艺因固化胶的热膨胀系数与石英基片、不锈钢管的不一致，在环境温度变化时热胀冷缩的程度就不一致，此种情况容易导致光分路器损坏，尤其把光分路放在野外的情况更甚，这也是光分路容易损坏的最主要原因。对于更多路数的分路器生产可以用多个二分路器组成。

平面波导型（PLC）分路器采用半导体工艺（光刻、腐蚀、显影等技术）制作。光波导阵列位于芯片的上表面，分路功能集成在芯片上，也就是在一只芯片上实现 1：1 等分路；然后，在芯片两端分别耦合输入端以及输出端的多通道光纤阵列并进行封装。

与熔融拉锥式分路器相比，PLC 分路器的优点如下：

- 损耗对光波长不敏感，可以满足不同波长的传输需要。
- 分光均匀，可以将信号均匀分配给用户。
- 结构紧凑，体积小，可以直接安装在现有的各种交接箱内，不需留出很大的安装空间。
- 单只器件分路通道很多，可以达到 32 路以上。
- 多路成本低，分路数越多，成本优势越明显。

同时，PLC 分路器的主要缺点如下：

- 器件制作工艺复杂，技术门槛较高，目前芯片被国外几家公司垄断，国内能够大批量封装生产的企业很少。
- 相对于熔融拉锥式分路器成本较高，特别在低通道分路器方面更处于劣势。

本次任务采用武汉长达公司生产的 PLC-8 分光器，该产品具有低插入损耗、分光均匀性好、低偏振相关损耗和体积小等优点，且对波长 1 260～1 620 nm 不敏感。产品质量符合 Telcordia 1209、1221 标准、符合 RoHS 要求。

该产品能在-40～+85 ℃正常工作，可以部署在高寒地区，也能在部署地点的温度范围内正常工作，能在-40～+85℃范围内长期存放，不影响设备性能，能在相对湿度为95%以下的环境正常工作，所有零件采用的材料具有防腐功能，其物理、化学性能稳定，并与相关链接材料相容，预期使用寿命为 25 年以上。适用于光纤到用户（FTTH）系统、光纤通信系统、无源光网络（PON）网络、光有线电视系统（CATV）、光纤局域网。光分路器模块的外形图如图 3-3-2、图 3-3-3 所示。

图 3-3-2　光分路器模块正面图

图 3-3-3　光分路器模块侧面图

### 2. 光缆交接箱

光缆交接箱是一种为主干层光缆、配线层光缆提供光缆成端、跳接的交接设备。光缆引入光缆交接箱后，经固定、端接、配纤以后，使用跳纤将主干层光缆和配线层光缆连通。光缆交接箱安装的最佳装设地点除由主干光缆总长度决定外，还与交接区的地形及其他因素（基建投资、维护费等）有关。从理论讲，它应安装在交接箱区的几何中心、配线光缆长度最短处。光缆交接箱可分为落地式、壁挂式两种安装方式。

光缆交接箱安装必须坚实、牢固、安全可靠，箱体横平竖直，箱门应有完好的锁定装置。光缆交接箱装配应零配件齐全，端子牢固。交接箱编号、光缆及线序编号等标志应正确、完整、清晰、整齐。

本任务选用武汉长达公司生产的壁挂式 48 芯光缆交接箱，光纤接头为通用型，可适配 SC、FC、LC、ST 等光纤接头。该光缆交接箱为单开门结构，如图 3-3-4 所示。适用于光纤接入网中主干光缆与配线光缆节点处的接口设备，可以实现光纤的熔接终端、存储以及调度等功能，适用于光纤局域网、区域网及光纤接入网等。

壁挂式 48 芯光缆交接箱由箱体、熔配一体单元架、熔配一体模块、光缆固定接地装置、绕线单元组件、走线槽组件等组成，其完善的结构设计使得光缆的固定、熔接、富余光纤的盘绕、连接、调度、分配、测试等操作都非常方便可靠。

图 3-3-4　光纤交接箱

箱体采用高强度不锈钢板制成，强度高、防老化、抗腐蚀，具有全天候防护功能，并能抵御意外或恶性破坏。箱体所有边角全部使用专用圆角成型模具成型，表面处理采用拉丝或静电喷塑，外表美观。箱体采用双层结构，中间充有高性能隔热材料，具有良好的隔热效果，能有效防止箱内水汽凝结。箱门采用特种密封门封、防水门锁及三点式门销锁定，安全可靠，密封性好。标准箱体，采用高强度、防腐蚀、耐老化的高可靠性密封，防水、防潮一体化光纤熔配模块，集适配器安装、熔接、储纤于一体，适配器安装为卡式设计，并兼容于 FC、SC、ST 等多种不同型号适配器，适配器安装偏转 30° 角，确保尾纤弯曲半径有完善的光纤水平及垂直方向管理绕线环，保证布纤整齐、美观，并得到可靠保护，下端装有备用熔纤盘，供主干光缆与配线光缆直接熔接。

### 3. 光缆接头盒

光缆接头盒是通俗的叫法，学名叫光缆接续盒，又称光缆接续包。属于机械压力密封接头系统，是相邻光缆间提供光学、密封和机械强度连续性的接续保护装置。主要适用于各种结构光缆的架空、管道、直埋等敷设方式的直通和分支连接。

盒体采用进口增强塑料，强度高、耐腐蚀，终端盒适用于光缆的终端机房内的接续，结构成熟，密封可靠，施工方便。广泛用于通信、网络系统、CATV 有线电视、光缆网络系统等。光缆接头盒，用于两根或多根光缆之间的保护性连接、光纤分配，是用户接入点常用设备之一，主要完成配线光缆与入户线光缆在室外的连接作用，如图 3-3-5 所示。

本次实训选用武汉长达公司生产的 OP/COX-24 型光缆接头盒。盒体采用进口增强塑料，强度高、耐腐蚀，适用于用于室外光缆架空、管道、直埋等敷设直通等场景的光缆接续。该接头盒结构成熟，密封可靠，施工方便，可广泛用于通信、网络系统、CATV 有线电视、光缆网络系统等。

图 3-3-5　光缆接头盒

（1）产品特点

- 产品的盒体采用优质工程塑料（PC），外部固件及构件均采用优质不锈钢材料。
- 产品采用 2 次压缆技术，确保盒内光纤无附加衰耗。
- 产品具有进出光缆的电气连接可断的功能。
- 产品具有多次复用和扩容功能。
- 外壳上装有气门嘴，便于密封检查时充气及测量气压。
- 外壳上装有接地引出装置。
- 光纤盘绕芯数：最大可达 24 芯。
- 端口数：2 进 2 出。

（2）技术特性

- 可用于单芯、带状光缆。
- 拉伸密封性：2 000 N 轴向力，不漏气。
- 耐电压强度：15 kV（DC）。
- 拉伸密封：产品充气后，能承受 2 000 N 的轴向拉力，不漏气。
- 冲击密封：产品充气后，能承受冲击能量 16N·m（牛·米）的冲击三次，产品无裂痕，不漏气。
- 其他各项性能要求均符合 YD/T814.1—2013 标准要求。
- 防火等级：UL94 VO 70～106 kPa。

（3）结构特点

- 采用高强度工程塑料添加抗老化剂。
- 采用优质不锈钢螺钉及挂钩。
- 哈弧式结构及大熔纤盘设计。
- 设置光缆及加强芯固定装置。
- 全程走纤路径设计。
- 最大光缆直径：φ20 mm。
- 最小光缆直径：φ10 mm。

（4）附件齐全

应用于室外光缆架空、管道、直埋等敷设直通；接续和分歧连续，并起到保护接头的作用。

### 4. 光纤分纤箱

光纤分纤箱集光缆的引入（固定、开剥、保护）、光纤熔接、光纤分歧，以及配线于一体，并且独立完成光纤配线管理功能，主要适用光接入网中的光分配点部分。其适用情况如图 3-3-6 所示。

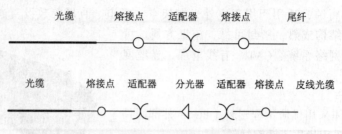

图 3-3-6　光纤分纤箱应用情况

（1）组成

分光配线箱由以下几部分构成，如图 3-3-7 所示。

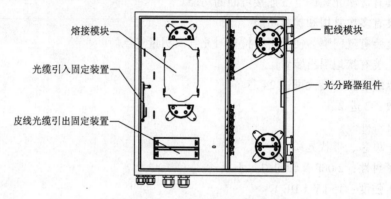

图 3-3-7　光纤分纤箱结构特征

- 熔接模块。
- 配线模块。
- 光分路器组件。
- 光缆引入固定装置。
- 皮线光缆引出固定装置。
- 挂墙安装装置。

（2）特点

- 挂墙安装，模块化设计，密度高。
- 适用于带状和非带状光缆。
- 具有完善的光缆引入装置和接地保护装置，便于光缆引入和固定，安全可靠。
- 全封闭式结构，跳纤不外露，外形美观，防尘效果好。
- 卡入式适配器安装，适用于 SC、FC 等多种适配器，适配器安装倾斜于机箱正面 30°。
- 避免弧光直射入眼，同时便于走线。
- 全程曲率半径控制，保证在任何位置光纤的曲率半径大于 30 mm。
- 配线光纤、配线尾纤、跳线光纤的进出各自独立，互不干扰，每芯均有明确的标识。

5. 用户面板

光学纤维面板具有传光效率高，级间耦合损失小，传像清晰、真实，在光学上具有零厚度等特点。最典型的应用是作为微光像增强器的光学输入、输出窗口，对提高成像器件的品质起着重要作用。广泛地应用于各种阴极射线管、摄像管、CCD 耦合及其他需要传送图像的仪器和设备中。本任务采用宇泰 UTEK 工业级光纤面板。

（1）结构组成

光纤面板由前盖以及提供光缆盘放、固定空间及装置、安装现场连接器和提供适配器接口及具有光纤接头保护件的底盒组成。光纤面板中有引入光缆的固定装置和光纤接续头的固定、保护装置。光纤面板中具有固定单联 SC 或双联 LC 型适配器的装置。光纤面板的面盖、底盒等采用优质 PC（阻燃聚碳酸酯）塑料材料。光纤面板适配器外插口在没有跳纤插入时应有防尘装置。光纤面板应与光纤连接器相匹配，光适配器件连接器中间对接点开始至面板底盒内部应留有60 mm 的直线无障碍空间。同时面板应具有可靠固定的功能，确保光纤连接器不松动。

（2）外观及尺寸

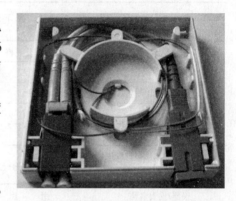

图 3-3-8　用户面板

光纤面板的外观应与强电面板、弱电面板的外观接近或基本一致，颜色为白色。规格采用 86 式，86 式盒体外型尺寸为 86 mm×86 mm，当采用 86 式时两个安装螺钉孔的间距宜为 60 mm。光纤面板形状完整，各构件表面光洁、色泽均匀。金属构件表面涂层或镀层附着力牢固，塑料件无毛刺、气泡、龟裂、空洞、翘曲、杂质等缺陷。

（3）主要特点

- 面板外形尺寸符合国标 86 型，如图 3-3-8 所示。
- 适合多类型模块安装，应用于工作区布线子系统。
- 嵌入式面框，安装方便。
- 备有适用光纤 LC、ST、FC 各种环境的面板。

任务实施

1. 安装规范

- 设备安装位置应符合施工图的设计要求。
- 操作前，应先将设备可靠地固定在地板或其他稳固的物体上，如：墙体或安装架上。
- 安装、拆除电源线之前，必须先关闭电源开关。
- 设备的安装应端正牢固。
- 设备机架应采用膨胀螺栓（或木螺栓）对地加固，机架顶应采用夹板与列槽道（列走道）上梁加固。
- 所有紧固件必须拧紧，同一类螺钉露出螺帽的长度宜一致。
- 设备的抗震加固应符合通信设备安装抗震加固要求，加固方式应符合施工图的设计要求。
- 安装完设备，要清除设备区域的空包装材料。

2. 安装准备

（1）工具和仪表

为保证整个设备安装的顺利进行，需要准备资料、工具和仪表。工程安装过程中需要使用的工具和仪表如表 3-3-2～表 3-3-5 所示。

表 3-3-2 辅 助 材 料

| 材 料 名 称 | 用 途 | 材 料 名 称 | 用 途 |
|---|---|---|---|
| 透明胶带 | 标记、临时固定 | 纱布 | 清洁 |
| 酒精 | 清洁 | | |

表 3-3-3 专 用 工 具

| 工 具 名 称 | 用 途 | 工 具 名 称 | 用 途 |
|---|---|---|---|
| 六维精密微调架 | PLC 分路器耦合对准 | 光缆开剥器 | 开剥光缆护套 |
| 光缆切割器 | 光缆切断 | 组合工具 | 组装接头盒 |

表 3-3-4 通 用 工 具

| 工 具 名 称 | 用途及规格 | 工 具 名 称 | 用途及规格 |
|---|---|---|---|
| 卷尺 | 测量光缆 | 螺丝刀 | 十字、一字 |
| 管子割刀 | 光缆径向切开 | 剪刀 | 裁剪 |
| 电工刀 | 光缆外皮剥除 | 防水罩布 | 防水、防尘 |
| 钢丝钳 | 加强芯剪断 | 金属扳手 | 坚固加强芯螺帽 |

表 3-3-5 持续及测试仪(器)表

| 仪器/仪表名称 | 用 途 | 仪器/仪表名称 | 用 途 |
|---|---|---|---|
| 功率计 | PLC 分路器耦合对准 | 熔接机 | 光纤接续 |
| 显微观测系统 | PLC 分路器耦合对准 | OTDR | 接续测试 |

（2）开箱验货

根据装箱清单清点货物，检查是否有缺件、是否符合规格或是否存在损坏等。

### 3. PLC 光分路器封装

PLC 光分路器的封装过程包括耦合对准和粘接等操作。PLC 分路器芯片与光纤阵列的耦合对准有手工和自动两种，它们依赖的硬件主要有六维精密微调架、光源、功率计、显微观测系统等，而最常用的是自动对准，它是通过光功率反馈形成闭环控制，因而对接精度和对接的耦合效率高。

- 耦合对准的准备工作：先将波导清洗干净后小心地安装到波导架上；再将光纤清洗干净，一端安装在入射端的精密调整架上，另一端接上光源（先接 632.8 nm 的红光光源，以便初步调试通光时观察所用）。
- 借助显微观测系统观察入射端光纤与波导的位置，并通过计算机指令手动调整光纤与波导的平行度和端面间隔。
- 打开激光光源，根据显微系统观测到的 X 轴和 Y 轴的图像，并借助波导输出端的光斑初步判断入射端光纤与波导的耦合对准情况，以实现光纤和波导对接时良好的通光效果。
- 当显微观测系统观察到波导输出端的光斑达到理想的效果后，移开显微观测系统。
- 将波导输出端光纤数组（FA）清洗干净，并晾干。再采用步骤二的方法将波导输出端与光纤数组连接并初步调整到合适的位置。然后，将其连接到双通道功率计的两个探测接口上。

- 将光纤数组入射端 6.328 μm 波长的光源切换为 1.310/1.550 μm 的光源，启动光功率搜索程序自动调整波导输出端与光纤数组的位置，使波导出射端接收到的光功率值最大，且两个采样通道的光功率值应尽量相等（即自动调整输出端光纤数组，使其与波导入射端实现精确的对准，从而提高整体的耦合效率）。
- 当波导输出端光纤数组的光功率值达到最大且尽量相等后，再进行点胶工作。
- 重复步骤六，再次寻找波导输出端光纤数组接收到的光功率最大值，以保证点胶后波导与光纤数组的最佳耦合对准，并将其固化，再进行后续操作，完成封装。

### 4. 光缆交接箱安装

（1）落地式光缆交接箱安装方法

- 光缆交接箱应安装在水泥底座上，箱体与底座应用地脚螺栓连接牢固，缝隙用水泥抹八字。
- 基座与人（手）孔之间应用管道连接，不得做成通道式。
- 光缆交接箱应严格防潮，穿放光缆的管孔缝隙和空管孔的上、下管口应封堵严密，光缆交接箱的底板进出光缆口缝隙也应封堵。
- 光缆交接箱的底座尺寸大小：宽和深的尺寸应比要安装光缆交接箱的宽和深的尺寸大150 mm。
- 光缆交接箱底座应用防腐、防酸材料制作的装饰块状物（瓷砖）进行表面装饰。
- 光缆交接箱应有接地装置。在做底座前预埋一根地线棒，在做底座时敷设两根 BV 6.0 mm 单芯铜线必须要加以塑管保护。一端与地线棒连接，连接处要采取防腐、防锈、防酸处理；一端与光缆交的地线接地排相连。

（2）壁挂式交接箱安装方法

- 确定安装位置，清洁安装位置，孔位在墙上打孔。
- 将挂墙安装组件固定在墙上。
- 将箱体挂在挂墙安装组件上，并确认箱底牢固，如图 3-3-9 所示。

图 3-3-9　壁挂式光缆交接箱安装

### 5. 光缆接头盒安装

OP/COX-24 光缆接头盒的安装流程如图 3-3-10 所示。

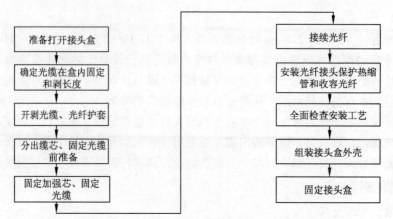

图 3-3-10　OP/COX-24 光缆接头盒的安装流程

（1）准备打开接头盒

- 确定接头盒安装位置，布置好需要安装的光缆。

- 清点接头盒包装内附件。

- 打开光缆接头盒：用专用扳手卸下外壳定位螺钉，同时卸下 2 个角上的固定螺钉（可安装挂钩），即可将接头盒打开，如图 3-3-11 所示。

（2）确定光缆在盒内固定和开剥长度

- 70 mm 长度的光缆：用于密封构件到光缆固定压板。

- 2 030 mm 长度的光缆：开剥后用于盘绕和熔接。

- 430 mm 长度的带护套光纤：用于光缆固定处到光纤收容盘固定处。

- 1 600 mm 长度的光纤：剥去光纤护套后与其他光纤熔接，然后一起盘绕在光纤收容盘内，如图 3-3-12 所示。

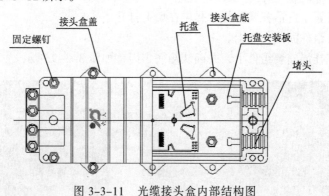

图 3-3-11　光缆接头盒内部结构图

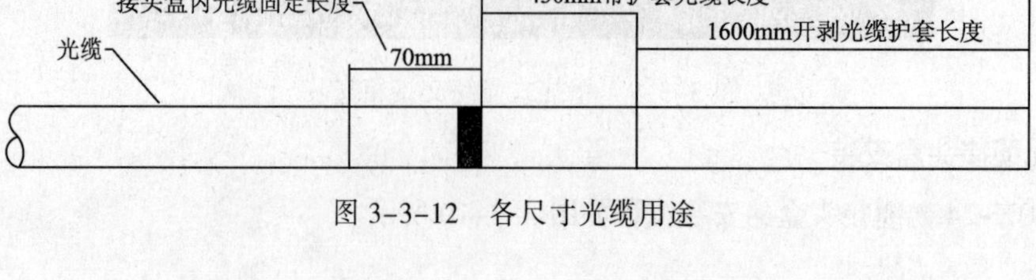

图 3-3-12　各尺寸光缆用途

（3）开剥光缆、光纤护套

按临时定位标记开剥，用割管器和纵向开剥器剥去光缆外护套。也可根据实际情况开剥，如图 3-3-13 所示。

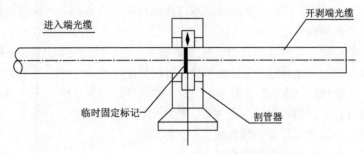

图 3-3-13　临时开剥光缆示意图

（4）分出缆芯并做好光缆固定前准备

- 在缆芯的护管上缠两层绝缘胶带作保护，同时除去光纤单元中填充物分离缆芯，然后擦净，将光纤绕成直径为 100 mm 左右的纤环，用胶带临时固定在光缆上。
- 接头盒配有 4 个光缆进出孔，用户根据实际需要装几条光缆进出并取出相应数量的堵头，但最多只能有 4 条光缆的进出安装。
- 接头盒适用光缆的孔径：

  A 孔适用于最大光缆外径为 φ18 mm。

  B 孔适用于最大光缆外径为 φ14 mm。

  C 孔适用于最大光缆外径为 φ12 mm。

- 在光缆固定端应根据实际安装的光缆选用相应光缆进出孔，当光缆直径小于进出孔时应在光缆进出部位用密封胶带适当增大光缆外径。
- 留 40 mm 加强芯，剪去多余的加强芯，如图 3-3-14 所示。

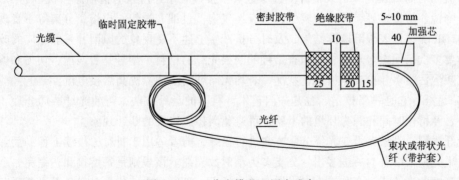

图 3-3-14　分出缆芯、固定准备

（5）固定加强芯、固定光缆

- 根据以上选用的光缆进出孔卸下堵头、光缆压板、加强芯固定螺帽。检查开剥好的光缆是否与光缆接头盒固定部位的孔匹配，如不匹配应及时调整，不然会影响安装质量。
- 将光缆固定压板拧紧，若光缆直径小，可用绝缘胶带适当增大。
- 用金属扳手紧固螺帽。

（6）光纤接续

光纤接续是一项细致的工作，特别在端面制备、熔接、盘纤等环节，要求操作者仔细观察，周密考虑，操作规范。

① 端面的制备：包括剥覆、清洁和切割这几个环节。合格的光纤端面是熔接的必要条件，端面质量直接影响到熔接质量。

光纤涂面层的剥除：光纤涂面层的剥除,要掌握平、稳、快三字剥纤法。"平"，即持纤要平。左手拇指和食指捏紧光纤，使之成水平状，所露长度以 5 cm 为准，余纤在无名指、小拇指之间自然打弯，以增加力度，防止打滑。"稳"，即剥纤钳要握得稳。"快"即剥纤要快，剥纤钳应与光纤垂直，上方向内倾斜一定角度，然后用钳口轻轻卡住光纤右手，随之用力，顺光纤轴向平推出去，整个过程要自然流畅，一气呵成。

裸纤的清洁，应按下面的两步操作：

● 观察光纤剥除部分的涂覆层是否全部剥除，若有残留，应重新剥除；若有极少量不易剥除的涂覆层，可用绵球蘸适量酒精，一边浸渍，一边逐步擦除。

● 将棉花撕成层面平整的扇形小块，蘸少许酒精（以两指相捏无溢出为宜），折成"V"形，夹住以剥覆的光纤，顺光纤轴向擦拭，力争一次成功，一块棉花使用 2～3 次后要及时更换，每次要使用棉花的不同部位和层面，这样即可提高棉花利用率，又防止了探纤的两次污染。

裸纤的切割：裸纤的切割是光纤端面制备中最为关键的部分,应严格遵循操作规范。操作人员应经过专门训练掌握动作要领和操作规范。首先要清洁切刀和调整切刀位置，切刀的摆放要平稳，切割时，动作要自然、平稳、勿重、勿急，避免断纤、斜角、毛刺及裂痕等不良端面的产生。另外，学会合理分配和使用自己的右手手指，使之与切口的具体部件相对应、协调，提高切割速度和质量。

② 光纤熔接：接续工作的中心环节。熔接前根据光纤的材料和类型，设置好最佳预熔主熔电流和时间以及光纤送入量等关键参数。熔接过程中还应及时清洁熔接机"V"形槽、电极、物镜、熔接室等，随时观察熔接中有无气泡、过细、过粗、虚熔、分离等不良现象，注意 OTDR 测试仪表跟踪监测结果，及时分析产生上述不良现象的原因，采取相应的改进措施。如要多次出现虚熔现象，应检查熔接的两根光纤的材料、型号是否匹配，切刀和熔接机是否被灰尘污染，并检查电极氧化状况，若均无问题则应适当提高熔接电流。

③ 盘纤：它是一门技术，也是一门艺术。科学的盘纤方法，可使光纤布局合理、附加损耗小、经得住时间和恶劣环境的考验，可避免因挤压造成的断纤现象。

盘纤规则：沿松套管或光缆分歧方向进行盘纤，前者适用于所有的接续工程；后者仅适用于主干光缆末端且为一进多出。分支多为小对数光缆。该规则是每熔接和热缩完一个或几个松套管内的光纤或一个分支方向光缆内的光纤后，盘纤一次。优点是避免了光纤松套管间或不同分支光缆间光纤的混乱，使之布局合理、易盘、易拆，更便于日后维护。预留盘中热缩管安放单元为单位盘纤，此规则是根据接续盒内预留盘中某一小安放区域内能够安放的热缩管数目进行盘纤。避免了由于安放位置不同而造成的同一束光纤参差不齐、难以盘纤和固定，甚至出现急弯、小圈等现象。

盘纤的步骤如下：

● 先中间后两边，即先将热缩后的套管逐个放置于固定槽中，然后再处理两侧余纤。优点：

有利于保护光纤接点，避免盘纤可能造成的损害。在光纤预留盘空间小、光纤不易盘绕和固定时，常用此种方法。

- 从一端开始盘纤，固定热缩管，然后再处理另一侧余纤。优点：可根据一侧余纤长度灵活选择铜管安放位置，方便、快捷，可避免出现急弯、小圈现象。

特殊情况的处理，如个别光纤过长或过短时，可将其放在最后，单独盘绕；带有特殊光器件时，可将其另一盘处理，若与普通光纤共盘时，应将其轻置于普通光纤之上，两者之间加缓冲衬垫，以防止挤压造成断纤，且特殊光器件尾纤不可太长。

根据实际情况采用多种图形盘纤。按余纤的长度和预留空间大小，顺势自然盘绕，且勿生拉硬拽，应灵活地采用圆、椭圆、"CC"、"～"多种图形盘纤（注意 $R \geqslant 4$ cm），尽可能最大限度利用预留空间和有效降低因盘纤带来的附加损耗。

光纤接续是一项细致的工作，特别在端面制备、熔接、盘纤等环节，要求操作者仔细观察，周密考虑，操作规范。总之，要培养严谨细致的工作作风，勤于总结和思考，才能提高实践操作技能，降低接续损耗，全面提高光缆接续质量。加强 OTDR 测试仪表的监测，对确保光纤的熔接质量、减小因盘纤带来的附加损耗和封盒可能对光纤造成的损害，具有十分重要的意义。在整个接续工作中，必须严格执行 OTDR 测试仪表的四道监测程序：

④ 熔接过程中对每一芯光纤进行实时跟踪监测，检查每一个熔接点的质量。

⑤ 每次盘纤后，对所盘光纤进行例检，以确定盘纤带来的附加损耗。

⑥ 封接续盒前对所有光纤进行统一测定，以查明有无漏测和光纤预留空间对光纤及接头有无挤压。

⑦ 封盒后，对所有光纤进行最后监测，以检查封盒是否对光纤有损害。

（7）安装光纤接头保护热缩管及收容光纤

光纤熔接好后，收容光纤时，第一圈一般盘绕在光纤收容盘的最外侧，把其他光纤盘绕成直径不小于 80 mm 的圈，与光纤接头保护热缩管一起放入光纤收容盘（先把光纤接头保护热缩管固定到槽内，然后把已放入的光纤圈直径扩大到适当位置致即可），如图 3-3-15所示。

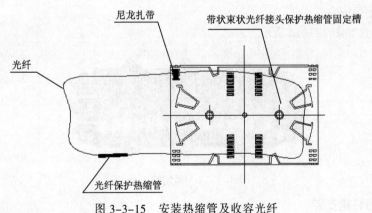

图 3-3-15　安装热缩管及收容光纤

（8）检查密封构件及工艺要求

- 光纤收容盘安装应整齐，走纤弯曲半径应符合要求。
- 内部紧固件应拧紧。

- 未使用的光缆进出孔应用原配的堵头堵死。
- 密封胶带用量应合理。
- 密封条应平整地放在接头盒相应的槽内，如图 3-3-16 所示。

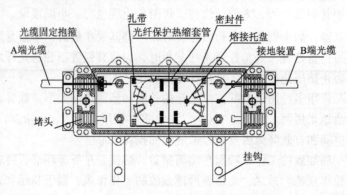

图 3-3-16　密封构件

（9）外壳安装

将光缆接头盒盖与底对准盖好。用专用扳手把不锈钢螺钉拧紧。用户需要架空安装，可用 2 个不锈钢螺钉拧在相应的位置，如图 3-3-17 所示。

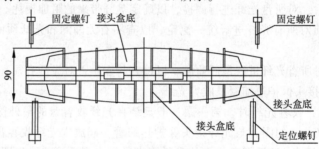

图 3-3-17　外壳安装

（10）固定接头盒

固定接头盒如图 3-3-18 所示。

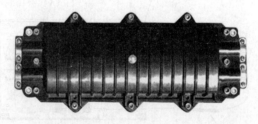

图 3-3-18　固定接头盒

### 6. 光纤分纤箱安装

（1）箱体安装

箱体安装如图 3-3-19 所示，孔位在墙上打孔，用 4 个 M6 膨胀螺栓组件将"挂墙安装组件"固定在墙上，再将箱体挂在"挂墙安装组件"上，并从箱体内用 M4×12 螺钉将箱体与"挂墙安装组件"锁紧，如图 3-3-20 所示。

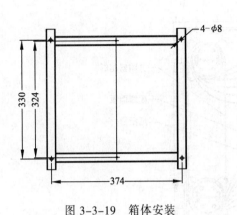

图 3-3-19  箱体安装

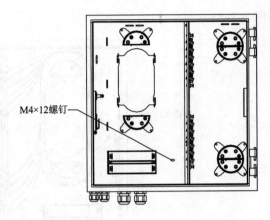

M4×12螺钉

图 3-3-20  挂墙装置

（2）光缆的固定、开剥及保护

光缆留出熔接需预留的长度（约 2 m），开剥，如图 3-3-21 所示（尺寸供参考），然后用套管保护裸纤，穿过"光缆旋紧座"并用"喉扣"将光缆及铠甲固定在"固定装置"上，加强芯穿过"加强芯固定柱"并锁紧，如图 3-3-22 所示。

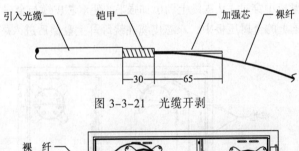

引入光缆    铠甲    加强芯    裸纤

30    65

图 3-3-21  光缆开剥

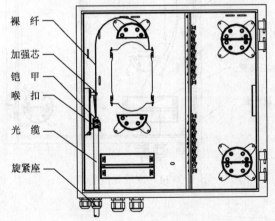

裸 纤

加强芯

铠 甲

喉 扣

光 缆

旋紧座

图 3-3-22  光缆固定

（3）光纤的引入

已开剥并有套管保护的裸纤从箱体底部引入，沿箱体一侧，过绕纤耳，引入熔接盘。

（4）尾纤的管理

单头尾纤一端在"熔接盘"内与裸纤（光缆、皮线光缆）熔接，一端插装在相应的适配器上；光分路器尾纤插装在配线面板的适配器中，冗余的尾纤盘绕在绕纤耳上，使走纤顺畅，如图 3-3-23 所示。

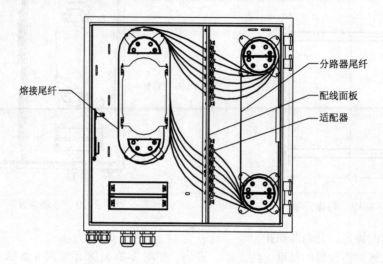

分路器尾纤

配线面板

适配器

熔接尾纤

图 3-3-23　尾纤管理

（5）皮线光缆的管理

将皮缆由光缆旋紧座中穿过，从皮缆上剥出加强芯，使双芯皮缆与金属加强芯分离，将金属加强芯锁紧在接线端子上的金属压板中，双芯皮缆在绕纤耳上盘储后进入熔接盘，如图 3-3-24 所示。

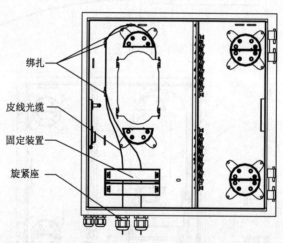

绑扎

皮线光缆

固定装置

旋紧座

图 3-3-24　皮线光缆管理

### 7. 用户面板安装

（1）拆卸外框

使用一字形螺丝刀伸入拆卸孔轻轻撬动，相应位置的拆卸孔就会松开，使底座与外框分离，如图 3-3-25 所示。

（2）安装耦合器

将双工 LC 耦合器安装在模块框架上，并装配好耦合器安装螺钉，并将模块框架安装在面板底座上，如图 3-3-26 所示。

（3）熔纤

为避免光纤进入的灰尘和水汽，剥离外护套前剪断 80 cm；将尾纤和光缆内光纤进行开剥清洁，制备光纤端面，上熔接机熔纤，熔纤前将热缩管根据预埋底盒尺寸用钳子剪断相应长度；为避免光纤进入的灰尘和水汽，尾纤长度选用 100 cm，剥离包层前剪断 50 cm。

（4）尾纤与耦合器

熔纤完毕后，将尾纤在预埋底盒中盘绕整齐，并插入光纤耦合器，如图 3-3-27 所示。

图 3-3-25　拆卸外框

图 3-3-26　安装耦合器

图 3-3-27　尾纤与耦合器连接

（5）盖外框

将底座安装在墙面相应位置上，拧紧螺钉，再将其外框盖上，完成整个安装过程，如图 3-3-28 所示。

（6）安装标签

打开有机玻璃标签框，将标签插入，合上有机玻璃盖板，完成标签放置，如图 3-3-29 所示。

图 3-3-28　盖外壳

图 3-3-29　安装标签

任务单

任务实施过程中的相关任务单见表 3-3-6 所示。

表 3-3-6　任　务　单

| 项　目 | 项目 3　光传输、光纤 FTTX 施工 | | 学　时 | 24 |
| --- | --- | --- | --- | --- |
| 工作任务 | 任务 3-3　光传输线路设备的安装 | | 学　时 | 8 |
| 班　级 | 小组编号 | | 成员名单 | |
| 任务描述 | 各小组根据任务要求完成光分路器、光缆交接箱、光缆接头盒、光缆分纤箱、用户面板的安装工作，并根据需要布线；<br>通过对工程安装的训练，了解工程安装准备工作、光传输线路设备的安装流程及相关操作 | | | |
| 工作内容 | （1）安装准备：<br>● 详细阅读安装规范，做好安装前准备工作；<br>● 准备安装所需要工具、仪表。 | | | |

| | |
|---|---|
| 工作内容 | （2）光传输线路设备安装：<br>● PLC 分路器的安装；<br>● 光缆交接箱的安装；<br>● 光缆接头盒的安装；<br>● 光纤分纤箱的安装；<br>● 用户面板的安装 |
| 注意事项 | （1）爱护光分路器、光缆接头盒、光缆分纤箱、用户面板等设备；<br>（2）注意用电安全；<br>（3）各小组按规范协同工作；<br>（4）按规范进行设备的安装操作，防止损坏设备；<br>（5）做好安全防范措施，防止人身伤害；<br>（6）工程施工时，采取相应措施防范环境污染；<br>（7）避免材料的浪费 |
| 提交成果、<br>文件等 | （1）学习过程记录表；<br>（2）材料检查记录表、安装报告；<br>（3）学生自评表；<br>（4）小组评价表 |
| 完成时间及<br>签名 | 责任教师： |

 练习题

**一、简答题**

1. 光传输线路设备有哪些？

2. 简述 PLC 光分路器的特点和封装方法。

3. 简述光缆接头盒的用途和安装方法。

4. 简述光纤分纤箱的结构、用途和安装方法。

**二、填空题**

1. 光分路器按原理可以分为（　　　）和（　　　）两种。

2. 光缆引入光缆交接箱后，经固定、端接、配纤以后，使用跳纤将（　　　）和（　　　）连通。

3. 光缆接头盒属于机械压力密封接头系统，是相邻光缆间提供光学、密封和机械强度连续性的（　　　）装置。

**三、实践操作题**

完成光传输线路设备的安装，并将其与机房设备相连接，组成一个完整的光传输系统。

任务评价

本任务评价的相关表格如表 3-3-7、表 3-3-8、表 3-3-9 所示。

表 3-3-7　学生自评表

| 项目 3 | 光传输、光纤 FTTX 施工 | | |
|---|---|---|---|
| 任务名称 | 任务 3-3　光传输线路设备的安装 | | |
| 班　　级 | | 组　　名 | |
| 小组成员 | | | |

自评人签名：　　　　　　　　　　评价时间：

| 评价项目 | 评 价 内 容 | 分值标准 | 得　　分 | 备　　注 |
|---|---|---|---|---|
| 敬业精神 | 不迟到、不缺课、不早退；学习认真，责任心强；积极参与任务实施的各个过程；吃苦耐劳 | 10 | | |
| 专业能力 | 了解安装前要做的准备，包括资料和工具 | 10 | | |
| | 掌握 PLC 分路器封装方法 | 10 | | |
| | 掌握光缆交接箱安装方法 | 10 | | |
| | 掌握光缆接头盒安装方法 | 10 | | |
| | 掌握光纤分纤箱安装方法 | 10 | | |
| | 掌握用户面板安装方法 | 10 | | |
| 方法能力 | 工具仪表的使用；信息、资料的收集整理能力；制定学习、工作计划能力；发现问题、分析问题、解决问题的能力 | 15 | | |
| 社会能力 | 与人沟通能力；组内协作能力；安全、环保、责任意识 | 15 | | |
| 综合评价 | | | | |

表 3-3-8　小组评价表

| 项目 3 | 光传输、光纤 FTTX 施工 | | | | | |
|---|---|---|---|---|---|---|
| 任务名称 | 任务 3-3　光传输线路设备的安装 | | | | | |
| 班　　级 | | | | | | |
| 组　　别 | | 小组长签字： | | | | |
| 评价内容 | 评 分 标 准 | | 小组成员姓名及得分 | | | |
| | | | | | | |
| 目标明确程度 | 工作目标明确、工作计划具体结合实际、具有可操作性 | 10 | | | | |
| 情感态度 | 工作态度端正、注意力集中、积极创新，采用网络等信息技术手段获取相关资料 | 15 | | | | |
| 团队协作 | 积极与组内成员合作，尽职尽责、团结互助 | 15 | | | | |
| 专业能力要求 | 充分完成设备安装前的各项准备工作；了解工程安装过程中的安装规范；了解工程安装前的准备工作；了解光传输线路上各种设备的功能；掌握光传输线路上各种设备的安装方法 | 60 | | | | |
| 总分 | | | | | | |

表 3-3-9　教师评价表

| 项目 3 | | 光传输、光纤 FTTX 施工 | | | |
|---|---|---|---|---|---|
| 任务名称 | | 任务 3-3　光传输线路设备的安装 | | | |
| 班　级 | | | 小　组 | | |
| 教师姓名 | | | 时　间 | | |
| 评价要点 | 评价内容 | | 分值 | 得　分 | 备　注 |
| 资讯准备<br>(10 分) | 明确工作任务、目标 | | 1 | | |
| | 明确设备安装前需要做哪些准备工作 | | 1 | | |
| | 光传输线路设备都有哪些 | | 1 | | |
| | PLC 光分路器的优点、缺点和封装方法 | | 1 | | |
| | 光缆交接箱的用途 | | 1 | | |
| | 光缆接头盒的用途和安装方法 | | 2 | | |
| | 光纤分纤箱的结构、用途和安装方法 | | 1 | | |
| | 用户面板的安装方法 | | 1 | | |
| | 工程安装过程中的安装规范 | | 1 | | |
| 实施计划<br>(20 分) | PLC 分路器封装 | | 4 | | |
| | 光缆交接箱安装 | | 4 | | |
| | 光缆接头盒安装 | | 4 | | |
| | 光纤分纤箱安装 | | 4 | | |
| | 用户面板安装 | | 4 | | |
| 实施检查<br>(40 分) | 根据实训要求完成设备安装前的各项准备工作 | | 5 | | |
| | 根据工程规划，对设备进行开箱验货，核对设备清单并记录相关数据 | | 5 | | |
| | 根据施工前勘查规划，完成 PLC 分路器封装 | | 5 | | |
| | 根据施工前勘查规划，完成光缆交接箱安装 | | 5 | | |
| | 根据施工前勘查规划，完成光缆接头盒安装 | | 5 | | |
| | 根据施工前勘查规划，完成光纤分纤箱安装 | | 10 | | |
| | 根据施工前勘查规划，完成用户面板安装 | | 5 | | |
| 展示评价<br>(30 分) | 提交的成果材料是否齐全 | | 10 | | |
| | 是否充分利用信息技术手段或较好的汇报方式 | | 5 | | |
| | 回答问题是否正确，表述是否清楚 | | 5 | | |
| | 汇报的系统性、逻辑性、难度、不足与改进措施 | | 5 | | |
| | 对关键点的说明是否翔实，重点是否突出 | | 5 | | |
| 合计 | | | | | |

# 项目④

→ **WiMAX 和 WLAN 施工**

 **项目描述**

该项目以无线局域网网络建设中的 WiMAX 和 WLAN 设备的安装为载体,项目内容包括 WiMAX 和 WLAN 的基本原理、系统设备的安装规范、安装准备的内容、设备的安装过程等典型工作任务。通过教学,使学生掌握 WiMAX 和 WLAN 施工的具体操作技能。

 **项目说明**

本项目是无线局域网建设中的重要环节,具体包含 2 个子任务,分别是 WLAN 系统安装和 WIMAX 一体化单元安装与调试。每一个具体的任务又分为不同的学习内容,主要内容如下:

- 基础知识介绍:相关系统理论、设备功能等。
- 安装注意事项:安装规范、人身安全等注意事项等。
- 安装前准备:WLAN 系统和 WiMAX 系统安装过程中的器材及辅助工具等。
- 安装过程:主设备安装、线缆的制作连接、工程标签等具体实施任务。

本项目针对工程勘察工程师、设计工程师、硬件安装工程师、安装调测工程师、系统维护工程师、工程督导、线路工程师等岗位设计;通过典型工作任务实例或示例的方式进行技能训练;本项目中所涉及的设备包括交换机、无线接入单元、天馈线等器材。

 **能力目标**

**专业能力:**

- 加深 WiMAX 系统和 WLAN 系统的基础理论的掌握。
- WiMAX 系统和 WLAN 系统的设备、线缆的布线等。

**方法能力:**

- 能根据工作任务的需要使用各种信息媒体,独立收集、查阅资料信息。
- 能根据工作任务的目标要求,合理进行任务分析,制订小组工作计划,有步骤地开展工作,并做好各步骤的预期与评估。
- 能分析工作中出现的问题,并提出解决问题的方案。
- 能自主学习新知识、新技术应用到工作中。

**社会能力:**

- 具有良好的社会责任感、工作责任心、积极主动参与到工作中。

- 具有团队协作精神，主动与人合作、沟通和协商。
- 具备良好的职业道德，按工程规范、安全操作的要求开展工作。
- 具有良好的语言表达，能有条理地、概括地表达自己的思想、态度和观点。

## 任务 4-1　WLAN 系统安装

### 任务描述

WLAN 系统的工程安装是无线局域网建设的重要部分，其主要涉及的过程有：硬件安装、通信线缆与标签制作安装、综合布线等相关工作过程。本任务针对硬件安装工程师、安装调测工程师等岗位技能要求，以 WLAN 设备的安装为载体，通过教学让学生了解 WLAN 工程安装步骤，包括接入交换机、AP，以及室内天线的安装及安装规范等。具体的任务目标和要求如表 4-1-1 所示。

表 4-1-1　任 务 描 述

| 任务目标 | （1）了解 WLAN 系统的组成部分及各部分功能；<br>（2）了解 WLAN 设备的性能指标；<br>（3）了解 WLAN 系统安装工程安装前要做的准备工作；<br>（4）掌握硬件安装流程及相关操作；<br>（5）掌握线缆和标签制作；<br>（6）掌握安装环境检查的内容和方法 |
| --- | --- |
| 任务要求 | （1）了解 WLAN 系统安装规范；<br>（2）掌握 WLAN 系统主要组成部件的硬件安装操作；<br>（3）学会网线、馈线、电缆、光纤制作及标签制作 |
| 注意事项 | （1）爱护实训设备；<br>（2）按规范操作使用仪表，防止损坏仪器仪表；<br>（3）注意用电安全；<br>（4）各小组按规范协同工作；<br>（5）按规范进行设备的安装操作，防止损坏设备；<br>（6）做好安全防范措施，防止人身伤害；<br>（7）工程施工时，采取相应措施防范环境污染；<br>（8）避免材料的浪费 |
| 建议学时 | 8 学时 |

### 相关知识

WLAN（Wireless Local Area Network）无线局域网是计算机网络与无线通信技术相结合的产物。它以无线多址信道作为传输媒介，利用电磁波完成数据交互，实现传统有线局域网的功能。常见 WLAN 系统组网方案主要由接入交换机、WLAN 接入单元（AC）、天线等组成。

#### 1. 接入交换机

H3C S1026E 交换机是 H3C 公司自主开发的无管理以太网交换产品，提供 24 个 10/100 Mbit/s 自适应以太网接口以及 2 个 10/100/1 000 Mbit/s 自适应以太网接口，所有端口均支持全线速无阻塞交换以及端口自动翻转功能，可以安装于 19 英寸标准机架。H3C S1026E 24 口以太网交换机实物如图 4-1-1 所示。

图 4-1-1　H3C S1026E 交换机

H3C S1026E 24 口以太网交换机技术参数如表 4-1-2 所示。

表 4-1-2　H3C S1026E 以太网交换机性能参数

| 属　性 | 参　　　　数 |
|---|---|
| 外形尺寸（长×宽×高） | 440 mm×173 mm×44 mm |
| 固定端口 | 24 个 10/100 Mbit/s 自适应以太网端口 |
| | 2 个 10/100/1 000 Mbit/s 自适应以太网端口 |
| 网线类型 | 10Base-T：<br>3/4/5 类双绞线，支持最大传输距离 100 m |
| | 10/100Base-TX：<br>5/6 类双绞线，支持最大传输距离 100 m |
| | 1000Base-T：<br>5/6 类双绞线，支持最大传输距离 100 m |
| 输入电压 | 100～240 V AC；50/60 Hz |
| 输入电流 | <0.45A |
| 防雷 | 共模防护 7 kV，防雷等级 4 级 |
| 功耗 | 12 W |
| 工作环境温度 | 0～40 ℃ |
| 工作环境湿度 | 5%～95% |
| 散热方式 | 自然散热 |

### 2. WLAN 接入单元

接入单元（Access Point，AP）是无线访问节点的简称，实训设备选用深圳欧博特生产的 2.4 GHz、1 000 mW AP。该 AP 它相当于有线网络中的集线器或交换机，不过这是一个具备无线信号发射功能的集线器，它可为多台无线上网设备提供一个对话交汇点。该产品满足 IEEE 802.11a、IEEE 802.11g、IEEE 802.11n 协议标准。

- 设备工作在 2.4 GHz，最大输出功率为 30 dBm（1 000 mW），其换算关系为 $10\lg P$（功率值/1 mW）。
- 设备具有较高的处理性能和吞吐量，工作稳定。
- 支持全天候 365 天×24 小时稳定运行。
- 兼容性好，能兼容市面上大部分无线客户端。
- 理论可以接入 150 个客户端，实际测试普通手机上网可同时 100 人在线。
- 支持 Mesh 智能网，是解决"最后一公里"问题的关键技术之一。无线 Mesh 可以与其他网络协同通信，是一个动态的可以不断扩展的网络架构，任意两个设备均可以保持无线互联。当前线路出现故障时，可以自动寻找最优线路进行连接。
- 透明传输，支持以太网上的点对点协议（PPP Over Ethernet，PPPOE）透明传输。
- 24 V 有源以太网（Power Over Ethernet，POE）远程供电。
- 支持 Telnet 远程管理。
- 设备与天线分体设计，方便快捷的安装。

接入单元 AP 实物如图 4-1-2 所示。

图 4-1-2　接入单元 AP

接入单元 AP 性能参数如表 4-1-3 所示。

表 4-1-3　接入单元 AP 性能参数

| 硬件规格 | |
| --- | --- |
| ATHEROS AR7240 400MHz CPU AR9285 RF 32MDDR 8M FLASH（全新 RF 芯片） | |
| 频段和信道 | 2.3～2.7GHz；5MHz、10MHz、20MHz、40 MHz |
| RF 功率输出 | 26 dBm |
| 调制方式 | DBPSK、DQPSK、CCK、OFDM、16-QAM、64-QAM |

| 灵敏度 | 150M：-68 dBm@10% PER | |
| --- | --- | --- |
| | 108M：-68 dBm@10% PER | 54M：-68dBm@10% PER |
| | 130M：-68 dBm@10% PER | 108M：-68dBm@10% PER |
| | 54M：-68 dBm@10% PER | 11M：-85dBm@8% PER |
| | 6M：-88 dBm@10% PER | 1M：-90dBm@8% PER |

| 数据与工作参数 | |
| --- | --- |
| 自动速率选择 | 802.11n：6.5～144.44Mbit/s |
| | 802.11b：11/5.5/2/1Mbit/s |
| | 802.11g：108/54/48/36/24/18/12/9/6Mbit/s |
| 标准 | IEEE802.11n、IEEE802.11g、IEEE802.11b、IEEE 802.3u、IEEE 802.3af |
| 支持的协议 | CSMA/CA、TCP/IP、IPX/SPX、NetBEUI、DHCP、NDIS3、NDIS4、NDIS5 |

| 尺寸与环境性能 | | | |
| --- | --- | --- | --- |
| 环　　境 | | 物理性能 | |
| 重量 | 0.54 kg（包装） | 工作温度 | -30～65℃ |
| 网桥尺寸 | 225 mm × 190 mm × 90 mm | 储存温度 | -50～80℃ |
| 整体包装 | 320 mm × 250 mm × 100 mm | 湿度（非浓缩） | ≤95%（非凝结） |

### 3. 天线

WLAN 系统天线主要包括室外全向天线、室内全向吸顶天线、室内定向天线等。WLAN 系统天线选用，可根据不同的室内环境，根据具体应用场合和安装位置，结合不同楼体本身结构，尽可能不影响楼内装潢美观，选择适当的天线类型。

（1）室外全向天线

室外全向天线选用 15 dBi 玻璃钢全向天线，是无线路由器、无线网桥、无线 AP 信号增强专用天线。产品外观如图 4-1-3 所示。

室外全向天线性能参数如表 4-1-4 所示。

图 4-1-3　室外全向天线

表 4-1-4　室外全向天线

| 电性能指标 | |
| --- | --- |
| 型　　号 | VIEN-2400-15 |
| 工作频率/MHz | 2 400～2 483 |
| 增　　益/dBi | 15 |

| 电压驻波比 | ≤1.5 |
|---|---|
| 水平面波瓣宽度/（°） | 360° |
| 垂直面波瓣宽度/（°） | 10.5° |
| 极化方式 | 垂直极化 |
| 输入阻抗/Ω | 50 |
| 功率容量/W | 100 |
| 接头 | N头 |
| 雷电防护 | 直流接地 |
| 机械性能 | |
| 天线尺寸/mm | 1300×25 |
| 天线质量/kg | 1 |
| 支撑杆直径/mm | 30～50 |
| 天线罩材料 | 玻璃钢 |
| 工作温度/℃ | -40～60 |
| 抗　风　速/km/h | 241 |

（2）室内全向天线

水平方向全向天线如图 4-1-4 所示。

**任务实施**

**1. 安装规范**

（1）交换机的安装规范

- 交换机必须工作在清洁的环境中，应保持无灰尘堆积，以避免静电吸附而导致器件损坏。

- 交换机必须工作在室内温度 0～45℃、湿度 10%～90% 无凝结的环境中。

图 4-1-4　室内全向吸顶天线

- 交换机必须置于干燥阴凉处，四周都应留有足够的散热间隙，以便通风散热。

- 交换机必须有效接地（采用 6 mm² 或 16 mm² 地线），以避免静电损坏交换机和漏电造成人身伤害。

- 交换机必须避免阳光直射，远离热源和强电磁干扰源。

- 交换机必须接地，交换机的工作地、保护地尽可能的分开接，接地电阻低于 3 Ω。如果采用综合接地方式，接地电阻低于 1.0 Ω，接地线的截面应以承受最大电流值来确定，采用铜套线，不能采用裸铜线。

- 交换机必须用螺钉固定在交换机机柜内。

- 交换机电源插板放置于交换机机柜内，插入交换机上面的网线应绑扎美观。

（2）AP 的安装规范

- AP 安装必须符合工程设计要求。如果设备的安装位置需要变更，必须征得设计和建设单位的同意，并办理设计变更手续。

- 如果 AP 安装在弱电井内，则需做好防尘、防水、防盗等安全措施。
- 在安装 AP 的时候，要考虑以太网交换机与 AP 之间的距离限制。
- AP 安装位置便于工程施工和运行维护。
- AP 四周如有特殊物品，如微波炉等，建议至少远离此类干扰源 2～3 m。
- AP 上联方案：AP 与交换机/ONU（光网络单元）一般采用网线连接，理论传送距离为 100 m，通常建议网线不超过 80 m 为宜。在网线传送距离不足时，可采用光电转换设备。
- AP 供电方式：AP 通常采用 POE 供电方式，也可采用交流直接供电方式。POE 供电距离一般在 80 m 以内，一般可分为 POE 供电模块和 POE 交换机两种方式。POE 供电模块主要是配合普通交换机/ONU 使用，实际使用时应注意核算 POE 供电交换机总输出功率是否满足所连接多个 AP 的总功率要求。

（3）室内天线安装规范
- 室内天线安装位置、型号必须符合工程设计要求。
- 室内天线的安装需在符合设计要求的情况下尽可能不影响室内设计外观。
- 室内布放天线以信号覆盖为依据，具体天线分布位置以设计施工图样为依据。
- 室内天线安装时应保证天线的清洁干净。
- 挂墙式天线安装必须牢固、可靠，并保证天线垂直美观，不破坏室内整体环境。
- 吸顶式天线安装必须牢固、可靠，并保证天线水平。安装在天花板下时，应不破坏室内整体环境；安装在天花板吊顶内时，应预留维护口。
- 天线与吊顶内的射频馈线连接良好，并用扎带固定。
- 吸顶天线不允许与金属天花板吊顶直接接触，需要与金属天花板吊顶接触安装时，接触面间必须加绝缘垫片。
- 天线的上方应有足够的空间接馈线，连接天线的馈线接头必须用手拧紧，最后用扳手拧动的范围不能大于 1 圈，但必须保证拧紧。
- 需要固定件的天线，固定件捆绑所用扎带不可少于 4 条，要做到布局合理美观。安装天线的接头必须使用更多的防水胶带，然后用塑料黑胶带缠好，胶带做到平整、少皱、美观。

（4）室外天线安装规范
- 安装位置、型号必须符合工程设计要求。
- 天线安装必须牢固、可靠的固定在支撑物上。
- 天线周围沿主要覆盖方向不得有建筑物或大片金属物等物体遮挡。
- 全向天线必须向上安装且与地面保持垂直。
- 定向天线垂直和水平的辐射角度必须符合设计要求。
- 天线与馈线连接应紧密，无松动现象。

（5）五类线布放规范
- 五类线的绑扎：在管道内和吊顶内隐蔽走线位置绑扎的间距不应大于 40 cm，在管道开放处和明线布放时，绑扎的间距不应大于 30 cm。五类线必须用尼龙扎带牢固固定。
- 五类线应避免与强电、高压管道、消防管道等一起布放，确保其不受强电、强磁等源体的干扰。

- 对于不能在管道、走线井、吊顶、天花板内布放的五类线，应考虑安装在走线架上或套用PVC管。走线架或PVC管应尽可能靠墙布放并牢固固定；走线架或PVC管不能有交叉和空中飞线的现象。
- 单一五类线的纵向和横向布放长度不应超过90 m。如果实际单一部分长度大于90 m应修改设计，改用其他传输方式解决。
- 五类线与电源线平行铺设时，应满足隔离要求。

（6）光纤布放规范
- 光纤的布放必须按照设计文件（方案）的要求，且应整齐、美观，不得有扭曲、空中飞线等情况。
- 当光纤需要弯曲布放时，要求弯曲角保持圆滑，并符合相应曲率要求。
- 尾纤的布放必需套PVC管或波纹管，并用扎带固定。

（7）标签制作规范
WLAN系统中的每一个设备（如交换机、AP、合路器、功分器、干线放大器、天线和耦合器等）以及电源开关箱都要贴上明显标签，方便以后的管理和维护。

（8）信号覆盖强度测试要求
- 使用WLAN测试仪表或专用网卡，在目标覆盖区域内用笔记本式计算机通过测试软件进行覆盖电平测试。
- 每20 m²测试地点不应少于1个，测试点的选取应均匀分布，并且能够反映该区域的覆盖情况。
- 目标覆盖区域内95%以上位置，接收信号电平大于等于−80 dBm，重要区域接收信号电平大于等于−75 dBm。

2. **安装准备**

（1）安装工具
常用的安装工具如图4-1-5所示。

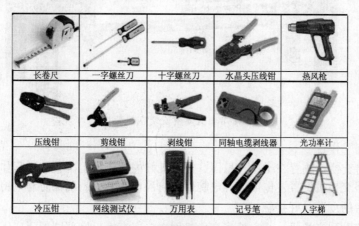

| | | | | |
|---|---|---|---|---|
| 长卷尺 | 一字螺丝刀 | 十字螺丝刀 | 水晶头压线钳 | 热风枪 |
| 压线钳 | 剪线钳 | 剥线钳 | 同轴电缆剥线器 | 光功率计 |
| 冷压钳 | 网线测试仪 | 万用表 | 记号笔 | 人字梯 |

图4-1-5 常用的安装工具

（2）WLAN网络工程常用的安装材料
安装材料包括：防水胶泥、防水胶带、扎带、线槽/线管、其他必要的材料等，常用的安装材料如图4-1-6所示。

图 4-1-6　常用的安装材料

### 3. H3C S1026E 交换机安装

（1）安装到 19 英寸标准机柜

检查机柜的接地与稳定性。用螺钉将安装挂耳固定在交换机前面板两侧，如图 4-1-7 所示。

图 4-1-7　交换机固定的位置

将交换机放置在机柜的一个托架上，沿机柜导槽移动交换机至合适位置。用螺钉将安装挂耳固定在机柜两端的固定导槽上，确保交换机稳定地安装在机柜槽位的托架上，如图 4-1-8 所示。

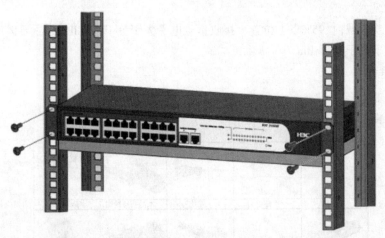

图 4-1-8　交换机安装在机架上

（2）安装到工作台

可以直接将交换机放置在干净、稳固、接地良好的工作台上。安装过程如下：

● 小心地将交换机倒置。佩戴防静电腕带或防静电手套，需确保防静电腕带已经接地并与佩戴者的皮肤良好接触。

● 安装胶垫贴到交换机，小心地将交换机倒置，在交换机底部圆形压印区域安装 4 个胶垫贴，如图 4-1-9（a）放置交换机到工作台，将交换机正置并平稳放置到工作台上，如图 4-1-9（b）所示，交换机左侧提供防盗锁孔，交换机安装到工作台后用户可选择使用防盗锁将交换机固定在工作台上，如图 4-1-9（c）所示。

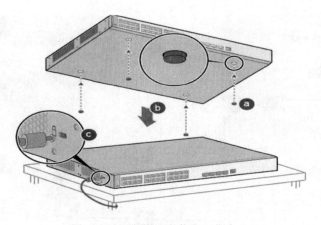

图 4-1-9　交换机安装在工作台上

（3）连接电源线

检查选用的电源与交换机标识的电源是否一致。将交换机电源线的一端插到交换机的交流电源插座上，另一端插到外部的供电交流电源插座上。检查交换机的电源指示灯（Power）是否变亮，灯亮则表示电源连接正确。

### 4. 接入点（Access Point，AP）安装

先在墙上打 4 个直径为 5 mm 左右的孔，间距为 120 0mm×275 mm 的长方形 4 个顶角。

在墙上所打的 4 个壁挂孔的大小及深度，请根据所选安装导管及螺钉的尺寸自行判断，需确保安装导管能够置入孔内，仅留安装导管外沿在墙外，且拧入螺钉后可以将螺钉紧固在墙上。

将安装导管置入孔内，并使安装导管外沿与墙面齐平。将壁挂用螺钉固定在墙壁或天花板上。将无线 AP 底面的 3 个孔对准壁挂上的 3 个定位柱扣紧，然后将 AP 背对壁挂螺钉方向拉 8 mm，如图 4-1-10 所示。将壁挂上的螺丝拧紧，直至顶到 AP 的测边孔上。

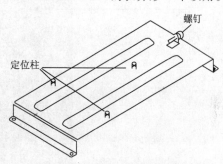

图 4-1-10　AP 的定位柱位置

### 5. WLAN 系统天馈线安装

WLAN 天线安装包括 AP 自带天线的安装和室内外天馈系统的安装，由于 AP 自带天线的安装较简单，按照天线安装规范安装即可。室内外天馈线的安装在 WLAN 施工过程中非常常见。AP 可通过分布系统与室内天线相连，完成对整个建筑的普遍覆盖，如图 4-1-11 所示。其中，定向吸顶天线和壁挂天线的增益较大，可用于大面积空间的覆盖，如大型会议室、酒店大厅等。

（1）室内天线的安装

若为挂墙式天线，必须牢固安装在墙上，保证天线特性，并且不破坏室内整体环境；若为吸顶式天线，可以固定安装在天花或天花吊顶下，保证天线特性，并且不破坏室内整体环境。

如果吊顶为石膏板或木质，可以将天线安装在天花吊顶内，但必须用天线支架牢固固定天线，在天线附近须留有检修口。安装后示意如图 4-1-12 所示。

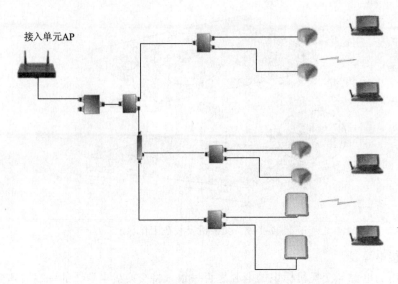

接入单元AP

图 4-1-11　WLAN 室内天馈系统

图 4-1-12　室内吸顶天线安装

（2）布放馈线

- 馈线布放要求整齐、美观，不得有交叉、扭曲、裂损现象。
- 馈线弯曲半径要求：1/2 馈线一次性弯曲半径≥70 mm，二次弯曲半径≥210 mm，7/8 馈线弯曲半径≥120 mm，二次弯曲半径≥360 mm。
- 馈线与跳线接头要接触良好，并作防水处理；室内馈线接头要用胶带从馈线接头向馈线方向缠绕。
- 馈线要用扎带、卡码或走线梯、馈线夹牢固固定，严禁馈线沿建筑物避雷线捆扎。
- 馈线不允许与强电高压管道和消防管道一起布放走线，确保无强电、强磁的干扰。
- 在业主有特殊要求的区域，馈线可使用 PVC 管、镀锌管、线槽等。要求所有走线管、槽布放整齐、美观，其转弯处要使用软管或转弯接头连接。
- 走线管宜靠墙或天面布放，并用扎带、吊杆、角钢等进行牢固固定，固定间距为 1～1.5 m。

- 馈线穿墙孔应用防水、阻燃的材料进行密封。
- 馈线接头与主设备、天线、耦合器、功分器连接时，距离馈线接头必须保持 50 mm 长的馈线，以满足馈线转弯需求。
- 馈线接头与主设备、天线、耦合器、功分器连接时，必须连接可靠，接头进出顺畅。
- 馈线的长度小于 10 m 时，在入馈线窗前的一处馈线接地；馈线的长度在 10～60 m，做两点接地，位置分别在离开天线 1 m 范围内和进入馈线窗前 1 m 范围内；馈线长度超过 60 m 的，则需要在馈线中间部分增加一处接地点，共需要三处馈线接地；如图 4-1-13 所示。

图 4-1-13　馈线的布放工艺

（3）电源线的布放
- 电源线：设备火线、零线、地线相对应，不能反接。
- 进机架电源线不能和其他电缆捆扎在一起。
- 不能在弱电井中穿电源线，电源线必须走线槽或铁管，要保持良好的接地。
- 电源线要求套管布放（走线架、槽例外），并正确注明标签，如图 4-1-14 所示。

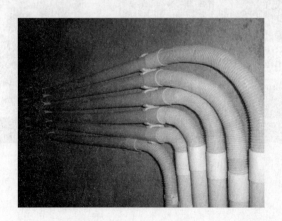

图 4-1-14　电源线的布放

（4）地线的布放

- 设备保护接地、馈线、天线支撑件的接地点应分开，并要求接触良好，不得有松动现象。
- 所有接地线应做好固定，加固间距为 0.3 m，如图 4-1-15 所示。
- 每根地线必须有标识，注明地线类型。

图 4-1-15　地线的布放

（5）标签制作

- 所有设备都要粘贴标签。
- 所有连到设备的连线都要粘贴标签，并注明该连线的起始点和终止点。
- 标签内容需准确、清晰。
- 馈线要在适当位置粘贴标签，且必须使用防水标签。
- 标签使用专用的打印机打印，不得手写。
- 标签应贴在设备、器件、馈线、五类线、电源线正视面。
- 为防止标签脱落，应使用透明防水胶带密封。

常见的 WLAN 工程标签如图 4-1-16 所示。

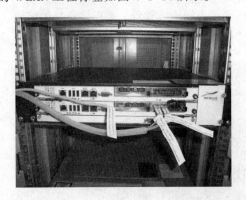 

图 4-1-16　常见的 WLAN 工程标签

 **任务单**

任务实施过程中的相关任务单如表 4-1-5 所示。

表 4-1-5　任　务　单

| 项　　目 | 项目 4　WiMAX 和 WLAN 施工 | | 学　　时 | 16 |
|---|---|---|---|---|
| 工作任务 | 任务 4-1　WLAN 系统安装 | | 学　　时 | 8 |
| 班　　级 | | 小组编号 | 成员名单 | |
| 任务描述 | 各小组根据任务要求完成 WLAN 系统的安装工作，并根据需要制作相关线缆及布线；<br>通过对工程安装的训练，了解工程安装准备工作、硬件安装的流程及相关操作，能进行设备的安装和线缆的制作及标签制作等 | | | |
| 工作内容 | （1）安装准备：<br>● 了解 WLAN 系统各部分组成；<br>● 熟悉 WLAN 系统中各部分硬件安装规范；<br>● 按照 WLAN 系统安装准备工作了解相关工具及仪表。<br>（2）WLAN 设备安装：<br>● 按照安装规范，进行交换机安装；<br>● 按照安装规范，进行 AP 安装；<br>● 按照安装规范，进行天馈线安装。<br>（3）线缆、标签制作及布线：<br>● 按照安装规范，制作并连接相关的线缆；<br>● 按规范进行电缆和尾纤的布线；<br>● 制作并粘贴标签 | | | |
| 注意事项 | （1）爱护 WLAN 实训设备；<br>（2）按规范操作使用仪表，防止损坏仪器仪表；<br>（3）注意用电安全；<br>（4）各小组按规范协同工作；<br>（5）按规范进行设备的安装操作，防止损坏设备；<br>（6）做好安全防范措施，防止人身伤害；<br>（7）工程施工时，采取相应措施防范环境污染；<br>（8）避免材料的浪费 | | | |
| 提交成果、<br>文件等 | （1）学习过程记录表；<br>（2）材料检查记录表、安装报告；<br>（3）学生自评表；<br>（4）小组评价表 | | | |
| 完成时间<br>及签名 | | | 责任教师： | |

练习题

一、简答题

1. 简述 WLAN 系统由哪几部分组成，各有什么作用。

2. 简述 WLAN 系统安装准备的工作内容有哪些。

3. 简述 AP 安装中的注意事项有哪些。

项目 4　WiMAX 和 WLAN 施工

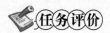

4. 简述交换机在机柜内的安装步骤。

5. 简述 AP 的安装步骤。

6. WLAN 系统测试指标有哪些？

二、填空题

1. H3C S1026E 24 口以太网交换机一般要进行机柜安装，必须安装在（    ）机柜内。

2. 常用的 WLAN 接入单元主要由（    ）和（    ）两种类型。

3. 在进行单一五类线布放时总体长度不能超过（    ）米。

4. 在进行室内 WLAN 覆盖建设时，常用到的无源器件有（    ）、（    ）、（    ）、（    ）及合路器等组成。

三、实践操作题

参照现有 WLAN 设备的安装步骤及方法，对 WLAN 设备进行安装并写出安装报告。

**任务评价**

本任务评价的相关表格如表 4-1-6、表 4-1-7、表 4-1-8 所示。

### 表 4-1-6　学生自评表

| 项目 4 | WiMAX 和 WLAN 施工 | | | | |
|---|---|---|---|---|---|
| 任务名称 | 任务 4-1　WLAN 系统安装 | | | | |
| 班　级 | | | 组　名 | | |
| 小组成员 | | | | | |

| 自评人签名： | | 评价时间： | | | |
|---|---|---|---|---|---|
| 评价项目 | 评价内容 | 分值标准 | 得　分 | 备　注 | |
| 敬业精神 | 不迟到、不缺课、不早退；学习认真，责任心强；积极参与任务实施的各个过程；吃苦耐劳 | 10 | | | |
| 专业能力 | 了解正确的安装流程、安装环境检查要点 | 10 | | | |
| | 了解安装前要做的准备，包括资料和工具 | 10 | | | |
| | 掌握交换机、AP、天馈线的安装方法 | 10 | | | |
| | 掌握电缆、光纤、电源线的安装与走线 | 10 | | | |
| | 了解设备接地规范和操作方法 | 10 | | | |
| | 掌握标签制作和使用方法 | 10 | | | |
| 方法能力 | 工具仪表的使用；信息、资料的收集整理能力；制定学习、工作计划能力；发现问题、分析问题、解决问题的能力 | 15 | | | |
| 社会能力 | 与人沟通能力；组内协作能力；安全、环保、责任意识 | 15 | | | |
| 综合评价 | | | | | |

表 4-1-7　小组评价表

| 项目 4 | WiMAX 和 WLAN 施工 | | | | | | |
|---|---|---|---|---|---|---|---|
| 任务名称 | 任务 4-1 WLAN 系统安装 | | | | | | |
| 班　级 | | | | | | | |
| 组　别 | | | | 小组长签字： | | | |
| 评价内容 | 评 分 标 准 | | 小组成员姓名及得分 | | | | |
| 目标明确程度 | 工作目标明确、工作计划具体结合实际、具有可操作性 | 10 | | | | | |
| 情感态度 | 工作态度端正、注意力集中、积极创新，采用网络等信息技术手段获取相关资料 | 15 | | | | | |
| 团队协作 | 积极与组内成员合作，尽职尽责、团结互助 | 15 | | | | | |
| 专业能力要求 | 掌握正确的安装流程、安装环境检查要点；<br>掌握安装前要做的准备，包括资料和工具；<br>掌握交换机、AP、天馈线的安装方法；<br>掌握电缆、光纤、电源线的安装与走线；<br>了解设备接地规范和操作方法；<br>掌握标签制作和使用方法 | 60 | | | | | |
| 总分 | | | | | | | |

表 4-1-8　教师评价表

| 项目 4 | WiMAX 和 WLAN 施工 | | | | |
|---|---|---|---|---|---|
| 任务名称 | 任务 4-1 WLAN 系统安装 | | | | |
| 班　级 | | 小组 | | | |
| 教师姓名 | | 时间 | | | |
| 评价要点 | 评 价 内 容 | 分 值 | 得　分 | 备注 | |
| 资讯准备<br>(10分) | 明确工作任务、目标 | 1 | | | |
| | 明确设备安装前需要做哪些准备工作 | 1 | | | |
| | 硬件安装应遵循怎样的流程 | 1 | | | |
| | 硬件安装应遵循怎样的流程 | 1 | | | |
| | WLAN 局域网常见的组网设备有哪些 | 1 | | | |
| | 交换机有哪些安装方式 | 0.5 | | | |
| | AP 接入单元的布放有哪些要求 | 0.5 | | | |
| | 室内分布系统馈线布放原则 | 1 | | | |
| | 各种线缆（电源线、网线、光纤、接地线线）布放原则 | 1 | | | |
| | 工程标签在系统中的作用有哪些 | 1 | | | |
| | WLAN 系统测试应注意哪些内容 | 1 | | | |

项目 4

WiMAX 和 WLAN 施工

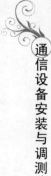

续表

| 评价要点 | 评 价 内 容 | 分 值 | 得　分 | 备注 |
|---|---|---|---|---|
| 实施计划<br>(20分) | 检查机房施工环境和设备安装准备 | 5 | | |
| | 详细了解各设备安装注意事项 | 5 | | |
| | 对组成WLAN系统中的交换机、AP接入单元和天馈线进行安装 | 5 | | |
| | 工程安装结束后进行相关标签制作 | 5 | | |
| 实施检查<br>(40分) | 根据各设备的安装要求,对安装环境进行检查,确认机房环境满足工程要求 | 10 | | |
| | 检查安装准备工作,如仪器仪表、馈线辅材等 | 10 | | |
| | 根据安装规范,完成各部件单元的安装 | 10 | | |
| | 制作工程标签 | 10 | | |
| 展示评价<br>(30分) | 提交的成果材料是否齐全 | 10 | | |
| | 是否充分利用信息技术手段或较好的汇报方式 | 5 | | |
| | 回答问题是否正确,表述是否清楚 | 5 | | |
| | 汇报的系统性、逻辑性、难度、不足与改进措施 | 5 | | |
| | 对关键点的说明是否翔实,重点是否突出 | 5 | | |
| 合计 | | | | |

## 任务 4-2 WiMAX 一体化单元安装调试

### 任务描述

本任务是 WiMAX 一体化单元设备的安装环节。主要依据硬件安装工程师、安装调测工程师等岗位在传输网安装开通工程中的典型任务和操作技能要求而设置,通过教学让学生掌握 WiMAX 一体化单元安装调试方法。具体的任务目标和要求如表 4-2-1 所示。

表 4-2-1　任 务 描 述

| 任务目标 | （1）了解 WiMAX 的工作原理;<br>（2）掌握 WiMAX 优势与劣势;<br>（3）了解 WiMAX 一体化单元调试前需要做的准备工作;<br>（4）掌握 A、B 端设备怎么安装;<br>（5）学会查看 A、B 端口设备连接质量;<br>（6）学会对 WiMAX 信号进行调试 |
|---|---|
| 任务要求 | （1）掌握 WiMAX 优势与劣势;<br>（2）了解 WiMAX 一体化单元调试前需要做的准备工作;<br>（3）掌握 A、B 端设备怎么安装;<br>（4）学会查看 A、B 端口设备连接质量;<br>（5）学会对 WiMAX 信号进行调试 |

| 注意事项 | （1）爱护实训工具；<br>（2）按规范安装调试 WiMAX 一体化单元；<br>（3）注意用电安全；<br>（4）各小组按规范协同工作；<br>（5）做好安全防范措施，防止人身伤害；<br>（6）避免材料的浪费 |
|---|---|
| 建议学时 | 8 学时 |

**相关知识**

### 1. WiMAX 基础知识

WiMAX（Worldwide Interoperability for Microwave Access，即全球微波互联接入）又称 802.16 无线城域网或 802.16，它是一项无线宽带接入技术，能提供面向互联网的高速连接，数据传输距离最远可达 50 km。WiMAX 还具有 QoS 保障、传输速率高、业务丰富多样等优点。

WiMAX 是又一种为企业和家庭用户提供"最后一公里"的宽带无线连接方案。该技术以 IEEE 802.16 的系列宽频无线标准为基础。

（1）WiMAX 工作原理

WiMAX 曾被认为是最好的一种接入蜂窝网络，让用户能够便捷地在任何地方连接到运营商的宽带无线网络，并且提供优于 Wi-Fi 的高速宽带互联网体验。用户还能通过 WiMAX 进行订购或付费点播等业务，类似于接收移动电话服务。

WiMAX 是一种城域网（MAN）技术。运营商部署一个信号塔，就能得到数英里的覆盖区域，覆盖区域内任何地方的用户都可以立即启用互联网连接。和 Wi-Fi 一样，WiMAX 也是一个基于开放标准的技术，它可以提供消费者所希望的设备和服务，它会在全球经济范围内创造一个开放而具有竞争优势的市场。

（2）主要构成

- 传输单元：因为 WiMAX 有互联网传输的背景，所以 WiMAX 网络使用的做法类似于移动电话。把某一定地理范围分成多个重叠的区域，这个重叠的区域称为单元。每一个单元提供覆盖范围为用户在该邻域。当用户设备从一个单元到另一个时，无线连接也顺延地从一个单元过渡到另一个单元。
- 主要设备：WiMAX 网络包括两个主要组件：一个基站和用户设备。WiMAX 基站安装在一个立式或高楼，目的是为了广播此无线信号。用户接收到信号，然后启动笔记本式计算机上的 WiMAX 功能，或 MID（Mobile Internet Device），或者 WiMAX 调制解调器。

（3）应用范围

WiMAX 标准支持移动、便携式和固定服务。这使无线供应商可以提供宽带互联网访问给相对不发达，但是有电话和电缆接入的公司。在 WiMAX 部署中，服务提供商提供客户端设备（CPE），作为无线 Modem，以适应各种不同的特定位置，如家庭、网吧或办公室。WiMAX 也适合新兴市场，使经济不太发达的国家或城市也能提供高速互联网体验。

项目 4 WiMAX 和 WLAN 施工

（4）优缺点

① WiMAX 五大优势：WiMAX 之所以能掀起大风大浪，显然是有自身的许多优势。而各厂商也正是看到了 WiMAX 的优势所可能引发的强大市场需求才对其抱有浓厚的兴趣。

- 实现更远的传输距离。WiMAX 所能实现 50 km 的无线信号传输距离是无线局域网所不能比拟的，网络覆盖面积是 3G 发射塔的 10 倍，只要少数基站建设就能实现全城覆盖，这样就使得无线网络应用的范围大大扩展。

- 提供更高速的宽带接入。据悉，WiMAX 所能提供的最高接入速度是 70 Mbit/s，这个速度是 3G 所能提供的宽带速度的 30 倍。对无线网络来说，这的确是一个惊人的进步。

- 提供优良的最后一公里网络接入服务。作为一种无线城域网技术，它可以将 Wi-Fi 热点连接到互联网，也可作为 DSL 等有线接入方式的无线扩展，实现最后一公里的宽带接入。WiMAX 可为 50 km 线性区域内提供服务，用户无须线缆即可与基站建立宽带连接。

- 提供多媒体通信服务。由于 WiMAX 较之 Wi-Fi 具有更好的可扩展性和安全性，从而能够实现电信级的多媒体通信服务。

- 从产业链来讲，WiMAX 有商用数据上网卡有商用手机（HTC Max 4G），并且还存在终端一致性测试的问题。所以，WiMAX 的产业链还需要经过像 TD-SCDMA 产业链的规模试验过程。

② WiMAX 三大劣势：

- 从标准来讲 WiMAX 技术是不能支持用户在移动过程中无缝切换。其速度只有 50 km，而且如果高速移动，WiMAX 达不到无缝切换的要求，跟 3G 的 3 个主流标准比，其性能相差是很远的。

- WiMAX 严格意义讲不是一个移动通信系统的标准，还是一个无线城域网的技术。另外，我国政府也组织了相关专家对此做了充分分析与评估，得出的结论是类似的。

- WiMAX 要到 802.16 m 才能成为具有无缝切换功能的移动通信系统。WiMAX 阵营把解决这个问题的希望寄托于未来的 16 m 标准上，而 16 m 的进展情况还存在不确定因素。

### 2. WiMAX 设备

本次实训设备 WiMAX 一体化单元采用北京弘正网络科技生产的 5.8 GHz 400 mW 150 Mbit/s 大功率 WiMAX 无线单元，在外配天线条件下支持 25 km 远距离传输。

HZ5000-R7 是一款工作在 5 GHz 频段下的 802.16x 高性能、高带宽、多功能、室外型电信级无线 WiMAX 设备。该设备单路射频输出，最大发射功率 26 dBm，最高带宽 150 Mbit/s。

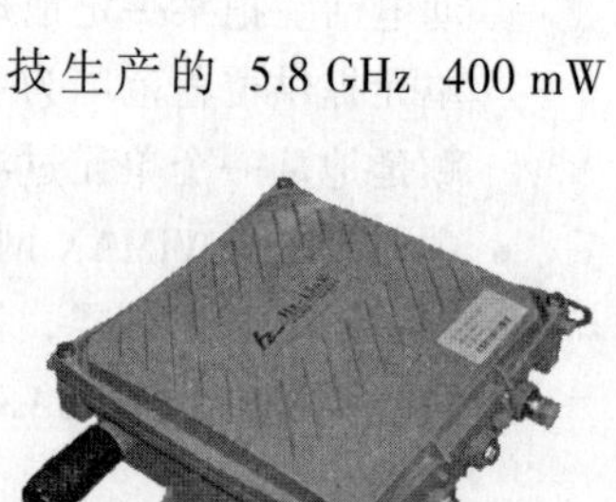

HZ5000-R7 支持非重叠频道多，抗干扰能力强，带宽高，可提供业内领先的高速无线联网解决方案。它具有接入点（AP）、网桥点对点（PTP）、点对多点（PTMP）、无线客户端（Station）、无线漫游（WDS）、虚拟 AP 等无线功能；安装快速方便，具有超强免维护特性。其设备如图 4-2-1 所示。

图 4-2-1　WiMAX 设备

表 4-2-2 所示为 WiMAX 一体化单元性能参数。

表 4-2-2　WiMAX 一体化单元性能参数

| 射　频 | |
|---|---|
| 频段 | IEEE16×5GHz |
| RF 功率输出(EIRP) | 26dBm |
| 灵敏度 | −88dBm@11Mbit/s PER < 8%; −74dBm @ 54Mbit/s PER < 10% |
| 调制方式 | DSSS，OFDM |
| 数据和工作参数 | |
| 自动速率选择 | IEEE802.16x |
| 数据链路自动复位 | 支持 |
| 支持的协议 | lNSTREMECSMA/CA、TCP/IP、IPX/SPX、NetBEUI、DHCP、NDIS3、NDIS4、NDIS5 |
| 管　理 | |
| 工作模式 | AP、Bridge、Station、Wds、Wds−station、Mesh |
| 设备复位 | 软件实现 |
| DHCP | 支持 DHCP Server/Client |
| 用户隔离 | 支持 |
| 站点及使用信道侦测 | 支持 |
| 接收电平显示 | 支持 |
| 安　全　性 | |
| MAC 地址控制 | 支持 |
| WEP 加密 | 40/104 bit WEP WPA pre−shared key |
| 802.1x | 支持 |
| 硬　件 | |
| LAN/WAN | RJ−45 |
| 电源 | PoE 24V |

### 3. 室外定向天线

5 800 MHz　90°　14d Bi 定向平板天线如图 4-2-2 所示。

产品特点：

- 中等增益、低驻波。
- 天线结构小巧，外形美观。
- 环境适应性好。
- 采用宽带技术设计。
- 5.8 GHz 工业、科学、医学( Industrial Scientific Medical，ISM ) 频段。
- 点对点和点对多点。

图 4-2-2　室外定向天线

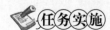（任务实施）

### 1. 安装规范

- 设备必须牢固安装在支撑架上，其高度和位置符合设计方案的规定。

- 设备与馈线之间接头处应采取防水措施。
- 设备支撑件应牢固，铁杆要垂直，横杆要水平，所有铁件材料都喷防锈漆等做防氧化处理。
- 要求所有连到设备的连线都要粘贴移动标签，并注明该连线的起始点和终止点。
- 标签应贴在器件、线缆的正视面。
- 为防止标签脱落，应使用透明防水胶带密封。
- 施工中要切实注意安全，带电操作要用专业人员，高空作业要系安全带，雷雨天不得在室外楼顶等高处施工。
- 安装中出现的问题及处理结果要有记录。
- 安装完毕必须清点工程材料，并填写材料清单。

2. **安装调试**

（1）工具准备

为保证整个设备安装的顺利进行，需要准备螺钉、螺丝刀、管子割刀、电工刀、钢丝钳等常用工程安装工具。

（2）调试前准备工作

所有的设备在通电之前必须先接天线（空载通电容易把设备烧掉），设备通过馈线连接到天线。所用网线线径必须满足或者是高于 0.5 mm，材质是纯铜线或无氧铜线（其他材质电阻比较大容易供电不足）。网线水晶头制作采用 568B 的做法（白橙、橙、白绿、蓝、白蓝、绿、白棕、棕）。建议在设备安装到基站塔等制高点之前，在地面对设备进行简单的测试，熟悉一下设备的操作和运作情况。

（3）设备调试

设备连接示意图如图 4-2-3 所示。

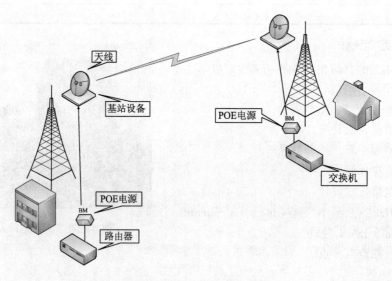

图 4-2-3　设备连接示意图

把两端设备和天线通过夹具固定在基站塔上面（外配天线设备），设备和天线通过馈线连接好，然后接上网线。

POE 供电模块有两个网线接口（一个是 Data In 一个是 Data Power Out），data in 口接到计算机、交换机、路由器上，Data Power Out 接到设备上。

调试计算机，把本地 IP 调整到 192.168.100.□（空格部分可以是 100～254 任意数字），子网掩码设置为 255.255.255.0，网关可以不填写。

● A 端设备安装：在计算机"运行"对话框中执行 cmd 命令，在打开的窗口中输入 ping 192.168.100.20 –t（根据设备上贴有的 IP 地址）出现如图 4-2-4 所示界面，证明已经 ping 通本地设备，设备连接好。

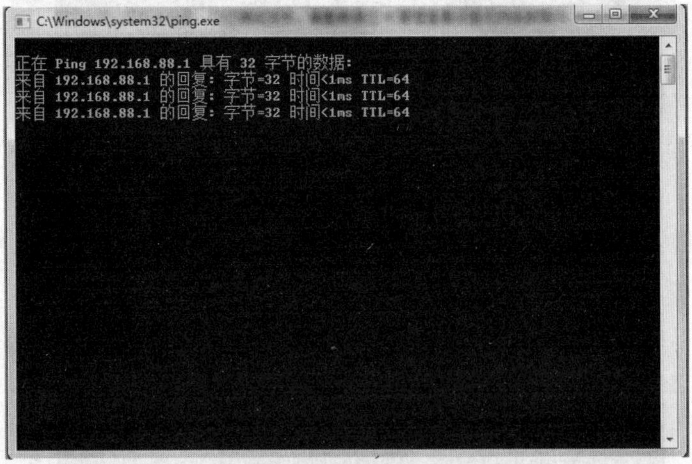

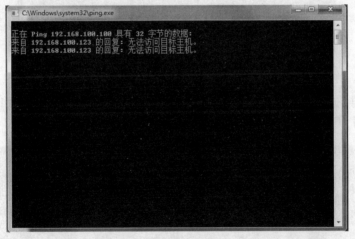

图 4-2-4　设备连接正常

如果出现如图 4-2-5 界面，证明设备没有接通，需检查网线水晶头是否压紧接通，或者是 POE 供电电源是否连接正确。

图 4-2-5　设备连接异常

● B 端设备安装：在计算机"运行"对话框中执行 cmd 命令，在打开的窗口中输入 ping 192.168.100.21 –t（根据设备上贴有的 IP 地址）如果出现如图 4-2-6 所示界面，证明设备已经调通。

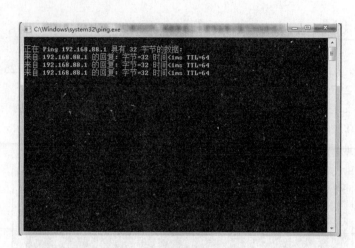

图 4-2-6　设备连接正常

如果出现如图 4-2-7 所示界面，证明设备没有接通。

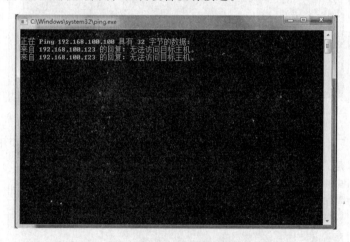

图 4-2-7　设备连接异常

- 设备管理界面。登录 A 端 WiMax 一体化单元，A 端设备管理 IP 地址为 192.168.100.20，登录账号为 admin，密码为 admin，如图 4-2-8 所示。

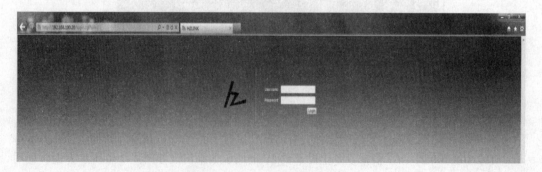

图 4-2-8　A 端口设备管理登录界面

登录配置界面后，可以通过查看信号强度来查看设备连接是否良好，信号强度越好说明无线环境传输质量越好。图 4-2-9 所示为登录后 A 端口设备管理界面。

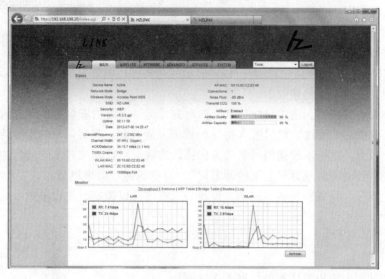

图 4-2-9　A 端口设备管理界面

单击右上角的 Tool 下拉菜单，选择 Signal Strength，弹出如图 4-2-10 界面，显示信号强度，后面的数值的绝对值越小越好（也就是说 -45 dBm 会好于 -65 dBm），一般这个数值小于70 可以稳定连接。

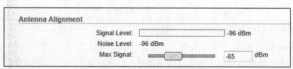

图 4-2-10　信号强度

B 端设备管理 IP 地址为 192.168.100.20　登录账号为 admin，密码为 admin。图 4-2-11 所示为 B 端设备管理界面。

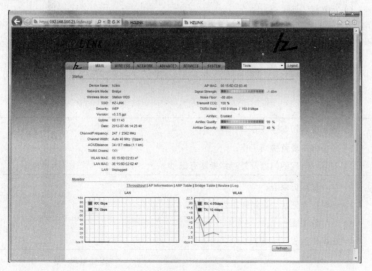

图 4-2-11　B 端设备管理界面

B端可以通过Signal Strength信号强度来观察，如图4-2-12所示。

图4-2-12　信号强度

信号强度后面的数值的绝对值越小越好（也就是说-45 dBm 会好于-65 dBm），一般这个数值小于 70 可以稳定连接。TX/TX Rate 表示的是实时传输带宽，TX 代表本端发送，RX 代表对端发射（也就是本地接收）。

两端基站架设完成后，两端天线分别指向对方（通过实际的安装判断对方的大概方向和高低位置）简单的固定天线，然后进入到 B 的管理界面观察。观察信号的实际传输带宽，如果 TX 数值比较大，证明本端指向另一端方向比较准确，可以调试对端的天线的方向角或者是俯仰角（左右转动方向或者是上下微调方向），直到达到一个理想值。

通过以上调节，设备安装基本完毕，设备和天线均可以锁定，然后做防水处理，所有连接部分必须做好防水处理。

### 任务单

任务实施过程中的相关任务单如表 4-2-3 所示。

表 4-2-3　任　务　单

| 项　　目 | 项目4　WiMAX 和 WLAN 施工 | | 学　　时 | 16 |
|---|---|---|---|---|
| 工作任务 | 任务 4-2　WiMAX 一体化单元安装调试 | | 学　　时 | 8 |
| 班　　级 | | 小组编号 | 成员名单 | |
| 任务描述 | 各小组根据任务要求完成 WiMAX 一体化单元安装调试工作；<br>　　通过对 WiMAX 一体化单元安装调试训练，了解 WiMAX 原理,掌握 WiMAX 优势与劣势；了解 WiMAX 一体化单元调试前需要做的准备工作；掌握 A、B 端设备安装方法,学会查看 A、B 端口设备连接质量，学会对 WiMAX 信号进行调试 | | | |
| 工作内容 | （1）安装调试准备：<br>● WiMAX 及实训设备基础知识学习；<br>● 准备安装调试所需要工具。<br>（2）安装调试过程：<br>● 固定设备，连接天线、网线；<br>● A 端设备安装；<br>● B 端设备安装；<br>● A 端设备管理；<br>● B 端设备管理；<br>● 信号调试 | | | |
| 注意事项 | （1）施工中要切实注意安全；<br>（2）各小组按规范协同工作；<br>（3）安装中出现的问题及处理结果要有记录 | | | |
| 提交成果、文件等 | （1）学习过程记录表；<br>（2）材料检查记录表、制作报告；<br>（3）学生自评表；<br>（4）小组评价表 | | | |
| 完成时间及签名 | | | 责任教师： | |

**练习题**

## 一、简答题

（1）简述 WiMAX 的工作原理。

（2）WiMAX 网络的主要组件有哪些？

（3）WiMax 有哪些优势与劣势？

（4）POE 供电模块有两个网线接口，两个接口分别与什么设备相连？

（5）A、B 端设备怎么安装？

（6）如何对 WiMax 信号进行调试？

## 二、填空题

（1）WiMAX 技术以（　　　）的系列宽频无线标准为基础。

（2）所有的设备在通电之前必须先接（　　　），设备通过馈线连接到天线。

（3）B 端 Signal Strength 信号强度，后面的数值的绝对值越（　　　）越好，一般这个数值小于 70 可以稳定连接。

## 三、实践操作题

参照现有 WiMAX 设备的安装调试方法，对 WiMAX 设备进行安装调试并写出安装报告。

 **任务评价**

本任务评价的相关表格如表 4-2-4、表 4-2-5、表 4-2-6 所示。

表 4-2-4　学生自评表

| 项目 4 | WiMAX 和 WLAN 施工 | | | | |
|---|---|---|---|---|---|
| 任务名称 | 任务 4-2　WiMAX 一体化单元安装调试 | | | | |
| 班　级 | | | | 组　名 | |
| 小组成员 | | | | | |
| 自评人签名： | | 评价时间： | | | |
| 评价项目 | 评价内容 | 分值标准 | 得　分 | 备　注 | |
| 敬业精神 | 不迟到、不缺课、不早退；学习认真，责任心强；积极参与任务实施的各个过程；吃苦耐劳 | 10 | | | |
| 专业能力 | 了解 WiMAX 的工作原理 | 10 | | | |
| | 掌握 WiMAX 优势与劣势 | 10 | | | |
| | 了解 WiMAX 一体化单元调试前需要做的准备工作 | 10 | | | |
| | 掌握 A、B 端设备安装方法和查看 A、B 端口设备连接质量 | 15 | | | |
| | 学会对 WiMAX 信号进行调试 | 15 | | | |
| 方法能力 | 信息、资料的收集整理能力；制订学习、工作计划能力；发现问题、分析问题、解决问题的能力 | 15 | | | |
| 社会能力 | 与人沟通能力；组内协作能力；安全、环保、责任意识 | 15 | | | |
| 综合评价 | | | | | |

项目 4

WiMAX 和 WLAN 施工

表 4-2-5 小组评价表

| 项目 4 | | WiMAX 和 WLAN 施工 | | | | | | |
|---|---|---|---|---|---|---|---|---|
| 任务名称 | | 任务 4-2 WiMAX 一体化单元安装调试 | | | | | | |
| 班级 | | | | | | | | |
| 组别 | | | | 小组长签字： | | | | |
| 评价内容 | 评 分 标 准 | | | 小组成员姓名及得分 | | | | |
| 目标明确程度 | 工作目标明确、工作计划具体结合实际、具有可操作性 | | 10 | | | | | |
| 情感态度 | 工作态度端正、注意力集中、积极创新，采用网络等信息技术手段获取相关资料 | | 15 | | | | | |
| 团队协作 | 积极与组内成员合作，尽职尽责、团结互助 | | 15 | | | | | |
| 专业能力要求 | 了解 WiMAX 的工作原理；<br>掌握 WiMAX 优势与劣势；<br>了解 WiMAX 一体化单元调试前需要做的准备工作；<br>掌握 A、B 端设备怎么安装；<br>学会查看 A、B 端口设备连接质量；<br>学会对 WiMAX 信号进行调试 | | 60 | | | | | |
| 总分 | | | | | | | | |

表 4-2-6 教师评价表

| 项目 4 | | WiMAX 和 WLAN 施工 | | | | |
|---|---|---|---|---|---|---|
| 任务名称 | | 任务 4-2 WiMAX 一体化单元安装调试 | | | | |
| 班 级 | | | 小 组 | | | |
| 教师姓名 | | | 时 间 | | | |
| 评价要点 | 评 价 内 容 | | 分 值 | 得 分 | 备 注 | |
| 资讯准备<br>（10 分） | 明确工作任务、目标 | | 1 | | | |
| | 明确实训前需要做哪些准备工作 | | 1 | | | |
| | WiMAX 的工作原理 | | 1 | | | |
| | WiMAX 优势与劣势 | | 1 | | | |
| | WiMAX 一体化单元调试前需要做的准备工作 | | 1 | | | |
| | A、B 端设备怎么安装 | | 2 | | | |
| | 查看 A、B 端口设备连接质量 | | 2 | | | |
| | WiMAX 信号进行调试 | | 2 | | | |
| 实施计划<br>（20 分） | 实训准备工作 | | 4 | | | |
| | 基础知识学习 | | 4 | | | |
| | 按规范正确安装调试 | | 4 | | | |
| | 安装调试 | | 8 | | | |

| 评价要点 | 评价内容 | 分值 | 得分 | 备注 |
|---|---|---|---|---|
| 实施检查<br>(40分) | 对制作工具进行检查，确保实训顺利进行 | 10 | | |
| | 基础知识学习 | 10 | | |
| | 按规范正确安装调试 | 10 | | |
| | 安装调试 | 10 | | |
| 展示评价<br>(30分) | 提交的成果材料是否齐全 | 10 | | |
| | 是否充分利用信息技术手段或较好的汇报方式 | 5 | | |
| | 回答问题是否正确，表述是否清楚 | 5 | | |
| | 汇报的系统性、逻辑性、难度、不足与改进措施 | 5 | | |
| | 对关键点的说明是否翔实，重点是否突出 | 5 | | |
| 合计 | | | | |

项目
4

WiMAX 和 WLAN 施工

## 项目⑤

→ **移动基站施工**

 **项目描述**

本项目以移动基站的安装、开通为载体，以基站开通过程中的典型工作任务为教学任务，通过本项目的学习，学生可了解基站相关知识、工程安装规范、工程安装前准备工作，掌握工程安装过程、工程测试等岗位技能。

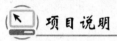 **项目说明**

本项目是移动通信网络建设的重要环节，具体包含3个子任务，分别是移动基站的安装与调测、基站天馈系统的安装、LTE基站开通调测。每一个具体的任务又分为不同的学习部分，各部分主要内容如下：

- 基础知识介绍：基站设备、天馈设备及测试设备。
- 安装注意事项：安装规范、人身安全等。
- 安装前准备：基站、天馈系统安装器材及辅助工具的准备。
- 安装过程：机柜安装、设备安装、天馈安装、线缆连接等。

本项目针对工程勘察工程师、设计工程师、硬件安装工程师、安装调测工程师、系统维护工程师、工程督导、网络优化工程师等岗位设计，通过典型工作任务的方式进行训练；本项目中所涉及的设备包括3G基站BBU+RRU设备、LTE基站、天线及相关测试设备等。

 **能力目标**

**专业能力：**

- 掌握移动基站系统、天馈系统和无线网络信号测试的基础理论。
- 掌握移动通信网络建设中的基站安装、天馈线安装步骤等。
- 无线网络测试能力。

**方法能力：**

- 能根据工作任务的需要使用各种信息媒体，独立收集、查阅资料信息。
- 能根据工作任务的目标要求，合理进行任务分析，制订小组工作计划，有步骤地开展工作，并做好各步骤的预期与评估。
- 能分析工作中出现的问题，并提出解决问题的方案。
- 能自主学习新知识、新技术应用到工作中。

**社会能力：**

● 具有良好的社会责任感、工作责任心、积极主动参与到工作中。

● 具有团队协作精神，主动与人合作、沟通和协商。

● 具备良好的职业道德，按工程规范、安全操作的要求开展工作。

● 具有良好的语言表达能力，能有条理地、概括地表达自己的思想、态度和观点。

## 任务 5-1　移动基站的安装与调试

### 任务描述

本任务的基站设备安装是移动通信工程建设中的核心部分。该任务依据硬件安装工程师、安装调测工程师等岗位在基站建设工程中的典型任务和操作技能要求而设置。本任务以华为 3900 基站的工程安装为载体，通过教学让学生掌握基站设备组成、安装规范、安装准备、基站 BBU、基站 RRU 的安装过程和技能等。任务的具体目标和要求如表 5-1-1 所示。

表 5-1-1　任 务 描 述

| | |
|---|---|
| 任务目标 | （1）了解基站安装规范；<br>（2）了解工程安装前要做的准备工作；<br>（3）掌握基站安装流程及相关操作；<br>（4）掌握安装环境检查的内容和方法；<br>（5）掌握安装所需的工具仪表的用途 |
| 任务要求 | （1）了解基站、直放站设备的基础知识；<br>（2）掌握基站安装前的准备工作内容；<br>（3）掌握华为 3900 基站的硬件安装操作 |
| 注意事项 | （1）爱护基站设备、机房其他设备等；<br>（2）按规范操作使用仪表，防止损坏仪器仪表；<br>（3）注意用电安全；<br>（4）各小组按规范协同工作；<br>（5）按规范进行设备的安装操作，防止损坏设备；<br>（6）做好安全防范措施，防止人身伤害；<br>（7）工程施工时，采取相应措施防范环境污染；<br>（8）避免材料的浪费 |
| 建议学时 | 8 学时 |

### 相关知识

本系统包含的移动基站实训平台，由 3G 移动基站和 LTE 基站组成。其中，3G 移动基站包含基带控制模块（BBU）和无线射频模块（RRU）如图 5-1-1 所示。

**1. 3G 基站 BBU**

BBU 3900 设备是分布式基站的基带处理单元，完成 NodeB 与 RNC（无线网络控制器）之间的信息交互。BBU 3900 基站可以分为 4 个子系统。

（1）传输子系统

● 提供与 RNC 的物理接口，完成 BBU 3900 系列化基站与 RNC 之间的信息交互。

项目 5　移动基站施工

· 为 BBU 3900 提供与 OMC（LMT 或 DOMC920）连接的维护通道。

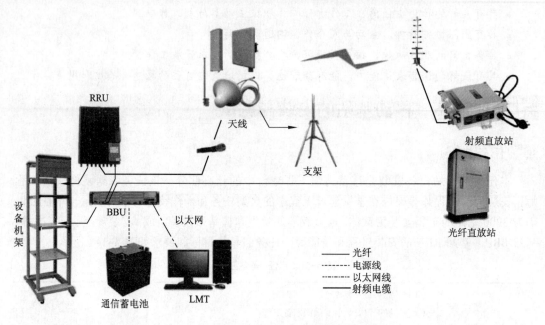

图 5-1-1　移动通信系统设备组网拓扑图

（2）基带子系统

完成上下行数据基带处理功能，主要由上行处理模块和下行处理模块组成。

· 上行处理模块：包括解调和解码模块。上行处理模块对上行基带数据进行接入信道搜索解调和专用信道解调，得到解扩解调的软判决符号，经过译码处理、FP（Frame Protocol）处理后，通过传输子系统发往 RNC。

· 下行处理模块：包括调制和编码模块。下行处理模块接收来自传输子系统的业务数据，发送至 FP 处理模块，完成 FP 处理，然后编码，再完成传输信道映射、物理信道生成、组帧、扩频调制等功能，最后将处理后的信号送至接口模块。

（3）控制子系统

· 集中管理整个分布式基站系统，包括操作维护和信令处理，并提供系统时钟。

· 操作维护功能包括：设备管理、配置管理、告警管理、软件管理、调测管理等。

· 信令处理功能包括：NBAP（NodeB Application Part）信令处理、ALCAP（Access Link Control Application Part）处理、SCTP（Stream Control Transmission Protocol）处理、逻辑资源管理等。

· 时钟模块功能包括：锁相 GPS 时钟，进行分频、锁相和相位调整，并为整个基站提供符合要求的时钟。

（4）电源模块

将-48 V DC 转换为单板需要的电源，并提供外部监控接口。

（5）BBU 3900 的结构

BBU 3900 采用 19 英寸盒式结构，高度为 2U，提供 8 种业务单板插槽、两个电源单板插槽、1 个风扇模块插槽。BBU 3900 外形如图 5-1-2 所示。

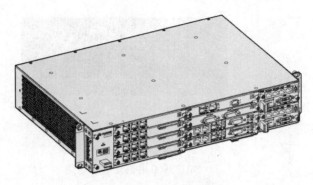

图 5-1-2　BBU 3900 外形

BBU 3900 的前面板共有 11 个槽位，除电源、风扇槽位，其他槽位可根据实际需求，配置不同的单板。BBU3900 面板如图 5-1-3 所示。

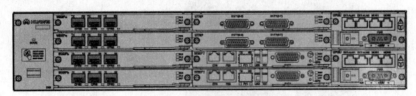

图 5-1-3　BBU 3900 面板

## 2．3G **基站** RRU

RRU3900 是分布式基站的无线射频单元，它是天线和 BBU 3900 之间的功能模块。RRU3900 支持 F 频段 1 880～1 915 MHz 和 A 频段 2 010～2 025 MHz 的双通路 RRU。负责接收和处理来自天线的信号，发送到基带处理单元，并负责将接收来自基带处理单元的信号，处理后通过天线发送出去。在接收方向上，负责接收和处理来自天线的信号，发送到基带处理单元。在发送方向上，负责将接收来自基带处理单元的信号，处理后通过天线发送出去。主要功能包括：

- 通过天馈接收射频信号，将接收信号下变频至中频信号，并进行放大处理、模/数转换、数字下变频、匹配滤波、DAGC（Digital Automatic Gain Control）后发送给 BBU 或宏基站进行处理。
- 接收上级设备（BBU 或宏基站）送来的下行基带数据，并转发级联 RRU 的数据，将下行扩频信号进行成形滤波、数模转换、射频信号上变频至发射频段的处理。
- 提供射频通道接收信号和发射信号复用功能，可使接收信号与发射信号共用一个天线通道，并对接收信号和发射信号提供滤波功能。每个 RRU 可以支持 1 个射频通道、4 个载波。

图 5-1-4　RRU3900 结构图

RRU 3900 结构图如图 5-1-4 所示。

RRU 3900 底部面板示意图如图 5-1-5 所示。

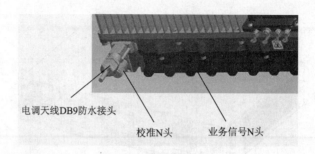

电调天线DB9防水接头　　校准N头　　业务信号N头

图 5-1-5　RRU 3900 底部面板示意图

RRU 3900 配线腔面板示意图如图 5-1-6 所示。

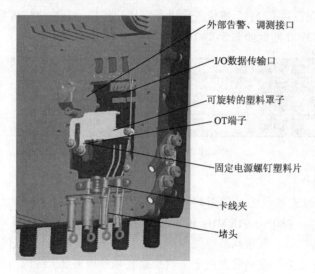

外部告警、调测接口

I/O数据传输口

可旋转的塑料罩子

OT端子

固定电源螺钉塑料片

卡线夹

堵头

图 5-1-6　RRU 3900 配线腔面板示意图

### 3. LTE 基站

本任务的 LTE 基站以大唐电信 EMB 5116 型 TD-LTE 基站为例进行介绍。EMB 5116 基站产品是一种为了适应多种可能的应用环境而开发的紧凑型基站产品，具有体积小，安装条件简单，支持挂墙、机柜等方式，配置灵活多样的特点，可用于室内分布应用及室外宏蜂窝应用。系统连接图室内部分如图 5-1-7 所示。系统连接图室外部分如图 5-1-8 所示。采用全兼容设计，可以和大唐移动通信设备有限公司其他 TD-SCDMA 基站产品一起为运营商提供丰富的组网应用。

（1）EMB 5116 主设备硬件组成

EMB 5116 产品分为室内和室外两部分，室内部分为 EMB 5116 主设备，室外部分是 GPS 系统、天线及远端射频单元 RRU。其中室内基站主设备为 EMB 5116 基站系统的核心部分，包含交换控制和传输单元（SCTA）、基带处理单元（BPOA），基带处理和 Ir 接口单元（BPIA），另外还包括背板（CBP）、风扇单元（FC）、环境监控单元（EMA）和电源单元（PSA）。硬件配置一般结构如图 5-1-9 所示。

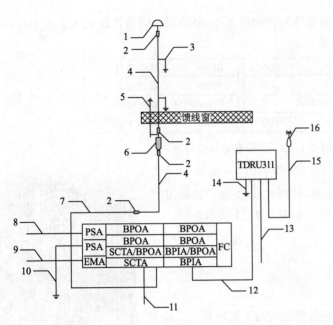

馈线窗
TDRU311
PSA
PSA
EMA
BPOA
BPOA
SCTA/BPOA
SCTA
BPOA
BPOA
BPIA/BPOA
BPIA
FC
1. GPS天线
2. 400型连接器
3. 400或600型馈线
4. 馈线接地套件
5. 避雷器接地套件
6. GPS避雷器
7. GPS下跳线
8. 主设备交、直流电源线
9. 26PIN环境监控线
10. 16平方黄绿接地线（M4-M8）
11. SCSI36PIN 75/120传输线
12. NB-RRU光纤
13. RRU电源线
14. 25平方接地线
15. 室内分布馈线
16. 室内分布天线


图 5-1-7　系统连接示意图（室内）

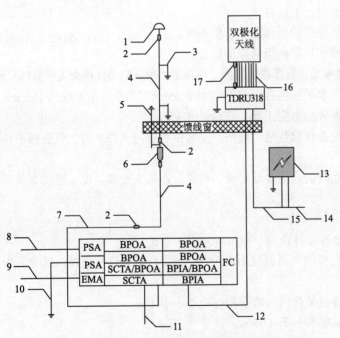

双极化天线
TDRU318
馈线窗
PSA
PSA
EMA
BPOA
BPOA
SCTA/BPOA
SCTA
BPOA
BPOA
BPIA/BPOA
BPIA
FC
1. GPS天线
2. 400型连接器
3. 400或600型馈线
4. 馈线接地套件
5. 避雷器接地套件
6. GPS避雷器
7. GPS下跳线
8. 主设备交、直流电源线
9. 26PIN环境监控线
10. 16平方黄绿接地线（M4-M8）
11. SCSI36PIN 75/120传输线
12. NB-RRU光纤
13. 直流防雷箱
14. 直流防雷箱输入电源线
15. RRU2×6平方电源线
16. 上跳线
17. 防水热缩套管


图 5-1-8　系统连接示意图（室外）

| | | | | | |
|---|---|---|---|---|---|
| PSA SLOT 11 | BPOA | SLOT 3 | BPOA | SLOT 7 | FC SLOT 8 |
| PSA SLOT 10 | BPOA | SLOT 2 | BPOA | SLOT 6 | |
| | SCTA/BPOA | SLOT 1 | BPIA/BPOA | SLOT 5 | |
| EMA SLOT 9 | SCTA | SLOT 0 | BPIA | SLOT 4 | |

图 5-1-9　主设备整体结构图

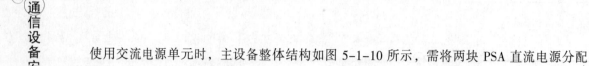

使用交流电源单元时，主设备整体结构如图 5-1-10 所示，需将两块 PSA 直流电源分配单元取下，安装一个交流分配单元。

| PSC | BPOA | SLOT 3 | BPOA | SLOT 7 | FC SLOT 8 |
|---|---|---|---|---|---|
|  | BPOA | SLOT 2 | BPOA | SLOT 6 |  |
|  | SCTA/BPOA | SLOT 1 | BPIA/BPOA | SLOT 5 |  |
| EMA SLOT 9 | SCTA | SLOT 0 | BPIA | SLOT 4 |  |

图 5-1-10　主设备整体结构图

（2）LTE 基站 RRU

LTE 基站的射频部分 RRU 与 3G 基站 RRU 类似，如果 3G 基站 RRU 符合 4G 频段可直接使用，如图 5-1-11 所示。

**任务实施**

**1. 基站室内部分的安装规范**

（1）机架安装

机架放置应按图施工，如遇特殊情况应与工程负责人、设计部门协商，做适当的修改，并做好书面记录。机架排列应按设计排列，若无设计要求时可参照以下执行：

图 5-1-11　TDRRU318 机箱

- 机架排列时应充分考虑机架摆放的合理性、整齐性、美观性、整个房间的整体性和扩容机架摆放的位置。
- 机架必须稳固地安装在底座上，有膨胀螺钉固定的机架必须做到手摇机架无明显摇晃感。
- 机架的前后左右应垂直、水平、垂直误差不应大于 3 mm，水平误差不应大于 2 mm。
- 机架外部漆饰应完好，各种标志应正确、清晰、齐全。
- 机架内设备板的安装：设备板的数量、规格、安装位置应与文件相符，设备板必须插接到位，且紧固螺钉。
- 机架内的连接线：各种连线的连接必须正确、可靠、连接头松紧适度、连线布放必须整齐美观。

（2）机架间距

按照设计要求，若无该项工程设计内容，则可参照以下要求：

- 机架无后开门时，机架后板距离墙面应不小于 0.1 m；机架有后开门时，机架后板距离墙面应不小于 0.8 m。
- 机架前部与墙间距、每排机架两侧与墙间距均应不小于 1 m。
- BTS 机架与电源架的间距应不小于 0.05 m。

（3）机架接地线

- 基站内部的接地线连到室内主接地排上，室内主接地排连接到外部的接地系统。
- 各机架应独立地分别连接到室内主接地排上，接地线线径应不小于 25 mm²，并建议使用黄绿色或黄色。
- 接地线的铜接头（铜鼻子）必须与连线和接地排连接牢靠、紧固，保持接地良好，并用保护壳、胶带或热缩套管封紧连接处。
- 接地线必须向地网方向顺向连接。

（4）室内走线架安装

- 走线架安装必须按照设计要求，距地面高度应不小于2.2m，距机架高度应不小于0.3 m。
- 若走线架超过 2 m，则必须安装垂直支架或吊架，支撑架间的距离应不大于 2 m。
- 走线架的安装必须连接牢固、可靠，走线架平面水平、整齐，支撑架垂直、美观，整体符合工程设计要求。

（5）室内电缆、信号线、控制线、电源线的布放要求

- 线缆的规格型号、数量应符合工程设计要求。
- 在电缆走道上应将信号线缆与电源线缆分开排放，从前至后依次为电源线、馈线、传输线，线缆不能纠缠纽结，并避免接触尖锐物体，各种走线应尽可能短。
- 所有线缆应垂直、整齐、下线按顺序。
- 线缆在电缆走道的每根横铁上均应绑扎，绑扎后的线缆应相互紧密靠拢（不同类的要分开），外观平直整齐，绑扎松紧适度。
- 线缆拐弯应均匀、圆滑一致，其弯曲半径应不小于 0.06 m。
- 线缆两端应有明确的标志。
- 开关电源的工作地线应不小于 95 mm$^2$，机架保护地线应不小于 35 mm$^2$，直流输出应不小于 35 mm$^2$。

## 2. 基站室外部分的安装规范

（1）天线的安装规范

- 天线安装位置和方向应按照设计文件要求进行：天线高度准确度为 ±2 m，天线安装的俯仰角准确度为 ±1°；全向天线应保持垂直，垂直误差应小于 ±2°。
- 天线安装应牢固、可靠，连接螺栓必须拧紧，不能有摇晃。
- 天线安装中不能破坏天线的电气性能；天线平面不能有弯曲、变形。
- 天线应安装在避雷针保护的区域内（为避雷针顶点下倾45°范围内）。
- 天线支架与连接体必须可靠牢固。
- 天线与天线跳线的连接要在地面事先完成并做好防水处理和粘贴好标签，然后再进行天线的安装；天线跳线必须沿支架进行固定绑扎，下垂部分尽量短，弯曲半径不小于 0.15 m。

（2）天馈线的安装规范

- 馈线安装必须排列整齐美观（有铁塔的地方必须安装在铁塔的内侧），安装后的馈线布放不能交叉，进入室内时应行、列整齐、平直，弯曲度一致；7/8 馈线的弯曲半径应不小于 0.4 m。
- 馈线安装时必须使用专用的馈线卡固定，室外间距不大于 0.8 m，室内不大于 0.6 m。
- 馈线的标签号必须与机架、天线对应的关系粘贴，标签排列应整齐美观，方向一致。
- 馈线进入室内的进入端应有明显的回水弯，入室口必须有馈线窗或封洞板，并用护套密封；馈线进入室内后应每个扇区排成一列，每列的排放次序一致。
- 7/8 馈线室外部分应有三点接地，室内部分应有一点接地。
- 馈线头的制作必须规范、无松动（制作应在地面完成），与跳线连接必须紧固；室外部分应做好防水处理，不能有裸露的金属。
- 馈线与天线、机架必须扇区连接正确。

项目 5 移动基站施工

### 3. 安装准备

（1）安装前的准备工作

在进行安装时，请务必按照安装手册所描述的步骤和方法进行操作。如果安装不当，会影响设备的正常工作乃至工程项目进展。

- 明确运营商需求的覆盖范围，保证覆盖质量。
- 明确运营商提供的信源基站小区位置和相关信息。
- 明确电源符合如下条件：

DAU：AC 155～285 V/（50±5）Hz、DC –72～–36 V(–48 V nominal)、DC +18～+36 V(+24 V nominal)。

DRU：AC 155～285 V/（50±5）Hz、DC –72～–36 V(–48 V nominal)，要求并确定电源接入点和驳接方式，必要时设置配电箱。

（2）电缆要求

电缆要求表 5-1-2 所示。

**表 5-1-2　电 缆 要 求**

| 电缆名称 | 电缆连接 | 用　途 | 标　识 |
|---|---|---|---|
| 同轴电缆 | N/M–N/M | 将来自基站方向直接耦合的电缆接至 DAU | |
| 同轴电缆 | N/M–N/M | 将来自用户方向用户天线的电缆接至 DRU | |
| RS232 电缆 | RS232 | DAU、DRU 本地联机 | |

（3）安装工具要求

安装工具要求如表 5-1-3 所示。

**表 5-1-3　安装工具要求**

| 工　具 | 用　途 | 备　注 |
|---|---|---|
| 冲击钻 | 自备，能钻 $\phi$10 mm 的孔 | |
| 开口活动扳手 | 自备，开口 12～20 mm | |
| 专用内六角扳手 | 自备，5.5 mm，开上下盖用 | |
| 专用内五角扳手 | 自备，5 mm，开窗口及拆风扇单元时用 | |
| 十字螺丝刀 | 自备 | |

### 4. 基站的 BBU 的安装

LTE 基站安装与 3G 基站安装方式基本一致，在这里主要介绍华为 3G 基站安装方式。

（1）基站 BBU 的安装过程

BBU 安装过程中的各种线缆的使用说明，如图 5-1-12 所示。

- E1 线用于连接 BBU 和 BSC。
- CPRI 接口光纤连接 BBU 和 RRU 的光模块。
- E1 防雷转接线连接 UELP 单板和 GTMU（主控传输单元）单板。
- BBU 电源线和 BBU 监控信号线连接 BBU 和对应的附属设备。
- 仅在 19 英寸机架中安装 BBU 时，需要安装 BBU 保护地线，用于保证 BBU 的良好接地。

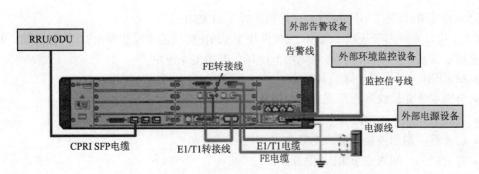

图 5-1-12　BBU 线缆连接说明

（2）安装 BBU 直流电源线（APM30）

直流电源线用于连接 BBU 面板上的 PWR 接口和 APM30 内的直流配电盒的直流输出接线端子 LOAD:接口。

- 将电源线的 7W2 电源连接器连接到 BBU 面板上的 PWR 接口，拧紧螺钉。
- 将电源线的两个 OT 端子(M4)连接到 APM30 内的直流配电盒上直流输出接线端子 LOAD:接口，（蓝色为负，黑色为正）拧紧螺钉。
- 沿 APM30 右侧的走线空间布放电源线，用线扣绑扎固定。

（3）安装 BBU E1/T1 线（APM30）

当配置 UELP 单板（BBU E1/T1 防雷单元）时，E1/T1 线用于连接通用 E1/T1 防雷单元（Universal E1/T1 Lighting Protection Unit，UELP）单板的 OUTSIDE 接口与 BSC 侧 E1/T1 传输接口。当未配置 UELP 单板时，E1/T1 线用于连接 GTMU 单板的 E1/T1 接口与 BSC 侧 E1/T1 传输接口。

- 将 E1/T1 线从右侧信号线走线口引入机柜。将 E1/T1 线连接到 UELP 单板或 GTMU 单板的接口上。
- 如果配置 UELP 单板，则将 E1/T1 线的 DB26 公型连接器连接到 UELP 单板的 OUTSIDE 接口，拧紧螺钉。
- 如果未配置 UELP 单板，则将 E1/T1 线的 DB26 公型连接器连接到 GTMU 单板的 E1/T1 接口，拧紧螺钉。
- 沿 APM30 右侧的走线空间布放 E1/T1 线，用线扣绑扎固定，给 E1/T1 线粘贴标签。
- 在信号线走线口附近将 E1/T1 线的外皮剥去一小段（20～30 mm），露出屏蔽层，作接地处理。等到该线孔所有线缆都布放完毕，需使用密封泥进行密封处理。
- 用线扣将导电布和屏蔽层绑扎在一起，实现屏蔽层接地。

（4）安装 BBU E1 转接线

E1 转接线用于连接 UELP 单板的 INSIDE 接口和 GTMU 单板的 E1/T1 接口。此线缆为选配，在配置 UELP 单板进行 E1 防雷时，使用此线缆。

- 将 E1 转接线一端的 DB25 公型连接器连接到 UELP 单板的 INSIDE 接口，拧紧螺钉。
- 将 E1 转接线另一端的 DB26 公型连接器连接到 GTMU 单板的 E1/T1 接口，拧紧螺钉。
- 沿机柜内走线空间布放 E1 转接线，用线扣绑扎固定。

（5）安装 BBU 与 RRU 间的 CPRI 接口光纤（APM30）

CPRI 接口光纤用于连接 BBU GTMU 模块上 CPRI 接口的光模块和 RRU 面板 CPRI_W 接口的光模块。插入光模块时，必须先扣上拉环，再插入光模块。

- 给 CPRI 光纤两端粘贴色环标志。
- 分别取下光模块和光纤连接器上的防尘帽。
- 将光模块插入 GTMU 单板上的 CPRI 接口的光模块插座中。
- 将光纤一端的连接器插入光模块中。
- 将光纤另一端布放至 RRU 附近。
- 在 RRU 面板上 CPRI_W 接口的光模块插座中插入光模块。
- 分别取下光模块和光纤连接器上的防尘帽，沿 RRU 配线腔内的走线路由布放光纤。
- 将光纤另一端的连接器插入 RRU 面板上的光模块中。
- 给光纤粘贴工程标签。

（6）安装 BBU FE 接口信号线

BBU FE 接口信号线用于连接 GTMU 单板上 FE0 接口和机房内的路由设备的以太网口。此线缆为选配，在选用网线方式与 BSC 进行通信时，使用此线缆。

（7）安装 BBU 调试线缆（只在现场工程师使用近端维护时使用）

BBU 的调测线缆一端连接于 GTMU 单板的 ETH 接口，一端连接调试计算机。

### 5. 基站 RRU 安装

RRU 线缆连接关系如图 5-1-13 所示。

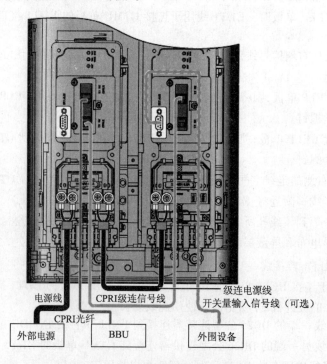

图 5-1-13　RRU 线缆连接关系图

（1）安装 RRU 保护地线

- 将 RRU 3004 机框内的两个 RRU 模块用级连保护地线相连，再从其中一个 RRU 模块上将保护地线引至外部接地排。
- 级连保护地线两端为 M6 双孔 OT 端子。
- 保护地线接 RRU 一端为 M6 双孔 OT 端子，接至外部接地排的一端为 M8 双孔 OT 端子。

（2）安装 RRU 电源线

- 将 RRU 3004 机框内的两个 RRU 模块用级连电源线相连，再从其中一个 RRU 模块上将电源线引至外部电源输入设备。电源线两端都制作 OT 端子。
- 将级连电源线两端和外部输入电源线一端的外护套和屏蔽层剥开，为蓝色-48V 电源线和棕色电源地线制作 OT 端子。
- 用十字螺丝刀将两个 RRU 模块配线腔内标识有 RTN(+)和 NEG(-)的电源接线柱拧松。
- 将级连电源线的棕色线芯和蓝色-48 V 线芯的 OT 端子分别对应两个 RRU 模块上标识有 RTN(+)和 NEG(-)的电源接线柱固定，并将两线芯外的屏蔽层固定在接地紧固件上。

（3）制作外部输入电源线

- 一端连接 RRU 配线腔内，制作方法与级联电源线相同；一端与直流供电设备相连。
- 关上配线腔内的白色塑料盖板。

注意：当采用直流电源线为 RRU 提供外部电源输入时，直流电源线必须为屏蔽电源线。否则，存在雷击损坏设备的风险。

（4）安装 RRU CPRI 级连信号线

CPRI 级连信号线用于连接两个 RRU 模块的 CPRI 接口，传递两个 RRU 模块之间的 CPRI 信号。

- 将线缆的一端插入 RRU 模块配线腔中的 CPRI_E 接口。
- 除去配线腔导线槽中的防水胶棒，使线缆另一端沿配线腔的导线槽出线并布放至另一个 RRU 模块。
- 将线缆的另一端插入另一个 RRU 模块配线腔中的 CPRI_W 接口。

（5）安装 RRU 的射频跳线

射频跳线分为天馈跳线和外部互连跳线。根据实际情况，天馈跳线可以连接到馈线上，也可以直接连接到天线上。外部互连跳线用于连接两个 RRU 模块 RX_IN/OUT 接口，实现射频信号的互连。

RRU 与天线之间的线缆配置原则如表 5-1-4 所示。

表 5-1-4　RRU 与天线之间的线缆配置原则

| 频段 | 间　距 | 线　缆　配　置 |
| --- | --- | --- |
| 900 MHz | $L \leqslant 10m$ | 1/2 英寸跳线 |
| | $10m \leqslant L \leqslant 40m$ | 1/2 英寸跳线 + 7/8 英寸馈线 + 1/2 英寸跳线 |
| 1 800 MHz | $L \leqslant 10m$ | 1/2 英寸跳线 |
| | $10m \leqslant L \leqslant 30m$ | 1/2 英寸跳线 + 7/8 英寸馈线 + 1/2 英寸跳线 |

对于不同的 RRU 组网配置情况，射频跳线配置数量及与 RRU 的对应连接端口参见 RRU 射频配线方式。操作步骤如下：

- 用天馈跳线连接天线与 RRU。每个射频接口出厂默认带有防水盖，如果在运输过程中脱落且该射频接口不使用，请先将防水盖盖上，再进行防水密封处理。
- 用天馈跳线连接馈线与 RRU。
- 用外部互连跳线连接两个 RRU 模块。分别拆下两个 RRU 模块底部 RX_IN/OUT 接口上的防水盖。将外部互连跳线两端的 DB2W2 型连接器分别连接到两个 RRU 模块底部的 RX_IN/OUT 接口上，并用螺丝刀拧紧连接器上的螺钉。

（6）安装 RRU 开关量输入信号线

开关量输入信号线用于连接 RRU 模块配线腔内 EXT_ALM/FAN 接口与外围设备的开关量信号接口，实现 RRU 对外部信号的监控。

任务单

任务实施过程中的相关任务单见表 5-1-5 所示。

表 5-1-5 任 务 单

| 项 目 | 项目 5 移动基站施工 | | 学 时 | 24 |
|---|---|---|---|---|
| 工作任务 | 任务 5-1 移动基站的安装与调试 | | 学 时 | 8 |
| 班 级 | | 小组编号 | 成员名单 | |
| 任务描述 | 各小组根据任务要求完成华为 3900 基站、数字光纤直放站、LTE 基站的安装工作，并根据需要制作相关线缆及布线；<br>通过对工程安装的训练，了解基站的施工规范、工程安装准备工作；掌握硬件安装的流程及相关操作 | | | |
| 工作内容 | （1）基站安装基础知识学习：<br>● 了解基站的组成部分及各部分功能；<br>● 了解基站施工规范。<br>（2）安装准备：<br>● 按照规范，检查安装环境，记录相关数据；<br>● 按照规范，准备安装过程中所需的全部材料及工具仪表。<br>（3）基站安装：<br>● 按照安装规范，华为 3900 基站及 LTE 基站的 BBU 和 RRU 的安装；<br>● 按照安装规范，对数字光纤直放站进行安装；<br>● 按照安装规范，对数字光纤直放站进行安装 | | | |
| 注意事项 | （1）爱护基站设备、机房其他设备等；<br>（2）按规范操作使用仪表，防止损坏仪器仪表；<br>（3）注意用电安全；<br>（4）各小组按规范协同工作；<br>（5）按规范进行设备的安装操作，防止损坏设备；<br>（6）做好安全防范措施，防止人身伤害；<br>（7）工程施工时，采取相应措施防范环境污染；<br>（8）避免材料的浪费 | | | |
| 提交成果、<br>文件等 | （1）学习过程记录表；<br>（2）材料检查记录表、安装报告；<br>（3）学生自评表；<br>（4）小组评价表 | | | |
| 完成时间<br>及签名 | | | 责任教师： | |

练习题

**一、简答题**

（1）华为 3900 基站的 BBU 设备主要功能是什么？由哪几个系统组成？

（2）华为 3900 基站的 RRU 设备主要功能是什么？

（3）简述工程安装中的环境检查包含哪些内容。

（4）简述安装准备的工作内容有哪些。

（5）华为基站 3900 的硬件安装流程是什么？

**二、填空题**

（1）在进行设备连接时 BBU 与 RRU 间用（　　　）线缆连接，E1 线是用来（　　　）和（　　　）间进行连接。

（2）机架无后开门时，机架后板距离墙面应不小于（　　　）；机架有后开门时，机架后板距离墙面应不小于（　　　）。

**三、实践操作题**

参照华为 3900 基站的安装步骤及方法，分别对基站进行安装并写出安装报告。

任务评价

本任务评价的相关表格如表 5-1-6、表 5-1-7、表 5-1-8 所示。

表 5-1-6　学生自评表

| 项目 5 | 移动基站施工 | | | | |
|---|---|---|---|---|---|
| 任务名称 | 任务 5-1　移动基站的安装与调试 | | | | |
| 班级 | | | 组　名 | | |
| 小组成员 | | | | | |

自评人签名：　　　　　　　　评价时间：

| 评价项目 | 评　价　内　容 | 分值标准 | 得　　　分 | 备　注 |
|---|---|---|---|---|
| 敬业精神 | 不迟到、不缺课、不早退；学习认真，责任心强；积极参与任务实施的各个过程；吃苦耐劳 | 10 | | |
| 专业能力 | 了解正确的安装流程、安装环境检查要点 | 5 | | |
| | 了解安装前要做的准备，包括资料和工具 | 10 | | |
| | 掌握机柜、机框、挂墙等的安装方法 | 10 | | |
| | 掌握华为基站 3900 的安装流程及相关操作 | 10 | | |
| | 掌握数字光纤直放站的安装流程及相关操作 | 10 | | |
| | 了解设备间的连线及接地规范 | 10 | | |
| | 掌握设备加电后的状态测试操作 | 5 | | |
| 方法能力 | 工具仪表的使用；信息、资料的收集整理能力；制定学习、工作计划能力；发现问题、分析问题、解决问题的能力 | 15 | | |
| 社会能力 | 与人沟通能力；组内协作能力；安全、环保、责任意识 | 15 | | |
| 综合评价 | | | | |

## 表 5-1-7 小组评价表

| 项目 5 | 移动基站施工 | | | | |
|---|---|---|---|---|---|
| 任务名称 | 任务 5-1 移动基站的安装与调试 | | | | |
| 班　　级 | | | | | |
| 组　　别 | | 小组长签字： | | | |
| 评价内容 | 评分标准 | | 小组成员姓名及得分 | | |
| 目标明确程度 | 工作目标明确、工作计划具体结合实际、具有可操作性 | 10 | | | |
| 情感态度 | 工作态度端正、注意力集中、积极创新，采用网络等信息技术手段获取相关资料 | 15 | | | |
| 团队协作 | 积极与组内成员合作，尽职尽责、团结互助 | 15 | | | |
| 专业能力要求 | 充分完成设备安装前的各项准备工作；<br>掌握设备的安装规范及注意事项；<br>正确掌握基站的各种安装方法；<br>正确掌握设备的各种线缆连接；<br>合理安排机房线缆的走线和布放；<br>掌握设备加电后的状态测试操作 | 60 | | | |
| 总分 | | | | | |

## 表 5-1-8 教师评价表

| 项目 5 | 移动基站施工 | | | |
|---|---|---|---|---|
| 任务名称 | 任务 5-1 移动基站的安装与调试 | | | |
| 班　　级 | | 小　组 | | |
| 教师姓名 | | 时　间 | | |
| 评价要点 | 评价内容 | 分值 | 得分 | 备注 |
| 资讯准备<br>(10分) | 明确工作任务、目标 | 1 | | |
| | 明确设备安装前需要做哪些准备工作 | 1 | | |
| | 硬件安装应遵循怎样的流程 | 1 | | |
| | 基站工作原理与硬件配置 | 1 | | |
| | 华为 3900 基站有哪些安装方式 | 1 | | |
| | 使用数字光纤直放站的优势及哪些安装方式 | 1 | | |
| | 基站设备间的连线要求、注意事项有哪些 | | | |
| | 各种线缆（电源线、网线、光纤、传输线）制作方法以及标签制作方法 | 1 | | |
| | 施工中如何保证设备安全和人身安全 | 1 | | |
| | 基站涉笔如何进行接地 | 1 | | |

| 评价要点 | 评 价 内 容 | 分 值 | 得 分 | 备 注 |
|---|---|---|---|---|
| 实施计划<br>(20 分) | 检查机房施工环境和设备安装准备 | 4 | | |
| | 华为 3900 基站设备安装 | 4 | | |
| | 数字光纤直放站设备安装 | 4 | | |
| | 连接各种设备线缆，包括传输线、网线、光纤、电源线等 | 4 | | |
| | 设备加电后的状态测试 | 4 | | |
| 实施检查<br>(40 分) | 根据机房设备安装要求，对机房环境进行检查，确认机房环境满足工程要求 | 5 | | |
| | 根据工程规划，对设备进行开箱验货，核对设备清单并记录相关数据 | 10 | | |
| | 根据基站勘查规划，安装设备基站主设备 | 10 | | |
| | 连接设备间的线缆，包括传输线、网线、光纤、电源线等 | 10 | | |
| | 设备加电进行状态测试 | 5 | | |
| 展示评价<br>(30 分) | 提交的成果材料是否齐全 | 10 | | |
| | 是否充分利用信息技术手段或较好的汇报方式 | 5 | | |
| | 回答问题是否正确，表述是否清楚 | 5 | | |
| | 汇报的系统性、逻辑性、难度、不足与改进措施 | 5 | | |
| | 对关键点的说明是否翔实，重点是否突出 | 5 | | |
| 合计 | | | | |

# 任务 5-2　基站天馈系统的安装

## 任务描述

　　本任务的天馈系统安装是移动通信基站建设中的重要组成部分，主要依据硬件安装工程师、安装调测工程师、网络优化工程师等岗位在移动通信网安装开通工程中的典型任务和操作技能要求而设置，该任务是移动通信网络基站建设中天馈系统的安装为载体。通过教学让学生掌握天馈系统基础知识、基站天馈系统安装规范、安装准备、安装技能等。具体的任务目标和要求如表 5-2-1 所示。

表 5-2-1　任 务 描 述

| 任务目标 | （1）了解天馈系统的组成和各部分功能；<br>（2）了解天馈系统的设计和安装要求；<br>（3）了解基站天馈系统工程安装前要做的准备工作；<br>（4）掌握天馈安装流程及相关操作；<br>（5）掌握线缆和标签制作；<br>（6）掌握天馈系统防雷安装方法；<br>（7）掌握安装所需的工具仪表的用途 |
|---|---|

续表

| | |
|---|---|
| 任务要求 | （1）了解材料检查、开箱验货的具体操作；<br>（2）掌握天馈系统的安装操作；<br>（3）学会馈线及跳线等制作；<br>（4）学会天馈防雷的安装方法 |
| 注意事项 | （1）爱护机房设备、天馈配件等；<br>（2）按规范操作使用仪表，防止损坏仪器仪表；<br>（3）注意用电安全；<br>（4）各小组按规范协同工作；<br>（5）按规范进行设备的安装操作，防止损坏设备；<br>（6）做好安全防范措施，防止人身伤害；<br>（7）工程施工时，采取相应措施防范环境污染；<br>（8）避免材料的浪费 |
| 建议学时 | 8 学时 |

 相关知识

**天馈系统基础知识**

天馈系统是指用天线向周围空间辐射电磁波的系统。基站天馈系统是移动基站的重要组成部分，它主要完成下列功能：对来自发信机的射频信号进行传输、发射，建立基站到移动台的下行链路；对来自移动台的上行信号进行接收、传输，建立移动台到基站的上行链路。

天线主要用来接收用户设备（User Equipment，UE）发射过来的上行信号和发射基站 NodeB 输出的下行信号。天馈系统除天线外的其他部分主要用来传输天线和 NodeB 之间的射频信号，其中塔放对接收到的上行信号进行了一定的放大。另外，天馈系统对 NodeB 还有一定的雷电保护作用，天馈系统中的避雷器将非常大的雷电流导通到地，从而大大减小了到达 NodeB 的雷电流。

（1）天馈系统的组成

天馈系统是指在 NodeB 机柜机顶和天线之间，传输射频信号的设备（包括天线），主要包括天线支架、天线、塔放（根据实际需求进行选择安装）、跳线、馈线和避雷器等设备，常见天馈系统组成图如图 5-2-1 所示。

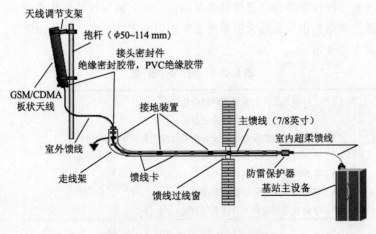

图 5-2-1　基站天馈系统示意图

（2）天线的工作原理

从实质上讲天线是一种转换器，它可以把在封闭的传输线中传输的高频电流转换为在空间中传播的电磁波，也可以把在空间中传播的电磁波转换为在封闭的传输线中传输的高频电流。图 5-2-2 所示为传输线向天线结构的演变过程。

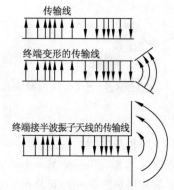

图 5-2-2　传输线向天线结构的演变过程

（3）基站天线的分类

● 基站天线的分类（按方向图）：基站天线按照水平方向图的特性可分为全向天线与定向天线两种。实物图如图 5-2-3 所示。

全向天线在水平面内的所有方向辐射出的电波能量都是相同的，但在垂直面内不同方向辐射出的电波能量是不同的。定向天线在水平面与垂直面内的所有方向辐射出的电波能量都是不同的，如图 5-2-4 所示。

全向天线

定向天线

全向天线方向图

定向天线方向图

图 5-2-3　常见天线实物图　　　　图 5-2-4　天线方向图

● 天线的分类（按照形状划分）：天线的形状如图 5-2-5 所示。

板状天线

帽形天线

鞭状天线

抛物面天线

图 5-2-5　天线的形状

● 天线的分类（按极化方式分）：无线电波的电场方向称为电波的极化方向，按照极化特性可分为单极化天线与双极化天线两种。一般全向天线多为单极化天线，定向天线有单极化天线和双极化天线两种。极化分为垂直极化、水平极化、+45° 极化、−45° 极化；单极化天线多为垂直极化天线，而双极化天线多为 +45° / −45° 极化方式，如图 5-2-6 所示。

水平极化

垂直极化

-45°倾斜的极化

+45°倾斜的极化

图 5-2-6 天线极化示意图

（4）塔顶放大器

塔顶放大器（Tower Mounted Amplifier，TMA）简称塔放，是一种安装在塔上的低噪声放大器模块。TMA 将天线接收下来的微弱信号在塔上直接放大，以提高基站系统的接收灵敏度，提高系统的上行覆盖范围，同时有效降低 UE 的发射功率。TMA 分为单 TMA 和双 TMA 两类。一个双 TMA 等于两个单 TMA，只是在结构上将两个 TMA 做在一起。塔放的工作原理图如图 5-2-7 所示。

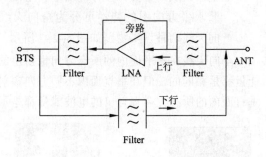

图 5-2-7 塔放工作原理图

单 TMA：主要用于使用全向天线的基站和使用单极化天线的基站。

双 TMA：主要用于使用双极化天线的基站。

噪声系数的级联公式：

$$NF_{总} = NF_1 + \frac{NF_2 - 1}{G_1} + \cdots + \frac{NF_n - 1}{G_1 \cdot G_2 \cdots \cdot G_{n-1}}$$

式中：$NF_{总}$ 为总的噪声系数；$NF_1$ 为一级噪声系数；$NF_2$ 为二级（三级与一级之间）噪声系数；$NF_3$ 为三级噪声放大系数；$NF_n$ 为 $n$ 级噪声系数；$G_1$ 为一级的上行增益；$G_2$ 为二级(三级与一级之间)的线路损耗；$G_n$ 为 $n$ 级上行增益。

假设馈线系统的损耗为 5 dB，无塔放时，MAFU 的噪声系数为 2 dB（无塔放时 MAFU 的增益设为 38 dB），则馈线系统和 MAFU 的级联噪声系数为 7dB。同样假设系统中有塔放，馈线系统的损耗为 5dB，塔放增益为 12 dB，塔放噪声系数为 2 dB，MAFU 的噪声系数为 3 dB（此时 MAFU 增益设为 38-12+5=31 dB），根据噪声系数级联公式，可以计算出塔放、馈线和 MAFU 的总噪声系数为 2.8 dB。由此可见，有塔放时的噪声系数比无塔放时的噪声系数优 4.2 dB，灵敏度也提高了 4.2 dB。

塔放的基本指标示例如表 5-2-2 所示。

表 5-2-2 塔放的基本指标

| 序　号 | 规　格　名　称 | 规　格　要　求 |
| --- | --- | --- |
| 1 | 发射插入损耗 | ≤0.6 dB（典型值：0.5 dB） |
| 2 | 接收增益 | 12 dB（典型值：12 dB） |
| 3 | 接收噪声系数 | ≤2.0 dB（典型值：1.7 dB） |
| 4 | 旁路时接收通道插损 | ≤2.5 dB（典型值：1.5 dB） |

注：频率不同、塔放不同，指标不同。

（5）馈线

射频同轴电缆主要是用来传输频率较高的射频信号。按照其粗细程度不同分为 7/8、1/2、4/5、10D 线等，如图 5-2-8 所示。

主馈线位于与机柜相连的 1/2 跳线和与天线相连的 1/2 跳线之间，用于连接 BTS 到天线之间信号传输的主电缆，要求损耗小。主馈线主要包括 1/2 馈线（与 1/2 跳线使用相同的线材）、7/8 馈线和 5/4 馈线 3 种。主馈线结构图如图 5-2-9 所示。

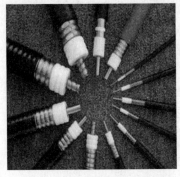

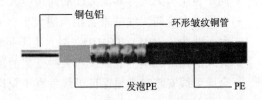

图 5-2-8　射频馈线示意图　　　　　　　　图 5-2-9　主馈线结构

跳线用于主馈缆与机柜之间及主馈缆和天线之间的转接，用于信号的传输，特点是具有较深的螺旋皱纹，以便弯曲和抵抗侧压力，外护套使用了低密度聚乙烯，使电缆容易弯曲并且具有耐磨和防潮的功能。跳线如图 5-2-10 所示。

（6）避雷器

避雷器能够有效地防止通过基站馈线引入的雷击，用于机房的防雷。1/4 波长短路型避雷器采用 1/4λ（波长）短路原理，保护器内部做成同轴腔体形式，将一段短导线并联在同轴传输线上，一端接芯线一端接地，对于雷电流来说相当于用 1/4λ 长度的金属导体直接对地短路来进行雷电防护。由于该产品无易损器件和材料，产品出厂后免于后期维护，适用于各种无人职守的通信基站。避雷器如图 5-2-11 所示。

图 5-2-10　跳线　　　　　　　　图 5-2-11　1/4 波长避雷器外形图

**任务实施**

基站天馈系统的安装主要包括天线支架的安装、天线安装、馈线安装等几方面。

1. 安装规范

（1）天线支架安装规范

● 天线支架的位置应与设计相符。

- 天线支架应保证施工人员安装天线时的安全和方便。
- 天线支架安装必须垂直。（允许误差 0.5°）
- 全向站天支到塔身的距离应大于 3 m。
- 定向站天支应符合定向天线安装距离要求。
- 单极化天线支架必须符合安装标准，同一扇区两个支架的水平间距必须保持在 3.5 m 以上，相邻的两个扇区支架之间的水平间距必须保持在 1.0 m 以上。

（2）全向天线安装规范
- 铁塔顶平台安装全向天线时，天线水平间距必须大于 4 m。
- 天线安装于铁塔塔身平台上时，天线与塔身的水平距离应大于 3 m。
- 同平台全向天线与其他天线的间距应大于 2.5 m。
- 上下平台全向天线的垂直距离应大于 1 m。如果上平台天线为（GSM:900 MHz）下平台天线为（CDMA:800MHz）时，上下平台天线的垂直间距应≥5 m。
- 天线的固定底座上平面应与天线支架的顶端平行（允许误差 ±5cm）。

- 全向天线安装时必须保证天线垂直（允许误差 ±0.5°）。

（3）定向天线安装规范
- 同系统共站的天线：

同扇区天线：GSM900 系统水平隔离度 3.5 m 以上；DCS1800 系统水平隔离度 1.5 m 以上。

不同扇区的天线:GSM900 系统水平隔离度 2.5 m 以上；DCS1800 系统水平隔离度 2 m 以上。

GSM900 与 DCS1800 天线的水平隔离度 2.5 m 以上。
- 异系统共站的天线：水平隔离度 2 m 以上，垂直隔离度 1 m 以上。同一扇区两个单极化天线在水平方向上间距应大于 4 m。相邻的两个扇区之间两天线的水平间距应大于 0.5 m。

上下平台间天线垂直分极距离应大于 1 m。如果上平台天线为（GSM:900 MHz）下平台天线为（CDMA:800MHz）时上下平台天线的垂直间距应≥5 m，GSM：900 MHz 天线和 DCS:1800 MHz 天线安装在同一平台上时，天线水平间距应大于 1 m。

天线安装完成后，必须保证天线在主瓣辐射面方向上，前方范围 10 m 距离内无任何金属障碍物。

安装天线时，天支顶端应高出天线上安装支架顶部 20 cm。支架底端应比天线长出 20 cm，以保证天线的牢固。

微波天线与 GSM 天线安装于同一平台上时，微波天线朝向应处于 GSM 同一小区两天线之间。

天线安装在楼顶围墙上时，天线底部必须高出围墙顶部最高部分，应大于 50 cm。
安装楼顶抱杆基站时，天线与楼面的夹角应大于 45°。
直放站中的施主天线和重发天线的水平间距≥30 m，垂直间距≥15 m。

（4）馈线安装规范
- 馈线的量裁布放，按照节约的原则，先量后裁。馈线的允许余量为 3%。
- 制作馈线接头时，馈线的内芯不得留有任何遗留物。

- 接头必须紧固无松动、无划伤、无露铜、无变形。
- 布放馈线时，应横平竖直，严禁相互交叉，必须做到顺序一致。两端标识明确，并两端对应。标识应粘贴与两端接头向内约 20 cm 处。
- 馈线必须用馈线卡子固定，垂直方向馈线卡子间距≤1.5 m，水平方向馈线卡子间距≤1 m。当无法用馈线卡子固定时，用扎带将馈线之间相互绑扎。
- 馈线的单次弯曲半径应符合以下要求：7/8 馈线 > 30 cm；5/4 馈线 > 40 cm，15/8 > 50 cm。（或大于馈线直径的 10 倍）。馈线多次弯曲半径应符合以下要求：7/8 馈线 > 45 cm；5/4 馈线 > 60 cm，15/8 > 80 cm。
- 馈线在布放、拐弯时，弯曲度应圆滑、无硬弯。并避免接触到尖锐物体，防止划伤进水，造成故障。
- 馈线进线窗外必须有防水弯，防止雨水沿馈线进入机房。防水弯的切角应大于等于 60°。
- 馈线、信号线必须与（220 V 以上）的电源线有 20 cm 以上的间距。
- 天线、馈线等器件、线缆必须标识明确，一一对应。
- 室外必须用黑扎带，室内必须用白扎带，绑扎时应整齐美观、工艺良好。

（5）跳线安装规范
- 1/2 跳线的单次弯曲半径应≥20 cm；多次弯曲半径应≥30 cm。
- 跳线与天线、馈线的接头应连接可靠，密封良好。
- 跳线应用扎带绑扎牢固，松紧适宜，严禁打硬折、死弯，以免损伤跳线。
- 应避免跳线与尖锐物体直接接触。
- 跳线与天线的连接处应留有适当的余量，以便日后维护。
- 跳线与馈线的接头处应固定牢靠，防止晃动。

（6）防雷接地装置的安装规范
- 铁塔的两道防雷地线（40 mm×4 mm 以上的镀锌扁铁），应直接由避雷针从铁塔两对角接至防雷地网。
- 主馈线必须有至少两道以上防雷接地线。
- 当馈线长度小于 30 m 时，在塔上平台馈线垂直拐弯后约 1 m 处做第一道防雷接地线，在馈线进线窗外（防水弯之前）或水平拐弯前约 1 m 处做第二道防雷接地线。
- 当馈线长度大于 30 m 时，除第一、第二道防雷接地线外，在铁塔馈线中间位置做第三道防雷接地线。
- 室外水平走向馈线大于 5 m 时（小于 15 m），须在增加一道防雷接地线，超过 15 m 时，在水平走向馈线中间在增加一道防雷接地线。
- 制作主馈线防雷接地线必须顺着雷电泄流的方向单独直接接地，防雷接地线禁止回弯、打死折。
- 主馈线地线制作好以后必须用胶泥、胶带的缠绕密封。
- 密封包长度应超过密封处两端约 5 cm 左右。在密封包的两端应用扎带扎紧，防止开胶渗水。
- 防雷接地点应该接触可靠、接地良好，并涂覆防锈油（漆）。
- 室内馈线避雷器接地线必须接至室外防雷接地排（室外防雷地排的安装位置必须低于避雷器的位置或高度）。

馈线（铁塔）的防雷地阻必须小于标准 10Ω（国标）。

（7）避雷器的安装规范

- 避雷器的电压驻波比（Voltage Standing Wave Ratio，VSWR）应小于 1.1。
- 室内避雷器安装时，避雷器要与跳线、馈线接口、阻抗匹配。
- 避雷器安装的方向不能弄反，如果机房有避雷器安装架时，必须要把避雷器固定在安装架上。
- 安装避雷器地线时必须布放整齐，无浪涌，用白扎带沿室内走线架向馈线窗外方向走，尾端必须接在室外主地排上，室外防雷主地排安装位置必须底于室内避雷器的位置或高度。

（8）胶泥、胶带的使用规范

- 室外的每一个裸露接头都必须用胶泥、胶带做密封防水处理。
- 胶泥、胶带的缠绕必须为两层，第一层先从上向下半重叠连续缠绕，第二层应从下向上半重叠连续缠绕，缠包时应充分拉伸胶带。
- 胶带缠绕为三层，第一层先从下向上半重叠连续缠绕，第二层应从上向下半重叠连续缠绕，第三层在从下向上半重叠连续缠绕，绕缠包时应充分拉伸胶带。

（9）方位角的调整规范

- 天线方位角必须和设计要求相符合（允许误差 ±5°）。
- 同一扇区两个单极化天线的方位角必须一致（允许误差在 ±5°）。

（10）俯仰角的调整规范

俯仰角必须和设计要求相符合（允许误差 ±0.5°）。

（11）安装测试规范

- 天线的驻波比应小于 1.4（工作频段）。
- 全向基站的天馈线驻波比应小于 1.35（工作频段）。
- 定向基站的天馈线驻波比应小于 1.35（工作频段）。
- 直放站安装完成后，须进行天线隔离度测试，施主天线的上、下行隔离度必须大于对应的上、下行增益 15 dBm；上行和下行的隔离度必须大于 110 dB。
- 如果直放站的隔离度不能满足需要，须进行以下调整：微调施主天线和重发天线的方位角和俯仰角。在施主天线和重发天线之间安装屏蔽网。增加施主天线和重发天线之间的距离。重新设置直放机上下行链路的增益。

（12）安全注意事项

- 高空作业施工人员必须有登高证，要求持证上岗。
- 天线、馈线等器件、线缆必须两端标识明确，一一对应。
- 线缆绑扎时，室外必须用黑扎带，室内必须用白扎带，绑扎应整齐美观、工艺良好。
- 施工完毕后应及时清理施工场地，必须保证施工现场清洁卫生。
- 高空作业时,必须系安全带；地面作业，必须戴安全帽；严禁雷雨大风天进行高空施工作业。

2. **安装准备**

在基站天馈系统安装过程中，除了需要准备安装的设备外，必要的施工工具缺一不可。

下图 5-2-12 所示为常见天馈系统安装工具。

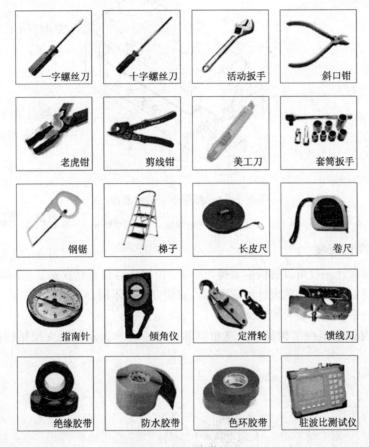

图 5-2-12　安装工具

### 3. 安装接地排

（1）接地排结构

接地排主要用于连接机柜保护地和工作地，其结构如图 5-2-13 所示。

（2）安装要求

安装接地排时需满足如下要求：

- 接地排应安装在离基站机柜较近的与走线架同高的墙上。
- 接地排应水平地固定在墙上。
- 在安装膨胀螺栓时，应使用绝缘垫，确保接地排和墙绝缘。

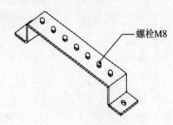

图 5-2-13　接地排结构示意图

（3）接地排的安装

安装接地排的步骤如下：

- 根据工程设计图，确定安装位置。
- 用膨胀螺栓将接地排水平地固定在墙上，如图 5-2-14 所示。

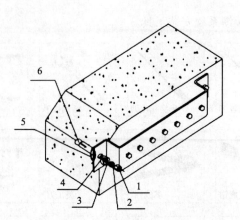

图 5-2-14　接地排安装示意图

1—螺栓 M12；2—弹垫 12；3—大平垫；4—绝缘垫 a；5—绝缘垫 b；6—膨胀管及膨胀螺母

### 4. 天线支架的安装

天线支架的设计一般由设备供应商提出要求，由网络运营商完成安装。不同类型的天线、不同的安装环境对天线支架的设计要求不同，安装方法也不同。

（1）在铁塔平台上安装天线支架

铁塔天线支架有多种结构类型，这里以其中的一种作为示例。支架结构如图 5-2-15 所示。

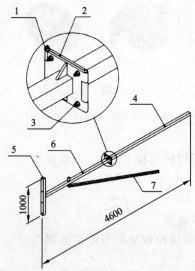

图 5-2-15　铁塔天线支架结构示意图

1—螺栓 M12×220；2—连接底板；3—螺栓 M12×45；4—伸缩杆；5—固定杆；6—转动杆；7—加强杆

在铁塔上安装天线支架的要求如下：

● 天线支架安装平面应与水平面垂直。

● 应单独安装铁塔避雷针桅杆，高度满足所有天线避雷保护要求，天线支架伸出铁塔平台时，应确保天线在避雷针顶点下倾 30° 角保护区域内，如图 5-2-16 所示。

● 天线支架的安装方向应确保不影响定向天线的收发性能和方向调整。

- 如有必要，对天线支架做一些吊挂措施，避免日久天线支架变形。
- 转动杆需用加强杆来加固，伸缩杆和转动杆的长度应根据现场实际情况进行截断，截断的断口要焊盖板以防漏水。
- 所有焊接部位要牢固，无虚焊、漏焊等缺陷，支架最好采用镀锌钢材，支架表面应喷涂防锈银粉漆。

在铁塔上安装天线支架的步骤如下：

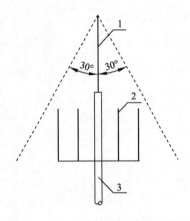

- 在塔顶安装一个定滑轮，用一根或两根吊绳通过定滑轮把支架吊上铁塔平台，
- 另外还需要一根方向绳控制支架上升方向。
- 根据工程设计图样中的天馈安装图来确定铁塔天线支架的安装位置。

图 5-2-16　避雷针保护区域示意图

1—避雷针；2—天线；3—避雷针桅杆

- 将支架伸出铁塔平台，用 U 形固定卡（包括连接杆和 U 形螺栓）把支架固定在塔身上，如图 5-2-17 所示。

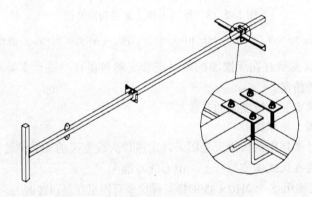

图 5-2-17　铁塔天线支架安装示意图

- 用螺栓 M12×45 连接铁塔平台护栏和底板，若天线支架与铁塔平台护栏不便连接，可采用焊接的办法，焊接要牢固、无虚焊和漏焊等缺陷，并在所有焊接的部位和支架表面喷涂防锈漆。

（2）在屋顶安装天线支架

屋顶天线支架有多种结构类型，这里以图 5-2-18 所示的一种作为安装示例。

在屋顶安装天线支架的要求如下：

- 加强杆连接件的安装位置应不影响天线方向和倾角的调整。
- 天线支架一定要和水平面垂直。
- 定向天线安装在屋顶时，要求支架必须安装有避雷针，支架和建筑物避雷网也应连通。
- 全向天线安装在屋顶时，支架上一般不安装避雷针，而另外单独安装一根支架用以安装避雷针。
- 若全向天线的支架上安装了避雷针，则要求天线安装时伸出支架 1～1.5 m。
- 天线支架所有焊接部位表面需喷涂防锈漆，焊接要牢固，无虚焊和漏焊等缺陷。

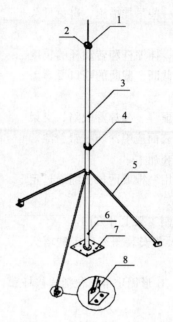

图 5-2-18　屋顶天线支架结构示意图

1—天线避雷针；2—焊接处；3—支撑主杆 2；4—螺栓 M10×80；5—加强杆；6—支撑主杆 1；7—支撑杆脚垫；8—加强杆地脚

在屋顶安装天线支架有在无围墙的屋顶安装支架和在有围墙且支架不便于固定在屋面的屋顶安装支架两种情况。

在无围墙的屋顶安装天线支架的步骤如下：

- 将支架吊（搬）至屋顶。
- 根据工程设计图样中的天馈安装图来确定屋顶天线支架的安装位置。
- 将避雷针焊接在天线主支撑杆上（中心线对准）。
- 将天线支架底座用 8 个 M10×45 的膨胀螺栓垂直固定在屋顶楼面上，如图 5-2-19 所示。

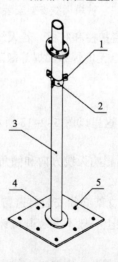

图 5-2-19　天线支架底座结构及安装示意图

1—六角头螺栓 M10×50；2—加强杆连接件；3—支撑主杆 1；4—天线支撑主杆脚垫；5—膨胀螺栓 M10×45

- 用加强杆加固主撑杆，加强杆的长度根据主撑杆的长度来决定。把加强杆通过加强杆连接件与支架主撑杆连接好，将加强杆地脚连接在加强杆上，每个加强杆地脚用 2 个 M10×45 的膨胀螺栓固定在楼面上，保证加强杆的连接不出现扭曲的情况。
- 将支撑主杆 2 用 6 个 M10×50 的螺栓与支撑主杆 1 紧固连接起来。
- 如果屋顶天线支架没有和室外走线架焊接，或者已和走线架焊接，但走线架没有和建筑物避雷网连通，则需用避雷连接条将天线支架底座和建筑物避雷网连通（避雷连接条为室外走线架安装件）。
- 在所有焊接部位和支架底座表面喷涂防锈漆。
- 屋顶天线支架底座、加强杆地脚及其与地板连接的膨胀螺栓均需用混凝土覆盖保护。

若屋顶四周有围墙，支架在屋顶表面不方便安装时，此时可将屋顶天线支架安装到墙上，如图 5-2-20 所示。

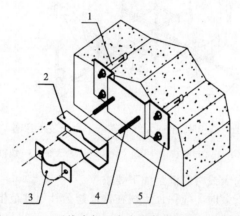

图 5-2-20　天线支架固定夹安装在围墙上的示意图

1—M12×120 膨胀螺栓；2—V 形连接件；3—180° 连接件；4—螺栓 M12×140；5—紧固板

当墙的高度不小于 1 200 mm 时，此时可将支架的两个固定点用膨胀螺栓和固定夹全部固定在墙上，如图 5-2-21 所示。

若围墙高度小于 1 200 mm，可将主支撑杆的一个固定点用膨胀螺栓和固定夹固定在墙上，另一个固定点与屋顶固定，如图 5-2-22 所示。

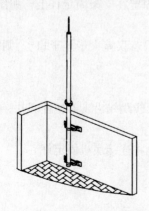

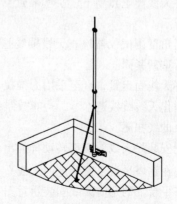

图 5-2-21　天线支架固定在围墙上的示意图　　　图 5-2-22　天线支架固定在围墙上的示意图
（围墙高度不小于 1 200 mm）　　　　　　　（围墙高度小于 1 200 mm）

### 5. 天线的安装

（1）在铁塔平台上安装全向天线

铁塔平台上的全向天线安装示意如图 5-2-23 所示。

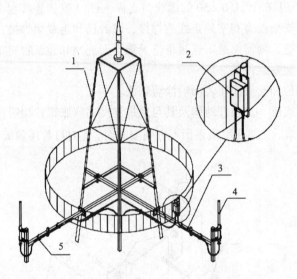

图 5-2-23　全向天线在铁塔平台安装示意图

1—铁塔；2—塔放；3—天线支架；4—全向天线；5—线扣

在铁塔平台上安装全向天线时应满足如下要求：

- 全向天线在铁塔上安装时，应保证天线在铁塔避雷针保护范围内，天线离铁塔主体至少 2 m。
- 天线轴线应和水平面垂直，误差应小于 ±1。
- 天线增益要求为 11 dBi，隔离度为 30 dB。
- 天线跳线必须做避水弯。

在铁塔平台上安装全向天线的步骤如下：

- 按工程设计图确定天线安装方向。
- 将天线馈电点朝下，护套靠近支架主杆，将天线固定在支架固定杆上，如图 5-2-24 所示。
- 用角度测试仪器检查天线轴线是否与水平面垂直，若误差大于等于±1°，则需经调整后重新紧固。
- 将天线固定紧，直至手用力推拉不动。
- 制作天线跳线避水弯，边布放跳线边用黑线扣将天线跳线沿支架横杆绑扎，并剪去多余的线扣尾。
- 把安装好天线的支架转动杆伸出铁塔平台，用螺栓将连接底板固定好。

（2）在铁塔平台上安装定向天线

铁塔平台上的定向天线安装示意图如图 5-2-25 所示。

在铁塔平台上安装定向时应满足如下要求：

- 天线在铁塔避雷针保护范围内，在天线向前方向里无铁塔结构的影响，天线伸出铁塔平台距离应不小于 1 m。
- 天线增益要求为 15 dBi，隔离度为 30 dB，半功率角为 65°。
- 天线跳线必须做避水弯。

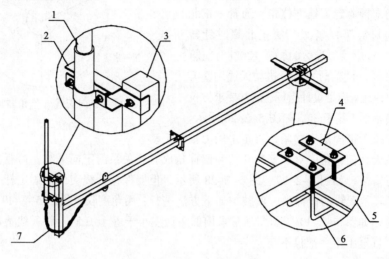

图 5-2-24　全向天线安装示意图

1—全向天线；2—天线固定夹；3—固定杆；4—连接件；5—铁塔横梁；6—U 形螺栓；7—跳线避水弯

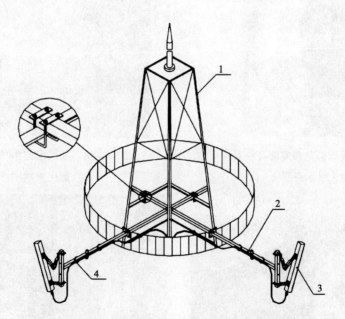

图 5-2-25　定向天线在铁塔平台上安装示意图

1—铁塔；2—塔顶天线支架；3—定向天线；4—线扣

在铁塔平台上安装定向天线的步骤如下：
- 按工程安装图确定天线安装方向。

- 将天线固定于支架的固定杆上，松紧程度应确保承重和抗风，且不会松动，也不宜过紧。

- 调整天线方位角：根据工程设计文件，用指南针确定天线方位角，通常：正北方向对应第一扇区，从正北顺时针转 120° 对应第二扇区，再转 120° 对应第三扇区。调整时，轻轻扭动天线调整方位角，直至满足设计指标，通常要求方位角误差小于等于 5°，如图 5-2-26 所示。

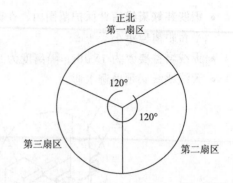

图 5-2-26　定向天线方位角与扇区的对应关系

- 将天线下部固定夹拧紧，直至手用力推拉不动。

- 调整天线俯仰角：对于安装孔位和俯仰角成对应关系的定向天线，可直接按天线孔位进行安装，如图 5-2-27、图 5-2-28 所示，但要保持天线支架的固定杆和地面严格垂直。其他天线的俯仰角的调整按如下方法进行：用角度仪（见图 5-2-29）确定天线俯仰角，如图 5-2-30 所示。通常求俯仰角误差小于等于 0.5°。将天线上部的固定夹拧紧，直至手用力推拉不动。

图 5-2-27　天线俯仰角和安装孔位对应
的定向天线示意图 1

图 5-2-28　天线俯仰角和安装孔位对应的
定向天线示意图 2

图 5-2-29　角度仪示意图

图 5-2-30　调节天线俯仰角前的角度仪示意图

- 制作天线跳线避水弯，边布放跳线边用黑线扣将天线跳线沿支架横杆绑扎，并剪去多余的线扣尾。

● 把安装好天线的支架转动杆伸出铁塔平台，用螺栓将连接底板固定好。

（3）在屋顶安装全向天线

屋顶全向天线安装示意如图 5-2-31 所示。

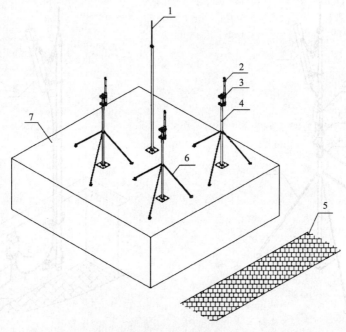

图 5-2-31　屋顶全向天线支架安装示意图

1—天线避雷针；2—天线；3—全向天线固定夹；4—天线支撑主杆；5—路面；6—加强杆；7—楼顶

天线隔离度要求以及天线间距要求与全向天线在铁塔平台上安装时的要求相同。

● 安装时应避开阻挡物，尽量避免产生信号盲区。

● 若天线支架上没有安装避雷针，则要求单独安装避雷针，且全向天线与避雷针之间的水平间距不小于 2.5 m，天线应位于避雷针下倾角 45° 内的保护范围内。

● 若天线支架上安装了避雷针，则要求天线安装时伸出支架 1～1.5 m。

在屋顶安装全向天线的步骤如下：

● 按工程安装图确定天线安装方向。

● 将天线馈电点朝下，护套靠近支架主杆，将天线固定在支架支撑主杆上。全向天线的护套顶端应与支架固定杆顶部齐平或略高出支架固定杆顶部。天线的发射部分要高出支架固定杆顶部。天线固定时的松紧程度应确保承重与抗风，且不会松动，也不宜过紧，以免压坏天线护套。

● 用角度测试仪器检查天线轴线是否与水平面垂直，若垂直度误差大于等于 ±1°，则需经调整后重新紧固。

● 将天线固定紧，直至手用力推拉不动。

● 制作天线跳线避水弯，用黑线扣将天线跳线沿支架横杆绑扎，并剪去多余的线扣尾。

（4）在屋顶安装定向天线

屋顶定向天线安装示意如图 5-2-32、图 5-2-33 所示。

天线隔离度要求以及天线间距要求与定向天线在铁塔平台上安装时的要求相同。

- 安装时应避开阻挡物，尽量避免产生信号盲区。
- 天线支架上必须安装避雷针。

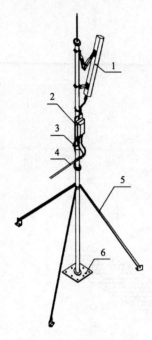

图 5-2-32　屋顶定向天线
安装示意图（无围墙，有塔放）

1—天线；2—塔放；3—线扣；4—馈线；

5—加强杆；6—支撑杆脚垫

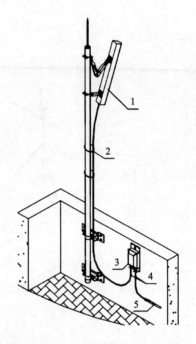

图 5-2-33　定向天线在屋顶支架的
安装示意图（有围墙且高度
不小于 1 200 mm，有塔放）

1—天线；2—线扣；3—塔放；4—跳线；5—馈线

在屋顶安装定向天线的步骤如下：

- 按工程安装图确定天线安装方向。
- 将天线固定于支架的支撑主杆上，松紧程度应确保承重和抗风，且不会松动，也不宜过紧。
- 调整天线方位角：根据工程设计文件，用指南针确定天线方位角，通常正北方向对应第一扇区，从正北顺时针转 120° 对应第二扇区，再转 120° 对应第三扇区，调整时，轻轻扭动天线调整方位角，直至满足设计指标，通常要求方位角误差小于等于 5°。
- 将天线下部固定夹拧紧，直至手用力推拉不动。
- 调整天线俯仰角：对于安装孔位和俯仰角成对应关系的定向天线，可直接按天线孔位进行安装，但要保持天线支架的支撑杆和地面的严格垂直。
- 制作天线跳线避水弯，用黑线扣将天线跳线沿支架横杆绑扎，并剪去多余的线扣尾。

安装过程中的注意事项包括：

- 在天线安装与调节过程中，应保护好已安装好的跳线，避免任何损伤。
- 使用指南针时应尽量远离铁塔等钢铁物体，并注意当地有无地磁异常现象。

- 跳线布放时弯曲要自然，弯曲半径通常要求大于 20 倍跳线直径。
- 线扣绑扎要按一个方向进行，剪断线扣尾时要有 5～10 mm 的余量，以防线扣在温度变化时脱落，剪切面要求平整。
- 同一型号双集化定向天线的两个接口主分集定义应一致，例如：天线的-45°接口定义为主集接口。45°接口定义为分集接口。

（5）制作避水弯

室外跳线与馈线接头处的避水弯制作方法如下：

- 当室外跳线和馈线垂直连接时，在水平走线的部分做一个半径 20cm（1/2 跳线处）或者 50 cm（7/8 馈线处）的 1/4 圆弧。
- 当室外跳线与馈线竖直连接时（即室外跳线和馈线同绑在一根抱杆上），在跳线连接到馈线的前端打一个半径 20 cm 的圆圈。室外跳线与馈线接头处避水弯如图 5-2-34 所示。

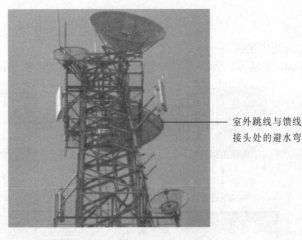

室外跳线与馈线接头处的避水弯

图 5-2-34　室外跳线与馈线接头处的避水弯

馈线密封窗外侧的避水弯制作方法如下：

- 在馈线进入室内的馈线窗之前，7/8 馈线处打一个半径为 50 cm 的 1/4 圆弧。馈线密封窗外侧的避水弯如图 5-2-35 所示。

馈线密封窗外侧的避水弯

图 5-2-35　馈线密封窗外侧的避水弯

## 6. GPS 系统安装

GPS 系统由 GPS 天线（俗称蘑菇头）、传输馈线、避雷器、GPS 馈线、GPS 下跳线、SCTA 板卡组成，如图 5-2-36 所示。

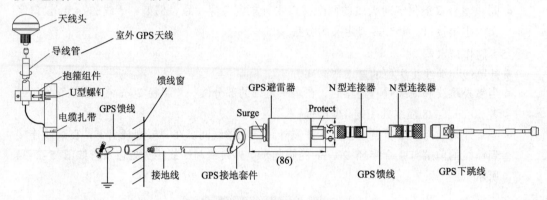

图 5-2-36　系统组成结构图

（1）GPS 天线安装安装

● 取 N-male 连接器，装配到 GPS 馈线上。N-male 连接器与馈线结构如图 5-2-37 所示。

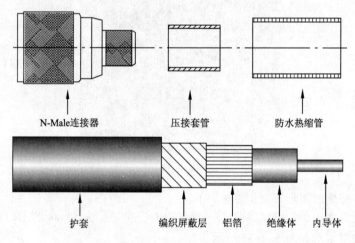

图 5-2-37　N-male 连接器与馈线结构示意图

● 将防水热缩管和压接套管依次穿过电缆；用剥线刀或裁纸刀将射频柔性电缆外皮剥去，露出编织屏蔽层和内导体，并对内导体端面做 45° 倒角。编织层、内导体保留长度分别为 14 mm、6 mm，如图 5-2-38 所示。

● 连接器插针需要压接的，使用六角压接钳，400 型馈线使用对边 3.20 mm，600 型馈线使用对边 4.90 mm（0.216"），然后将插针对准推入连接器壳体，如图 5-2-39 所示。

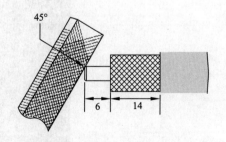

图 5-2-38　剥线长度示意图

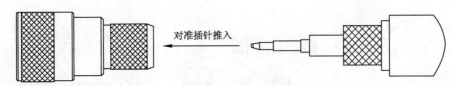

图 5-2-39　电缆推入示意图

- 确保编织屏蔽层覆盖在连接器尾孔壳体上，推上压接套管，剪去露在压接套管外面的编织屏蔽层，如图 5-2-40 所示。
- 外导体压接，400 型馈线使用对边 10.897 mm，600 型馈线使用对边 15.5 mm（0.61"）的六角压接钳压紧，如图 5-2-41 所示。

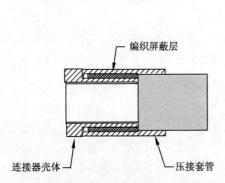

图 5-2-40　推入压接套管示意图

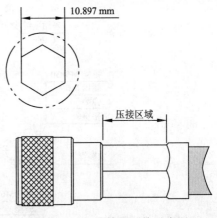

图 5-2-41　连接器压接示意图

- 推上热缩管，用电热风枪吹至完全收缩，两端少量溢胶，如图 5-2-42 所示。
- 做好 N-male 连接器的馈线穿过 GPS 安装管。
- GPS 天线旋紧在做好连接器的馈线上。
- 安装管通旋紧在 GPS 天线上。
- 用 U 形螺栓把夹具体在 GPS 安装抱杆设计高度固定牢靠。
- 安装管固定在夹具体上。

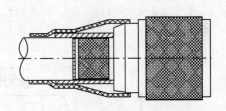

图 5-2-42　热缩管位置示意图

至此，GPS 天线安装完成，如图 5-2-43 所示。

（2）GPS 馈线接地件安装

在馈线离开安装管下端 1 m 处的平直部位，制作第一级 GPS 馈线接地。接地套件结构如图 5-2-44 所示。

取出接地套件中的卡箍，按照卡箍长度在射频柔性电缆上剥去合适长度的馈线护套，勿伤及屏蔽层。将卡箍套在射频柔性电缆屏蔽层上；用六角螺栓固定卡箍，每个组件顺序如图 5-2-45 所示；使用胶泥胶带对馈线接地卡箍处做防水；按照接地点的位置，保留适当长度的接地电缆；在接地电缆的另一端压接铜端子；将压接后的铜端子用螺栓固定在汇流排或塔身。

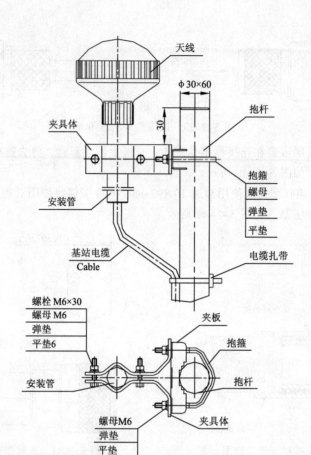

图 5-2-43　GPS 天线安装示意图

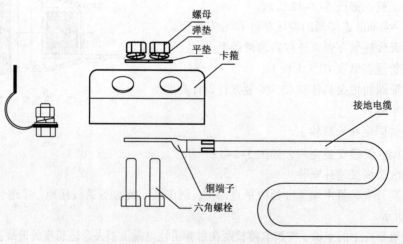

图 5-2-44　GPS 馈线接地套件结构

- GPS 馈线固定卡安装：用馈线卡固定 GPS 馈线，线缆绑扎固定，在馈线通过馈线窗入室前 1 m 处的平直位置，制作第二级 GPS 馈线接地。

- GPS 避雷器安装：旋下 GPS 避雷器 N-female 端的螺母和齿垫，安装上 GPS 避雷器接地件，然后装上齿垫，旋紧螺母，如图 5-2-45 所示。

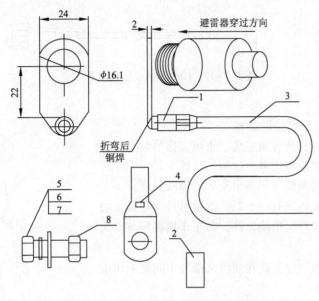

图 5-2-45　GPS 避雷器接地件示意图

1—接地端子大图样；2—接地端子正视图；3—接地线；4—铜鼻子；5—螺钉；6—弹簧垫；7—平垫；8—螺母

　　馈线上的 N-male 连接器与 GPS 避雷器天线侧（安装接地套件的一侧）的 N-female 端旋接，保证连接牢固可靠。GPS 避雷器应就近安装在馈线窗附近，GPS 避雷器接地线接至室内或室外接地排上，推荐接至室外接地排，使用 16 mm² M8 的铜鼻子连接。GPS 避雷器结构图（实际接地线两端均需现场压接）如图 5-2-46。

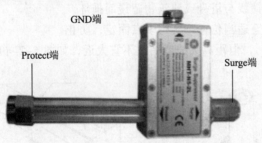

图 5-2-46　GPS 避雷器结构图

- GPS 室内短跳线安装：现场制作用于连接 GPS 避雷器设备侧与 GPS 下跳线的 GPS 馈线，馈线的长度根据现场需要确定，该段馈线的连接器类型为一端为 N-male（连接 GPS 避雷器），另一端为 N-male 连接器（连接 GPS 下跳线）。

GPS 馈线制作完成后，将 N-male 端与 GPS 避雷器设备侧旋接，将 N-male 端与 GPS 下跳线的 N-female 旋接，保证连接牢固可靠。

- GPS 下跳线安装：GPS 下跳线 SMA 头连接到 BBU 主设备的 GPS 信号输入接口的 SMA-female 处。为保证 GPS 接收机正常接收 GPS 信号，在选择 GPS 馈线 70 m 以下时使用一根 LMR400 馈线，两端配接 400 型快速连接器。70～110 m 时使用 LMR600 馈线，两端配接 600 型快速连接器。超过 110 m 时使用 LMR400 馈线配合 GPS 放大器。GPS 下跳线结构如图 5-2-47 所示。

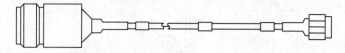

图 5-2-47　GPS 下跳线结构示意图

### 7. 馈线的安装

（1）切割馈线并粘贴临时标签

馈线的切割可以在吊装前完成，也可直接吊装到位，下部留有足够的长度后再切割。切割步骤如下：

- 根据工程设计图样确定各个扇区的馈线长度。
- 在设计长度上再留有 1～2 m 的余量进行切割，切割过程中严禁弯折馈线，并应防止车辆碾压与行人踩踏。
- 每切割完一根馈线，就在馈线两端和中间贴上相应的临时标签。

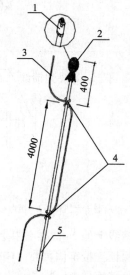

图 5-2-48　馈线接头的保护处理

1—馈线接头；2—包扎后的接头；
3—吊绳；4—绳结；5—馈线

（2）吊装并固定馈线

- 做好馈线接头保护工作：用麻布（或防静电包装袋）包裹已经做好的接头，并用绳子或线扣扎紧。
- 吊装馈线：用吊绳在离馈线头约 0.4 m 处打结固定，在离馈线头约 4.4 m 处再打一结，如图 5-2-48 所示。塔上人员向上拉馈线，塔下人员拉扯吊绳控制馈线上升方向，以免馈线与塔身或建筑物磕碰而损坏。
- 将馈线上端固定至适当位置（实行多点固定，防止馈线由塔上滑落），但距离天线或塔放不宜太近，如图 5-2-49 所示。

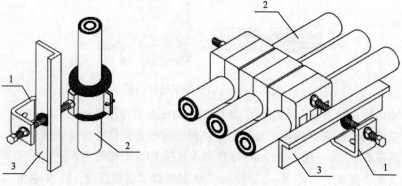

图 5-2-49　馈线上端在塔上的固定

1—C 形固定夹；2—馈线；3—走线架（角钢）

可根据需要选择 1 卡 1 固定夹或 1 卡 3 固定夹，如图 5-2-50、图 5-2-51 所示。

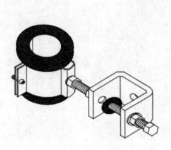

图 5-2-50　1 卡 1 固定夹

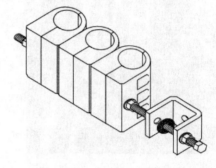

图 5-2-51　1 卡 3 固定夹

（3）安装天线到馈线的跳线

天线与馈线的跳线安装效果如图 5-2-52 所示，跳线一般长 3.5 m，安装过程中并不密封处理跳线和馈线的接头，通常是在天馈系统安装完毕，通过了天馈测试后才统一密封处理接头。这主要是为了方便天馈测试中发现问题后更换馈线或跳线。

安装步骤如下：

图 5-2-52　天线跳线与馈线的安装效果图
1—馈线；2—馈线标牌；3—密封处理后的接头；4—跳线

- 将跳线与馈线连接，跳线弯曲要自然，弯曲半径通常要求大于 20 倍跳线直径。
- 绑扎跳线，并粘贴跳线标签，标签粘贴在距跳线一端 100 mm 处，因跳线比较短，因此一根跳线只需用一张标签。线扣绑扎要按一个方向进行，剪断线扣时要有 3～5 mm 的余量，防止线扣在温度变化时脱落。

（4）布放并固定馈线

馈线布放原则如下：

- 馈线弯曲的最小弯曲半径应大于馈线直径的 20 倍。
- 馈线沿走线架、铁塔走线梯布放时应无交叉，馈线入室不得交叉和重叠，建议在布放馈线前一定要对馈线走线的路由进行了解，最好在纸上画出实际走线路由，以免因馈线交叉而返工。
- 馈线的布放应从上往下边理顺边紧固馈线固定夹。
- 每隔 2 m 左右安装馈线固定夹，现场安装时应根据铁塔的实际情况而定，以不超过 2 m 为宜，固定夹可根据现场需要选用 1 卡 3 固定夹，或 1 卡 2 固定夹，或 1 卡 1 固定夹，如图 5-2-53、图 5-2-54 所示。

图 5-2-53　馈线在铁塔上的固定（1 卡 3 固定夹）

图 5-2-54　馈线在铁塔上的固定（1 卡 2 固定夹）

- 安装馈线固定夹时，间距应均匀，方向应一致。
- 在屋顶布放馈线时，按标签将馈线卡入馈线固定夹中，馈线固定夹的螺丝应暂不紧固，等馈线排列整齐、布放完毕后再拧紧。馈线固定夹应与馈线保持垂直，切忌弯曲，同一固定夹中的馈线应相互保持平行，如图 5-2-55 所示。
- 馈线自楼顶沿墙入室时，如果距离超过 1 m，应做走线梯，且馈线在走线梯上应使用馈线固定夹固定，如图 5-2-56 所示。

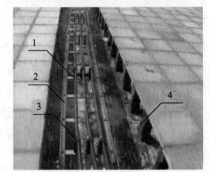

图 5-2-55　馈线卡入馈线固定夹中效果图

1—馈线；2—走线架；3—馈线固定夹；4—屋顶馈线井

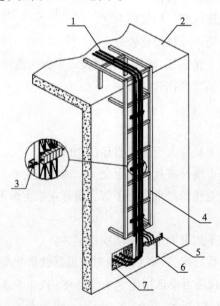

图 5-2-56　馈线自楼顶至馈线密封窗布放示意图

1—馈线；2—楼顶；3—馈线固定夹；4—室外走线架；5—室外接地排；6—接室外防雷地；7—馈线密封窗

若馈线自屋顶的馈线密封窗入室，则必须保证馈线密封窗的良好密封，如图 5-2-57 所示。

馈线布放和固定的顺序如下：

根据工程设计的扇区要求对馈线排列进行设计，确定排列与入室方案，通常一个扇区一列或一排，每列（排）的排列顺序保持一致。将馈线按设计好的顺序排列。一边理顺馈线，一边用固定夹把馈线固定到铁塔或走线架上，同时安装馈线接地夹，并撕下临时标签，用黑线扣绑扎馈线标牌。

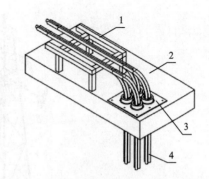

图 5-2-57  馈线从屋顶进入室内示意图

1—屋顶走线架；2—屋顶；3—馈线密封窗；4—馈线

金属标牌的绑扎位置要求如下：

- 距天线下方的馈线接头 200 mm 处。
- 馈线下铁塔平台 200～300 mm 处。
- 馈线入室前在距馈线密封窗 200 mm 处。
- 馈线转弯处。

绑扎时，标牌排列应整齐美观，方向应一致。线扣的方向也应一致，剪去线扣尾时应留有 3～5 mm 余量。

（5）接头处理

对当天不能做完接头、做了接头没有和跳线连接等情况的馈线，需对其接头做简易防水处理。如果天馈系统不能在一天内完成，则需对跳线和塔放的接头、跳线和馈线的接头，以及馈线裸露端做简易防水处理，等全部安装完毕并通过天馈测试后再统一对各接头作防水密封处理。

（6）馈线接地处理

馈线接地夹的安装与馈线的布放同时进行。在不同的环境下，馈线的接地点均不同。

当天线安装在铁塔平台上时，接地处为：

- 距馈线接头 1 m 范围内。
- 位于铁塔底部的馈线上。
- 馈线进入馈线密封窗的外侧（就近原则）。

当天线安装在屋顶支架上时，接地处为：

- 距馈线接头 1 m 范围内。
- 馈线下楼顶前。
- 馈线进入馈线密封窗的外侧（就近原则）。

同时，当馈线长度超过 60 m 时，应在馈线中间增加接地夹，一般为每 20 m 安装一处。若馈线离开走线架后，在楼顶布放一段距离后再入室，且这段距离超过 20 m，此时需在楼顶加一馈线接地夹。天线安装于铁塔平台和屋顶支架上时，馈线接地示意图如图 5-2-58、图 5-2-59 所示。

当天线安装于抱杆上时，需要根据馈线的长度不同灵活处理馈线接地：

- 馈线总长度小于 10 m 时，不需要另外做接地处理。馈线总长度大于等于 10 m 时，应在馈线底部离开抱杆的转弯处上方 0.5 m 处做接地处理，引出的接地线就近接到抱杆的接地点上。

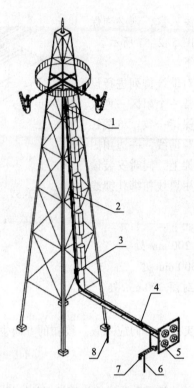

图 5-2-58　馈线避雷接地示意图（天线铁塔平台安装方式）

1—馈线顶部接地；2—馈线中部接地；3—馈线底部接地；4—馈线进室内前接地；

5—馈线密封窗；6—接室外防雷地；7—室外接地排；8—铁塔接地体

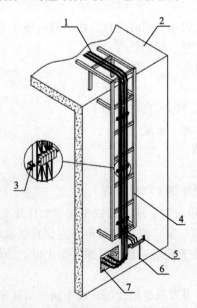

图 5-2-59　馈线在下线梯上的避雷接地示意图

1—馈线；2—楼顶；3—馈线固定夹；4—室外走线架；5—室外接地排；6—室外防雷地线；7—馈线密封窗

- 馈线总长度大于等于 20 m 时，应分别在天线下端（馈线顶部），以及馈线底部离开抱杆的转弯处上方 0.5 m 处做接地处理，引出的接地线就近接到抱杆的接地点上。

（7）馈线接地夹的安装步骤

- 准备好制作工具，拆开馈线接地夹的包装盒及包装袋，把各部件和附件放在一干净的地面或纸上，便于取用。
- 确定馈线接地夹安装位置，按馈线接地夹大小切开该处馈线外皮，以露出导体为宜，如图 5-2-60 所示。

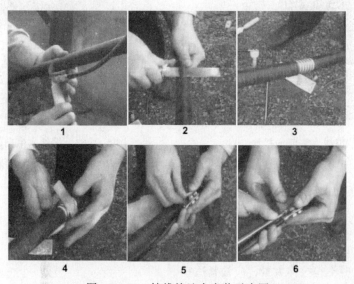

图 5-2-60 馈线接地夹安装示意图

- 将馈线接地夹的紧箍铜皮紧裹在馈线外导体上，用一字螺丝刀拧动固定金属棒以压紧馈线接地夹。
- 对接地处进行防水密封处理。
- 将馈线接地夹的接地线引至就近接地点，进行可靠连接。如图 5-2-61 所示。
- 馈线入室前的馈线接地夹接地线引至室外接地排，要求排列整齐，如图 5-2-62 所示。

若没有安装室外接地排，则接至接地性能良好的室外走线架上，或建筑物防雷接地网上，如图 5-2-63 所示。接地线和接地点连接处要做防锈处理：在线鼻、螺母以及走线架上涂防锈漆、裸线及线鼻柄必须用绝缘胶带缠紧，不得外露。

图 5-2-61 馈线接地夹接地引线接至铁塔塔身的钢板上

（8）馈线入室

- 将各根馈线通过馈线密封窗导入室内，导入时应有相关人员在室内作引导，避免馈线入室时损伤室内设备。
- 在馈线密封窗外侧做好馈线避水弯。
- 安装馈线密封窗密封垫片、密封套，安装密封套时，应注意密封套上的注胶孔应朝上。

- 根据设计要求切割适当长度的馈线。
- 制作室内馈线接头。
- 在接头后 200 mm 处粘贴馈线标签。

图 5-2-62　馈线入室前的接地
（有室外接地排）效果图

图 5-2-63　馈线入室前的接地
（无室外接地排）效果图

跳线（1/2 英寸）接头一般需现场制作。跳线安装要求如下：
- 跳线由机顶至走线架布放时要求平行整齐，无交叉。
- 跳线由走线架内穿越至走线架上方走线时，不得从外翻越走线架。
- 跳线弯曲要自然，弯曲半径以大于 20 倍跳线直径为宜。
- 跳线布放时不得拉伸太紧，应松紧适宜。
- 跳线在走线架的每一横档处都要进行绑扎，线扣绑扎方向应一致，绑扎后的线扣应齐根剪平不拉尖。
- 所有室内跳线必须粘贴标签，标签粘贴在距跳线两端 100 mm 处。

（9）安装馈线避雷器

避雷器的外形如图 5-2-64 所示。

避雷器在机房天馈系统中的位置如图 5-2-65 所示。

一般在馈线入室后 800～1 500 mm 处截断馈线，因此避雷器的安装位置也就相对固定，现场实际施工时，应根据工程设计图样要求进行施工。安装后的效果图如图 5-2-66 所示。

（10）测试天馈系统

利用无线分析仪在机顶跳线处测量天馈驻波比。正常情况下驻波比应小于 1.5（包括系统中安装有塔放的情况），而天馈系统与基站双工器输出端口相连的跳线（1/4 英寸）的 N 型公头的驻波比通常应小于 1.3（对应回波损耗 18 dB）。如果驻波比大于等于 1.5，则表明天

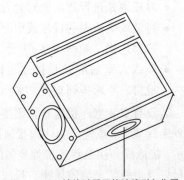

馈线避雷器接地线引入位置

图 5-2-64　馈线避雷器外形示意图

馈系统有问题，应逐段测试驻波比，以定位问题。或测量整个天馈系统的回波损耗，观察整个天馈通路的损耗值，以快速定位问题。

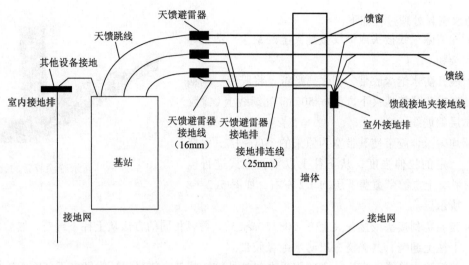

图 5-2-65　馈线避雷器接地示意图

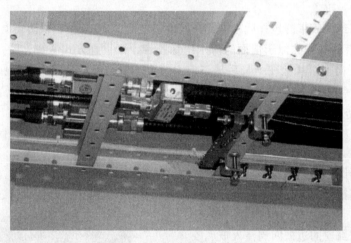

图 5-2-66　避雷器安装效果图

（11）防水处理室外接头

　　整个天馈系统安装完成，并通过天馈测试后应该立即对室外的跳线与塔放接头、跳线和馈线与避雷器的接头进行防水密封处理。防水处理所用的胶带有两种：PVC 胶带和防水绝缘胶带，如图 5-2-67 所示。

（a）PVC胶带　　　　　（b）防水绝缘胶带

图 5-2-67　PVC 胶带和防水绝缘胶带

防水密封处理过程如下：

- 先清除馈线接头或馈线接地夹上的灰尘、油垢等杂物。
- 展开防水绝缘胶带，剥去离形纸，将胶带一端粘在接头或接地夹下方 20～50 mm 处馈线上（涂胶层朝馈线）。
- 均匀拉伸胶带使其带宽为原来的 3/4～1/2，保持一定的拉伸强度，从下往上以重叠方式进行包扎，上层胶带覆盖下层的 1/2 左右，如图 5-2-68 所示。

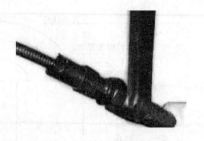

图 5-2-68　防水绝缘胶带的缠绕

- 当缠绕到接头或接头夹上方 20～50mm 后，再以相同的方法从上往下缠绕，然后再从下往上缠绕，共缠绕三层防水绝缘胶带。
- 缠好防水绝缘胶带后，必须用手在包扎处挤压胶带，使层间贴附紧密无气隙，以便充分黏结。
- 完成防水绝缘胶带的包扎后，需要在其外层包扎 PVC 胶带，以防止磨损和老化。
- PVC 胶带的缠绕类似于前面的防水绝缘胶带，以重叠方式缠绕，胶带重叠率在 1/2 左右从下向上再从上往下最后从下向上缠绕三层，缠绕过程中注意保持适当的拉伸强度。

（12）防水处理馈线密封窗

整个天馈系统安装完成并通过了天馈测试后应该立即对馈线密封窗进行防水密封处理，处理步骤如下：

- 将两个半圆形的馈窗密封套套在馈线密封窗的大孔外侧。
- 把两根钢箍箍在密封套的两条凹槽中，用螺丝刀拧紧箍上的紧固螺钉，使钢箍将密封套箍紧。
- 在馈线密封窗的边框四周注入玻璃胶。
- 对未使用的孔，用专用的塞子将其塞紧。处理后的馈线密封窗如图 5-2-69 所示。

图 5-2-69　馈线密封窗的密封处理效果图

当馈线经玻璃窗入室时，防水密封处理步骤如下：

- 卸下玻璃，在玻璃一角切割合适大小。
- 在切割处用橡胶或胶带防护玻璃，并在馈线和玻璃窗接触的地方用胶带缠绕保护馈线，以防割坏馈线。
- 将馈线导入室内。
- 在玻璃与馈线接口处涂玻璃胶封严。

　任务单

任务实施过程中的相关任务单如表 5-2-3 所示。

表 5-2-3　任　务　单

| 项　目 | 项目 5　移动基站施工 | | 学　时 | 24 |
|---|---|---|---|---|
| 工作任务 | 任务 5-2　基站天馈系统的安装 | | 学　时 | 8 |
| 班　级 | | 小组编号 | 成员名单 | |
| 任务描述 | 各小组根据任务要求完成移动基站天馈系统的安装工作，并根据需要制作相关线缆及布线；<br>　通过对工程安装的训练，了解工程安装准备工作、硬件安装的流程及相关操作、天馈系统防雷接地规范，并掌握安装技能等 | | | |
| 工作内容 | （1）天馈系统安装基础知识学习：<br>● 了解天馈系统的组成部分及各部分功能；<br>● 了解天馈系统施工规范。<br>（2）安装准备：<br>● 按照规范，对检查安装环境，记录相关数据；<br>● 按照规范，准备安装过程中所需的全部材料及工具仪表。<br>（3）基站安装：<br>● 按照安装规范，对天馈系统各部分组件进行安装；<br>● 制作馈线及标签。 | | | |
| 注意事项 | （1）爱护机房设备、天馈配件等；<br>（2）按规范操作使用仪表，防止损坏仪器仪表；<br>（3）注意用电安全；<br>（4）各小组按规范协同工作；<br>（5）按规范进行设备的安装操作，防止损坏设备；<br>（6）做好安全防范措施，防止人身伤害；<br>（7）工程施工时，采取相应措施防范环境污染；<br>（8）避免材料的浪费 | | | |
| 提交成果、文件等 | （1）学习过程记录表；<br>（2）材料检查记录表、安装报告；<br>（3）学生自评表；<br>（4）小组评价表 | | | |
| 完成时间及签名 | | | 责任教师： | |

 练习题

**一、简答题**

1. 简述移动通信网络中天馈系统的工作原理。

2. 天线的分类有哪些？

3. 简述天馈系统安装中的环境检查包含哪些内容。

4. 简述天馈系统装准备的工作内容有哪些。

5. 天馈系统的安装流程是什么？

6. 简述天馈系统安装中的安全注意事项有哪些。

7. 天馈系统防雷措施有哪些？

二、填空题

1. 天馈系统主要由（　　　）、（　　　）、（　　　）、（　　　）等组成。

2. 在安装同扇区天线时 GSM900 系统水平隔离度需在（　　　）米以上；DCS1800 系统水平隔离度在（　　）米以上。

3. 整个天馈系统安装完成并通过了天馈测试后应该立即对（　　　）进行防水密封处理。

4. 1/2 跳线的单次弯曲半径应≥（　　　）cm；多次弯曲半径应≥（　　　）cm。

三、实践操作题

参照基站天馈系统的安装步骤及方法，对华为 3900 基站和数字光纤直放站设备的天馈系统进行安装并写出安装报告。

### 任务评价

本任务评价的相关表格如表 5-2-4、表 5-2-5、表 5-2-6 所示。

**表 5-2-4　学生自评表**

| 项目 5 | 移动基站施工 | | | |
|---|---|---|---|---|
| 任务名称 | 任务 5-2　基站天馈系统的安装 | | | |
| 班　　级 | | 组　名 | | |
| 小组成员 | | | | |

自评人签名：　　　　　　　　　　评价时间：

| 评价项目 | 评价内容 | 分值标准 | 得　分 | 备　注 |
|---|---|---|---|---|
| 敬业精神 | 不迟到、不缺课、不早退；学习认真，责任心强；积极参与任务实施的各个过程；吃苦耐劳 | 10 | | |
| 专业能力 | 了解正确的安装流程、安装环境检查要点 | 5 | | |
| | 了解安装前要做的准备，包括资料和工具 | 10 | | |
| | 掌握天线的各种安装方法 | 10 | | |
| | 掌握馈线的布放方法 | 10 | | |
| | 掌握天馈系统防雷接地的安装方法 | 10 | | |
| | 掌握各种馈线的制作过程 | 10 | | |
| | 掌握天馈系统的测试方法 | 5 | | |
| 方法能力 | 工具仪表的使用；信息、资料的收集整理能力；制订学习、工作计划能力；发现问题、分析问题、解决问题的能力 | 15 | | |
| 社会能力 | 与人沟通能力；组内协作能力；安全、环保、责任意识 | 15 | | |
| 综合评价 | | | | |

表 5-2-5 小组评价表

| 项目 5 | 移动基站施工 | | | | | | |
|---|---|---|---|---|---|---|---|
| 任务名称 | 任务 5-2 基站天馈系统的安装 | | | | | | |
| 班　级 | | | | | | | |
| 组　别 | | 小组长签字: | | | | | |
| 评价内容 | 评分标准 | | 小组成员姓名及得分 | | | | |
| 目标明确程度 | 工作目标明确、工作计划具体结合实际、具有可操作性 | 10 | | | | | |
| 情感态度 | 工作态度端正、注意力集中、积极创新，采用网络等信息技术手段获取相关资料 | 15 | | | | | |
| 团队协作 | 积极与组内成员合作，尽职尽责、团结互助 | 15 | | | | | |
| 专业能力要求 | 充分完成设备安装前的各项准备工作；<br>正确掌握设备的安装流程及规范；<br>正确掌握天线的安装；<br>正确掌握设备的各种线缆连接；<br>掌握天馈系统防雷接地相关操作；<br>合理安排机房线缆的走线和布放；<br>掌握标签制作和系统测试方法 | 60 | | | | | |
| 总分 | | | | | | | |

表 5-2-6 教师评价表

| 项目 5 | 移动基站施工 | | | | |
|---|---|---|---|---|---|
| 任务名称 | 任务 5-2 基站天馈系统的安装 | | | | |
| 班　级 | | 小　组 | | | |
| 教师姓名 | | 时　间 | | | |
| 评价要点 | 评价内容 | 分　值 | 得　分 | 备　注 | |
| 资讯准备<br>(10 分) | 明确工作任务、目标 | 1 | | | |
| | 明确设备安装前需要做哪些准备工作 | 1 | | | |
| | 硬件安装应遵循怎样的流程 | 1 | | | |
| | 天馈系统中天线的安装方式有哪些 | 1 | | | |
| | 天馈系统中馈线的布放方式有哪些 | 1 | | | |
| | 天馈系统防雷接地有哪些措施 | 1 | | | |
| | 安装完成后需要对哪些指标进行测试 | 1 | | | |
| | 各种线缆（电源线、跳线、馈线、传输线）制作方法以及标签制作方法 | 1 | | | |
| | 施工中如何保证设备安全和人身安全 | 1 | | | |
| | 如何进行设备的接地 | 1 | | | |

续表

| 评价要点 | 评价内容 | 分值 | 得分 | 备注 |
|---|---|---|---|---|
| 实施计划<br>(20分) | 检查机房施工环境和设备安装准备 | 4 | | |
| | 天线的安装，包括天支安装等 | 4 | | |
| | 天线与基站设备间的线缆连接 | 4 | | |
| | 馈线、防水、防雷接地等工艺的处理 | 4 | | |
| | 天馈驻波测试 | 4 | | |
| 实施检查<br>(40分) | 根据机房工程安装要求，对机房环境进行检查，确认机房环境满足工程要求 | 5 | | |
| | 根据工程规划，对设备进行开箱验货，核对设备清单并记录相关数据 | 5 | | |
| | 根据楼顶或现场环境确定天线的安装方式 | 5 | | |
| | 根据天馈系统安装步骤对天线进行安装 | 10 | | |
| | 连接天线与基站设备线缆 | 5 | | |
| | 根据规范对线缆防水、接地、标签等进行安装 | 5 | | |
| | 根据设备验收标准对天馈系统进行测试 | 5 | | |
| 展示评价<br>(30分) | 提交的成果材料是否齐全 | 10 | | |
| | 是否充分利用信息技术手段或较好的汇报方式 | 5 | | |
| | 回答问题是否正确，表述是否清楚 | 5 | | |
| | 汇报的系统性、逻辑性、难度、不足与改进措施 | 5 | | |
| | 对关键点的说明是否翔实，重点是否突出 | 5 | | |
| 合计 | | | | |

## 任务 5-3　LTE 基站开通调测

### 任务描述

本任务是 LTE 基站开通与调测与移动通信网络建设的最后环节，主要依据无线网络调测工程师、规划工程师、运维优化工程师等岗位在基站开通工程中的典型任务和操作技能要求而设置。通过教学让学生掌握 LTE 基站开通调测方法，包括基站开通时的前期准备、软件安装与配置、状态查询等。具体的任务目标和要求如表 5-3-1 所示。

表 5-3-1　任务描述

| 任务目标 | （1）掌握 LTE 网络架构及开通调测流程；<br>（2）掌握 LTE 基站开通前要做的准备工作；<br>（3）掌握 LTE 基站开通调测的内容；<br>（4）掌握相关软件的操作及使用方法 |
|---|---|
| 任务要求 | （1）掌握 LTE 网络架构及开通流程；<br>（2）掌握 LTE 基站开通前要做的准备工作及内容；<br>（3）掌握 LMT 软件的设置及操作；<br>（4）学会利用调测软件查询相关设备状态 |

| | |
|---|---|
| 注意事项 | （1）爱护测试设备，按规范操作使用，防止损坏仪器仪表；<br>（2）注意用电安全；<br>（3）各小组按规范协同工作；<br>（4）按规范进行设备的安装操作，防止损坏设备；<br>（5）注意出行安全措施，防止人身伤害 |
| 建议学时 | 8 学时 |

相关知识

LTE 的不同网元设备之间的连接关系如图 5-3-1 所示。

### 1. EPC

根据不同的组网环境有不同的解决方案，主要可以分为 eNB 与大唐移动 EPC 对接和 eNB 与异厂家演进分组核心网（Evolvecl Packed Core，EPC）对接两种情况。

### 2. OMC

对于 OMC 服务器的本地调试由专门的 OMC 调试人员完成。

### 3. 传输

在整个网络中，传输设备主要包括 PTN 设备、PTN_CE 路由器、OM（Operation and Maintenance，操作维护）交换机，其中 PTN 设备与 PTN_CE 路由器一般是由当地移动公司提供。传输开通阶段，移动公司会安排传输负责人进行专门的传输设备调试。

新建 TD-LTE 站点设备安装完成后，且具备开通条件，则可以进行基站的开通调试。开通流程如图 5-3-2 所示。

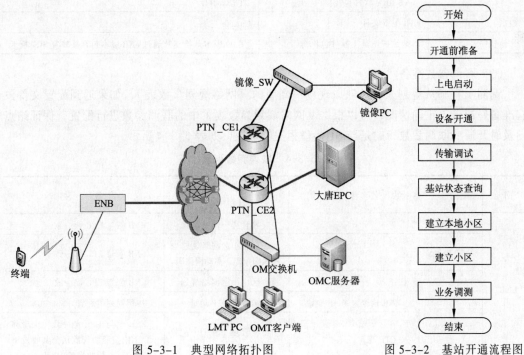

图 5-3-1　典型网络拓扑图　　　　图 5-3-2　基站开通流程图

项目 5　移动基站施工

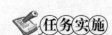任务实施

### 1. LTE 基站开通准备

开通前的准备工作包括硬件、软件、联调参数准备，以及本地操作维护软件 LMT 的安装。

（1）硬件准备

硬件准备内容如表 5-3-2 所示。

表 5-3-2　硬件资源列表

| 资源类型 | 资源名称 | 数量/个 | 备注 |
|---|---|---|---|
| 工具 | 万用表 | 1 | 检查设备电源是否正常 |
| | M3 十字螺丝刀 | 1 | 拆装板卡用 |
| | 斜口钳 | 1 | 绑扎线带时用 |
| | 电源插线板 | 1 | |
| 操作维护终端 | 笔记本式计算机（Windows 操作系统） | 1 | 作为基站调试操作维护控制台 |
| 线缆 | 千兆网线 | 1 | 计算机直连基站调测口用，长度视情况而定 |

（2）软件准备

软件准备内容如表 5-3-3 所示。

表 5-3-3　软件资源列表

| 软件类型 | 数据名称 | 备注 |
|---|---|---|
| 网管软件 | LMT（建议使用安装版） | |
| 软件版本包 | eNB 主设备软件包 | 5116TDL.DTZ |
| | eNB RRU 软件包 | DTRRU.DTZ |
| 数据 | eNB 配置文件 | Cur.cfg |
| 其他软件 | 本地维护工具（软件包里自带） | 1.0.09 版本开始支持通过 eNB 版本包直接修复 SCT 板卡 |

（3）联调参数准备

调测工程师从规划人员处获取现场最新版的《网络规划参数表》，如果遇到配置文件没有准备好或者不正确情况，可以根据《网络规划参数表》中的联调参数进行配置，保证站点的及时开通。联调参数指的是与 S1 接口相关的参数，如表 5-3-4 所示。

表 5-3-4　联调参数列表

| 网元 | 参数名称 | | 网管软件（LMT）所在结点 | 备注 |
|---|---|---|---|---|
| ENB | 网元标识 | | 配置管理→网元标识 | eNB 侧与 EPC 侧一致 |
| | 小区 PLMN | | 小区→小区网络规划→移动国家码、移动网络码 | eNB 侧与 EPC 侧一致 |
| | TAC | | 小区→小区网络规划 | eNB 侧与 EPC 侧一致 |
| | SCTP 相关 | ENB 信令业务 IP 地址 | 传输管理→IP 地址 | 按照规划值配置 |
| | | SCTP 流 | 传输管理→SCTP 链路→SCTP 流 | eNB 侧与 EPC 侧一致，大唐移动 eNB 按照协议默认公共收发流 ID 为 0，专用收发流 ID 为 1 |

| 网元 | 参 数 名 称 | | 网管软件（LMT）所在结点 | 备 注 |
|---|---|---|---|---|
| ENB | SCTP 相关 | SCTP 链路工作模式 | 传输管理→SCTP 链路→SCTP 链路工作模式 | S1 链路配置为客户端，X2 链路视具体情况而定 |
| | | 对端 IP 地址 | 传输管理→SCTP 链路→对端 IP 地址 | MME 侧地址，按照规划值配置 |
| | | 路由关系 | 传输管理→路由关系 | 去往 EPC 信令面、业务面路由按照规划值配置 |
| | | VLAN 配置 | 传输管理→VLAN 配置 | 按照规划值配置 |
| 大唐 EPC | SCTP 相关 | SCTP 偶联标识 | 设备传输→链路配置→SCTP 配置→SCTP 链路 | 按照规划值配置 |
| | | 本端偶联属性 | | 按照规划值配置 |
| | | 本端端口号 | | 根据最新 3GPP 协议（R10 版本），S1 接口的 SCTP 链路本端与对端端口号默认为 36412 |
| | | 对端端口号 | | |
| | | IP 类型选项 | | 按照规划值配置 |
| | | 本端 IP 址 | | 按照规划值配置 |
| | | 对端 IP 址 | | 按照规划值配置 |
| | | 连接的入向流数目 | | 按照规划值配置（建议 2） |
| | | 连接的出向流数目 | | 按照规划值配置（建议为 2） |
| | IP 路由 | | 设备传输→链路配置→IP 路由 | 按照规划值配置 |
| | MME 邻 eNode B | 全局标识 | MME→MME 邻网络结点→邻 eNode B | 与 ENB 侧一致 |
| | | 与邻 eNode B 的 SCTP 偶联信息索引 | | 与对应 SCTP 偶联标识一致 |
| | PLMN | 移动国家码 | MME→MME 网规参数→PLMN | 按照规划值配置 |
| | | 移动网络码 | | 按照规划值配置 |
| | S-GW 所辖 TA | 所属 PLMN 信息索引 | MME→MME 网规参数→S-GW 所辖 TA | 按照规划值配置 |
| | | 第 1 个 TAC | | 按照规划值配置 |
| | | 第 1 个 TAC 所属 ZC | | 按照规划值配置 |
| | | 第 1 个 TAC 所属 Timezone | | 按照规划值配置，在国内一般配置为东 8 区 |
| | | 对端端口号 | | |

（4）LMT 软件安装

安装时使用发布的配套基站软件包内自带的 LMT 软件。安装步骤如下：

双击运行 LMT 安装包中的 setup.exe，进入 LMT 安装界面，单击"下一步"按钮，如图 5-3-3 所示。

如果 PC 中已经安装了 LMT，则会进入 LMT 卸载界面，单击"下一步"按钮，如图 5-3-4 所示。

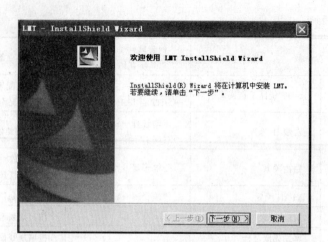

图 5-3-3  LMT 安装界面

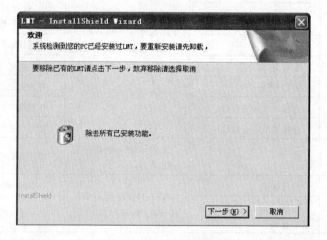

图 5-3-4  LMT 卸载界面

卸载完成后，重新双击安装包中的 setup.exe，进入 LMT 安装界面。进入信息输入界面，填写用户信息，单击"下一步"按钮，如图 5-3-5 所示。

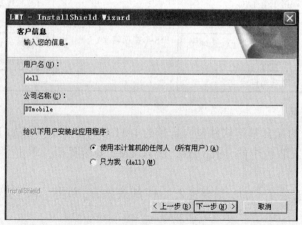

图 5-3-5  LMT 输入信息界面

进入"安装类型"界面，选择 LMT 安装类型，单击"下一步"按钮，如图 5-3-6 所示。

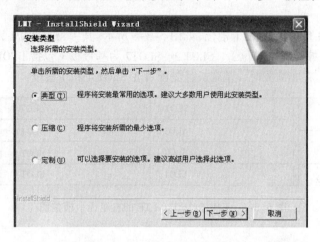

图 5-3-6　LMT 安装类型界面

安装程序将自动进行，最后将弹出安装完成的对话框（见图 5-3-7），单击"完成"按钮，安装成功。

图 5-3-7　LMT 安装完成界面

（5）上电前检查

设备上电前，需要对硬件安装进行正确性与可靠性检查，主要是线缆连接、包括 S1 接口、Ir 接口、GPS 时钟接口、接地线连接、电源输入接口、直流电源防雷箱线缆等，确认电源输入极性正确、电压在要求范围内。检查项目主要包括：

- 测量直流回路极间及交流回路相间的电阻值，确认没有短路或断路。
- 电源线用线颜色应当规范，安全标识应当齐全。
- 电源线各连接点应当稳固，线序、极性应当正确。
- 电气部件连接应当牢靠，重点检查传输线、GPS 馈线接头等处。
- 光缆接口与扇区应当一一对应，光纤连接应当正常。
- 所有空开应当处于闭合状态。

● 接地线连接应当正确，接触应当牢靠。

● 板卡检查

EMB5116 TD-LTE 的机箱板卡槽位，如图 5-3-8 所示。其中，SLOT 0/1 为 SCT 板卡（V3.20 及后续版本 LTE 主控板在 1 槽位），SLOT 2～SLOT7 为基带板（包括 BPOE、BPOF、BPOG、BPIA、BPOA 等），在非满配时，基带板优先配置在 SLOT 4 和 7 槽位。

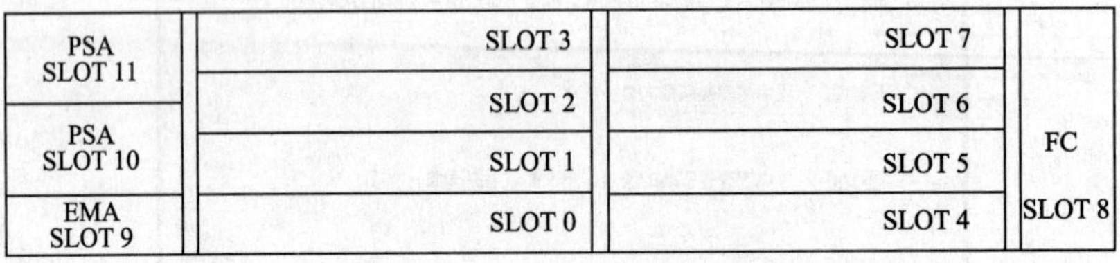

| PSA<br>SLOT 11 | SLOT 3 | SLOT 7 | |
| | SLOT 2 | SLOT 6 | |
| PSA<br>SLOT 10 | SLOT 1 | SLOT 5 | FC<br>SLOT 8 |
| EMA<br>SLOT 9 | SLOT 0 | SLOT 4 | |

图 5-3-8 EMB5116 TD-LTE 的机箱板卡槽位图

（6）上电启动

确保硬件连接和板卡槽位正确后，依次打开 BBU 电源和 RRU 防雷箱中 RRU 供电开关，各设备都能够正常上电。

### 2. LTE 基站开通调测

（1）启动 LMT

基站上电启动完成后，用网线连接 LMT 操作维护计算机 RJ-45 网口和基站 SCT 板卡的 LMT 调试网口。

（2）配置 IP 地址

在 LMT 操作维护计算机上，配置以下 IP 地址，如表 5-3-5 所示。

表 5-3-5 IP 地址列表

| IP 地址 | 子 网 掩 码 | 说 明 |
| --- | --- | --- |
| 172.27.245.100 | 255.255.255.0 | 连接 eNB 的 SCT 板卡 |
| 172.27.246.100 | 255.255.255.0 | 通过本地维护工具连接 BPO 板卡 |
| 172.27.45.100 | 255.255.255.0 | 通过本地维护工具连接 RRU |

（3）LMT 登录

LMT 安装完成后，双击桌面上本地维护工具图标，弹出 LMT 登录窗口，用户名：administrator，密码：111111，登录风格：LMT。完成后单击"登录"按钮，如图 5-3-9 所示。

图 5-3-9 LMT 登录窗口

（4）连接基站

通过 LMT 连接到 TD-LTE 基站的步骤如下：

- 添加网元设备。在 LMT 操作维护界面左侧"设备树"中右击"LTE 设备"命令，选择 "添加设备"，在弹出的"添加网元设备"对话框中，选择"网元类型"为 ENODEB， 输入网元友好名（可以命名为基站名，本任务使用"工程验证"），单击"确定"按 钮，如图 5-3-10 所示。

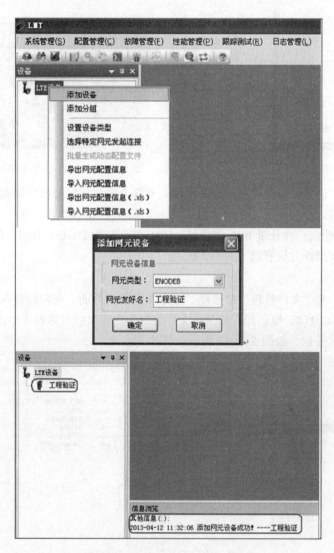

图 5-3-10　LMT 添加网元设备

- 配置连接 IP 地址。右击"工程验证"选择"配置"命令，弹出"网元配置"对话框， 在 IP 地址栏输入基站 SCT 板卡调试口 IP 地址 172.27.245.92，单击"确定"按钮，如 图 5-3-11 所示。

说明：根据实际情况填写 IP 地址，IP 地址与板卡所在槽位有关。0 槽位：172.27.245.91； 1 槽位：172.27.245.92。

- 连接基站。在"工程验证"上右击，选择"连接"命令，等待 10 s 左右，工具栏按钮由灰色变为彩色可用状态，标识连接成功，如图 5-3-12 所示。

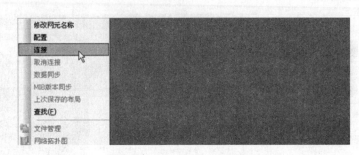

图 5-3-11　配置基站连接 IP 地址　　　　　　图 5-3-12　LMT 连接基站

- 软件升级。通常，需要将基站设备的出厂软件升级到指定的软件版本上，保证设备能够满足网络运行的要求。软件包包括 5116TDL.DTZ 和 DTRRU.DTZ，升级时要求先升级 RRU 软件包，再升级 BBU 软件包。RRU 软件包为 DTRRU.DTZ，包含 RRU 的升级文件，升级操作方法有如下两种方式。

操作方法一：

单击工具栏中的"文件管理"按钮，显示文件管理界面，在左侧窗口找到软件包存放目录，选择 DTRRU.DTZ，拖动到右侧基站文件窗口，在弹出的对话框中单击"确定"按钮，LMT 会自动解析软件包，如图 5-3-13 所示。

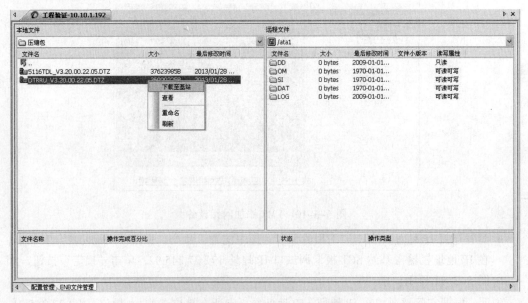

图 5-3-13　下载 RRU 软件包

在弹出的"软件包下载激活配置"对话框中，确认升级信息之后单击"确定"按钮，如图 5-3-14 所示。

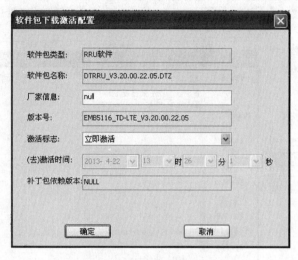

图 5-3-14　RRU 软件包下载配置

单击"确定"按钮之后，基站开始下载，解压软件包文件，同时出现进度条，如图 5-3-15 所示。

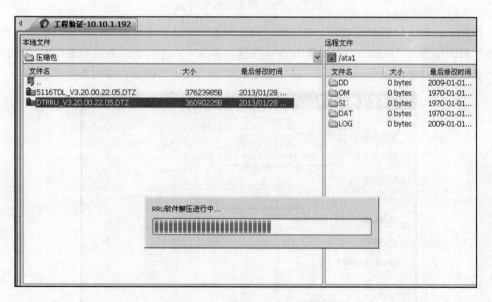

图 5-3-15　RRU 软件包升级进度

操作方法二：

步骤一：单击工具栏中的"软件升级"按钮，显示"批量软件管理"界面，单击"添加"按钮，弹出"添加软件包"对话框，找到软件包存放目录，分别选择 DTRRU.DTZ 和 5116TDL.DTZ，单击"打开"按钮添加到"本地软件库"列表窗口中，如图 5-3-16 所示。

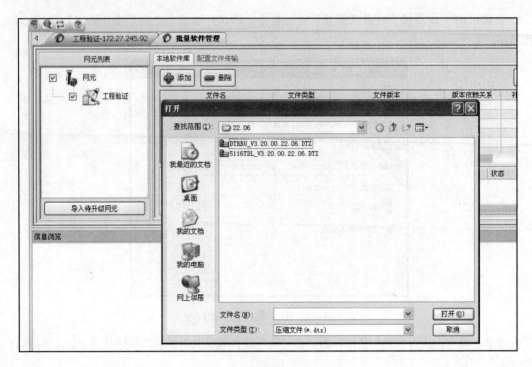

图 5-3-16　添加升级软件包

步骤二：软件包添加成功后，在左侧"网元列表"中选择需要升级的网元，在"本地软件库"列表中选择 DTRRU.DTZ，单击 ■升级 按钮，弹出"软件包下载激活配置"对话框，激活标志更改为"立即激活"，确认升级信息之后单击"确定"按钮，如图 5-3-17 所示。

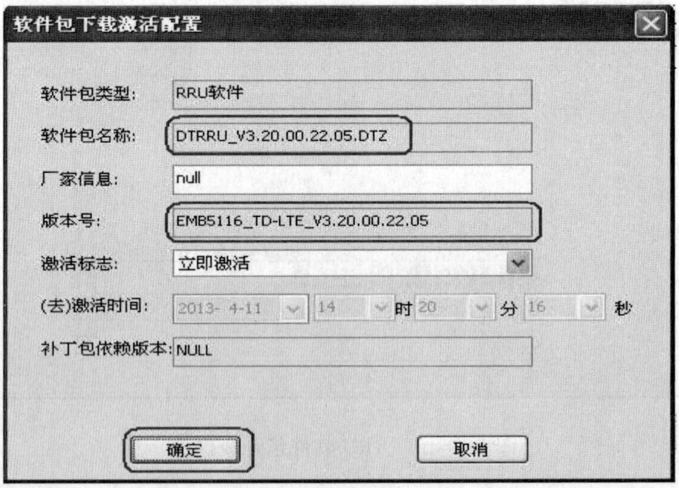

图 5-3-17　升级软件包下载激活配置

步骤三：单击"确定"按钮之后，在"批量软件管理"界面右下侧的窗口中会出现软件包下载进度信息，当"操作完成百分比"为 100%时，状态为"激活已完成"，说明 RRU 软件包升级成功，如图 5-3-18 所示。

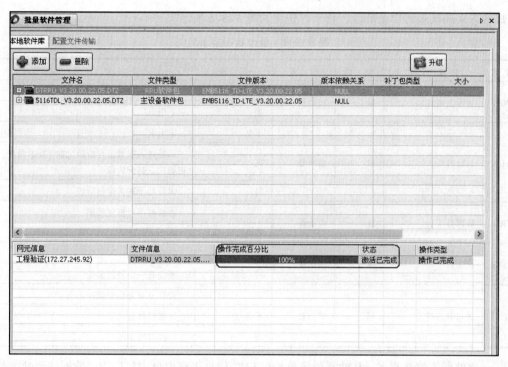

图 5-3-18　RRU 软件下载完成

- 主设备软件包升级。主设备软件包为 5116TDL.DTZ，包含 BBU 机箱所有板卡的升级文件，升级方法与 RRU 升级一致。在 BBU 升级完成之后，系统会自动复位，复位完成之后，升级过程完成，如图 5-3-19 所示。

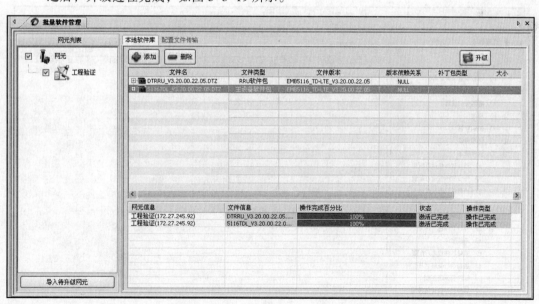

图 5-3-19　主设备软件升级完成

注意：升级过程中禁止复位、下电、拔出板卡，否则单板不能正常启动。

升级过程中由于需要同步板卡、RRU 软件版本，升级时间较长，可以观察板卡前面板指示灯状态来确认基站启动阶段，指示灯定义如表 5-3-6 所示。

表 5-3-6　板卡状态指示灯

| 名称 | 中文名称 | 颜色 | 位置 | 状态 | 含义 |
|---|---|---|---|---|---|
| POW | 板卡上电灯 | 绿 | 前面板 | 不亮 | 未上电 |
| | | | | 亮 | 上电 |
| RUN | 运行灯 | 绿 | 前面板 | 不亮 | 未上电 |
| | | | | 亮 | 本板进入正常运行阶段之前（BSP 阶段、初始化、初配阶段） |
| | | | | 闪 | 本板处于正常运行阶段 |
| FAIL | 故障灯 | 红 | 前面板 | 亮 | 本板有不可恢复故障 |
| | | | | 不亮 | 本板无故障 |
| LINK | 状态灯 | 绿 | 前面板 | 不亮 | 链路未激活 |
| | | | | 闪 | 至少有一个链路激活 |
| Ir | 光口状态灯 | 绿 | 前面板 | 亮 | 光纤 0 有光信号但尚未同步 |
| | | | | 不亮 | Ir 接口没有光信号 |
| | | | | 闪 | Ir 接口同步 |

- 软件版本信息查询。基站复位完成，在 LMT 信息浏览窗口中打印出"数据一致性文件解析成功"信息后，通过下列路径可以查询基站当前运行的软件包版本信息：

查询路径：对象树→软件版本→当前运行基站软件包/当前运行外设软件包，如图 5-3-20 所示。如果显示的软件包版本信息与升级的目标版本号一致，则说明升级成功。

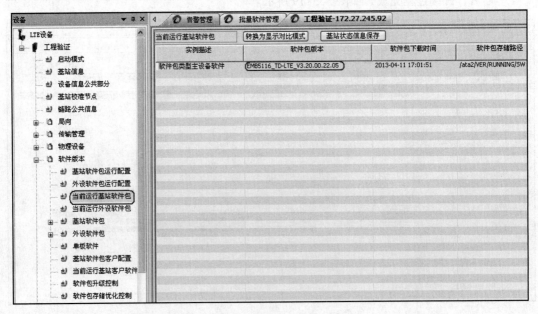

图 5-3-20　查询基站运行的软件信息

（5）配置文件导入

软件升级完成后，导入基站配置文件，为后续传输和业务调试做好准备。

步骤一：单击工具栏中的"文件管理"按钮，进入文件传输界面，找到配置文件所在位置，右击，选择"下载至基站"命令，如图5-3-21所示。

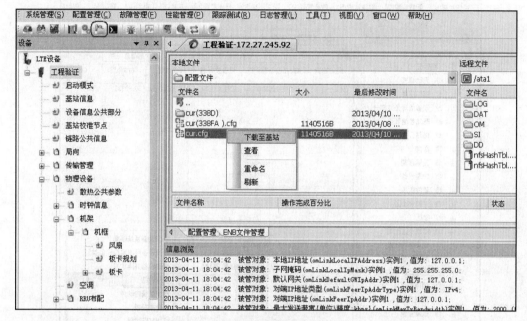

图5-3-21　下载基站配置文件

步骤二：如果配置文件里的传输参数与当前基站存在的参数不一致就会出现如图5-3-22所示内容，仔细确认无误之后，单击"确定"按钮。

步骤三：在弹出的"请选择文件下载的类型"对话框，选择"配置文件"，然后单击"确定"按钮，如图5-3-23所示。

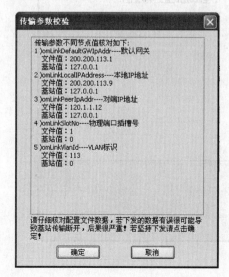

图5-3-22　配置文件下载确认

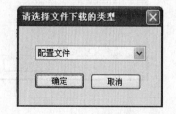

图5-3-23　配置文件类型选择

步骤四：保存动态配置文件并复位基站，路径：点击设备名称，在右侧的操作窗口右击，选择"修改基站"→"复位设备"命令[见图 5-3-24（a）]，在弹出的"复位设备"对话框中，选择"生成动态配置文件并复位"，单击"确定"按钮，如图 5-3-24（b）所示。

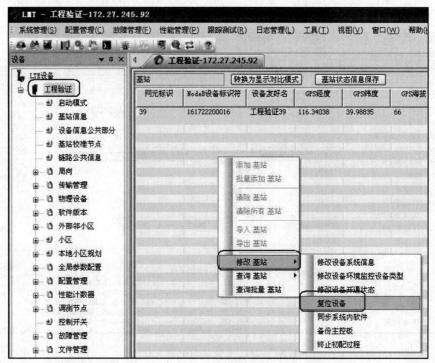

（a）

（b）

图 5-3-24　保存配置文件

（6）网络规划

配置文件导入完成之后，需要对网络规划进行检查。如果配置文件中的网络规划与实际情况完全一致，则跳过此项操作，直接进行下一步传输调试。如果配置文件中的小区或者板卡规划与实际不一致，需要修改网络规划。网络规划包括板卡规划和本地小区规划。其中，板卡规划是对 eNB 的板卡进行布配；本地小区规划包括 RRU 布配、天线阵布配、天线安装规划。

目前大唐移动支持 LTE 的 RRU 主要有以下几种型号：8 通道（338D，338FA）、2 通道（332E、331FAE）等。各种 RRU 的网络布配的过程，包括单 RRU 布配以及 RRU 级联布配。

（7）传输调试

在软件升级和配置文件导入完成后，可以查看 S1 链路公共信息、SCTP 链路状态、操作维护链路状态等信息。

（8）查询传输状态

展开 LMT 左侧的对象树，选择"链路公共信息"，查询 S1 接口链路状态，如图 5-3-25 所示。

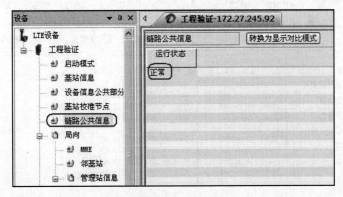

图 5-3-25　查询 S1 传输状态

展开 LMT 左侧的对象树，选择"传输管理"→"SCTP 链路"，查询 SCTP 链路状态，如图 5-3-26 所示。

图 5-3-26　查询 SCTP 链路状态

展开 LMT 左侧的对象树，选择"局向"→"管理站信息"→"操作维护链路"选项，查询 OM 链路状态，如图 5-3-27 所示。

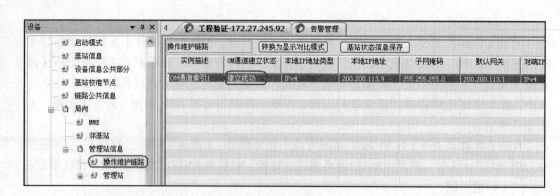

图 5-3-27 查询 OM 链路状态

选择菜单栏中的"跟踪测试"→"诊断测试"→"eNB"命令，使用 ping 命令确认 SCTP 链路状态和 OM 链路 IP 层状态是否正常，如图 5-3-28 所示。

图 5-3-28 LMT 诊断测试

（9）S1/X2 链路调试

当 S1 链路状态为"正常"时，说明传输没有任何问题。当查询 S1 链路状态为"故障"时，确认 S1 接口的 SCTP 链路状态，如图 5-3-29 所示。一般有以下几种异常状态：驱动建立成功、驱动配置成功、未建。

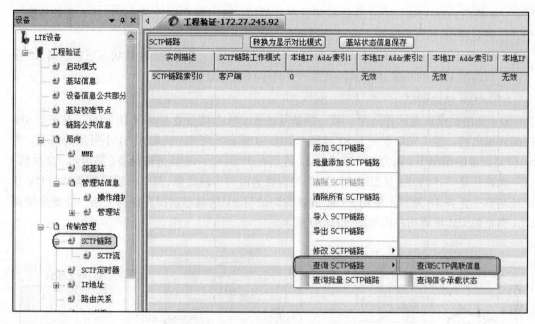

图 5-3-29　查询 SCTP 链路状态

如果显示"驱动建立成功",表示 IP 层已经通了,排除传输线路的问题,可以确定为高层参数填写有误。

解决方法:

- 检查 eNB 的网元标识是否与移动性管理实体(Mobility Management Entity, MME)侧一致,不一致则改为一致。
- 检查 MME 侧的 SCTP 偶联信息是否正确,包括端口号(本端和对端均为 36412)、IP地址等参数。
- 检查 eNB 侧的 SCTP 链路配置中本端设备类型是否配置成客户端,若不是则改为客户端。
- X2 接口的 SCTP 链路配置中本端设备类型可以配置成服务器,但是对端必须是客户端。
- 检查 eNB 侧的 PLMN 是否与 MME 侧的一致,若不一致则改为一致。
- 如果显示为"驱动配置成功",表示 IP 层面不通。

解决方法:

- 检查各种传输参数:IP 地址、VLAN、路由是否按照规划好的配置正确。
- 如果检查参数配置正确,有可能会有 PTN 设备数据配置的问题,这时候可以与 PTN设备的网管人员沟通,让其查询一下 PTN 上该 eNB 的数据是否做好了,如果没做就让其做好数据。

如果显示为"未建立",表示 SCTP 链路没有配置成功。

解决方法:

- SCTP 链路中有一个参数是本端 IP 索引号,请检查一下这个索引号对应的 IP 地址是否就是所配置的 eNB 的 IP,如果不是请改正。
- 检查 eNB 的 IP 地址所在的板卡槽位号是否与实际情况一致,比如 SCT 板卡实际插在

1 槽位，而 ENB 的 IP 地址却配置在 0 槽位，这时候会出现 SCTP 链路未建的情况，需要将 IP 地址配置在正确的槽位上。

- X2 的传输调试与 S1 链路调试类似。有一点须注意，若要 X2 链路状态正常，则 X2 接口两侧 eNB 的小区是邻小区关系，并且小区状态是激活状态。

（10）OM 链路调试

OM 链路的调试有两种情况：第一种是基站的 OM 与信令业务共用 IP 地址，在进行 OM 链路调试之前，建议先检查一下 S1 链路。如果 S1 链路不可用，先解决 S1 不可用的问题。在 S1 链路正常的情况下，因为 OM 链路与 S1 链路在 IP 层从 eNB 到传输设备（路由器、交换机）这一段路径是一样的，S1 状态正常可以首先排除这段的传输故障；第二种情况是基站的 OM IP 地址与信令业务 IP 地址不复用，OM 链路的调试与 S1 的状态就没有任何关系，需要分别调试。典型的 OM 环境拓扑图如图 5-3-30 所示。

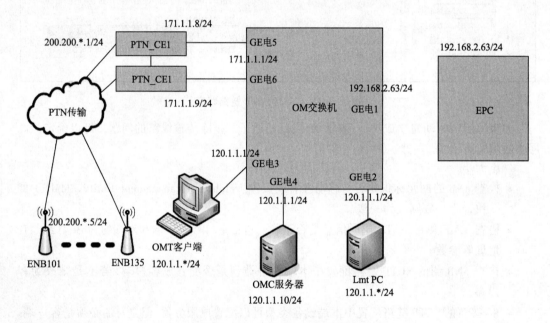

图 5-3-30　典型 OM 拓扑图

调试步骤：

步骤一：确保交换机、路由已经按照规划配置完毕，操作维护用的 PC 机也已经配置上相应的 IP 地址。

步骤二：从 LMT PC（直连而非远程连接）上，通过 LMT 的诊断测试工具检测 IP 层的连通性：选择"跟踪测试"→"诊断测试"→"ENB"命令，如图 5-3-31 所示。

分别验证 eNB 与 OMT 客户端以及 OMC 服务器的 IP 连通性。本例中 eNB 地址为 200.200.102.5，OMT 客户端 IP 地址为 120.1.1.227，OMC 服务器地址为 120.1.1.10，如图 5-3-32 所示。

图 5-3-32 的检查结果说明 OM 链路已经通了，则可以通过网管软件进行远程管理基站。如果其中某个地址无法 ping 通，则需要按照下面步骤继续进行。

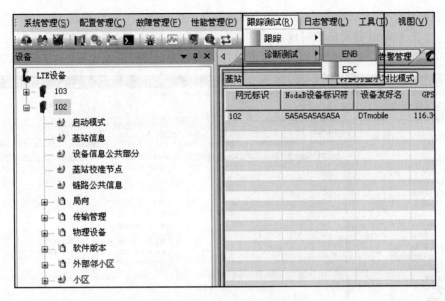

图 5-3-31　LMT 诊断测试工具

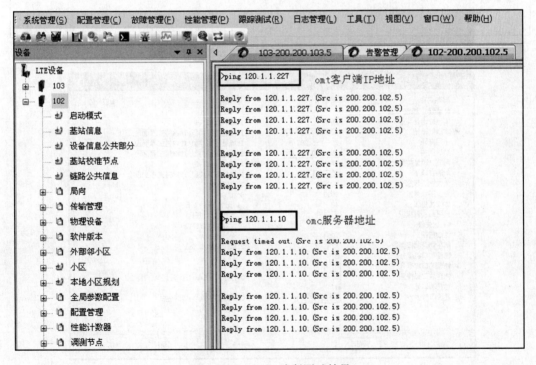

图 5-3-32　LMT 诊断测试结果

步骤三：OM 链路 IP 连通性不通时，大体分为两种情况：一种是 eNB 侧 OM 链路参数配置有误；另一种情况是传输设备路由不通。

第一种情况时，需要开通人员检查修改 OM 链路相关参数。操作步骤如下：

展开 LMT 左侧的对象树，选择"局向"→"管理站信息"→"操作维护链路"，右击"OM 通道索引"，选择"修改操作维护链路"→"修改 OM 通道参数"命令，如图 5-3-33 所示。

重点检查图中红色方框标出的参数是否与规划参数一致，不一致则改正；其中"是否即时生效"，在 OM 链路调试的时候改为"即时生效"，调试完毕改回"不即时生效"，如图 5-3-34 所示。如果参数没有问题，排查第二种情况时，需要传输设备维护相关人员进行。

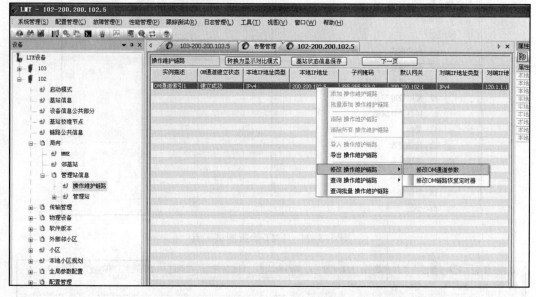

图 5-3-33　查询 OM 链路参数信息

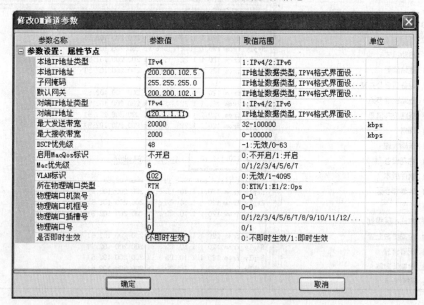

图 5-3-34　修改 OM 通道参数

（11）基站状态查询

传输调试完成后，本地小区建立。可以通过 LMT 中的"一单开站"功能对基站的状态进行查询如图 5-3-35 所示。

（12）查询 GPS 时钟状态

查询路径："工具"→"一单开站"→"时钟资源"，如图 5-3-36 所示。

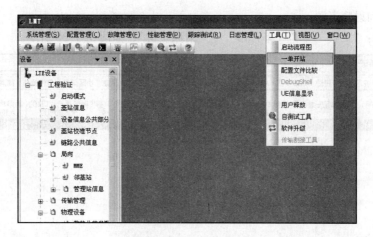

图 5-3-35　一单开站

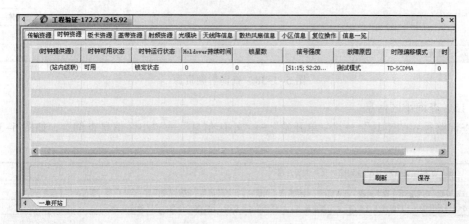

图 5-3-36　查询时钟资源

（13）查询板卡状态

查询路径"工具"→"一单开站"→"板卡资源"，如图 5-3-37 所示。

| (机架, 机框, 插槽) | 板卡硬件类型 | 板卡启动时间 | 板卡运行状态 | 运行状态 | 管理状态 |
|---|---|---|---|---|---|
| (0,0,1) | SCTE板 | 2013-05-03 1… | 初始化结束状态 | 正常 | 解锁定状态 |
| (0,0,4) | BPOG板 | 2013-05-03 1… | 初始化结束状态 | 正常 | 解锁定状态 |
| (0,0,8) | FCU板 | 2013-05-03 1… | 初始化结束状态 | 正常 | 解锁定状态 |
| (0,0,9) | EMAU板 | 2013-05-03 1… | 初始化结束状态 | 正常 | 解锁定状态 |
| (0,0,10) | PSU板 | 2013-05-03 1… | 初始化结束状态 | 正常 | 解锁定状态 |

图 5-3-37　查询板卡状态信息

（14）查询射频资源

查询路径："工具"→"一单开站"→"射频资源"，如图 5-3-38 所示。

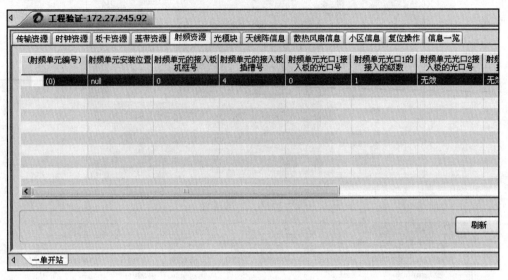

图 5-3-38　查询射频资源

（15）查询小区信息

查询路径："工具"→"一单开站"→"小区信息"→"小区信息查询"，如图 5-3-39 所示。

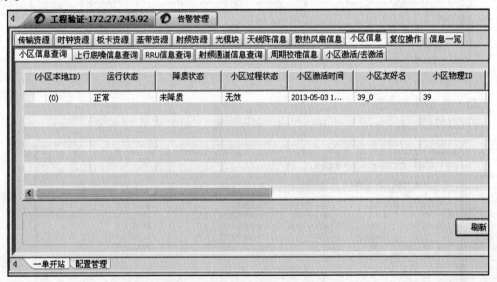

图 5-3-39　查询小区信息

（16）查询射频通道状态

查询路径："工具"→"一单开站"→"小区信息"→"射频通道信息查询"，如图 5-3-40 所示。

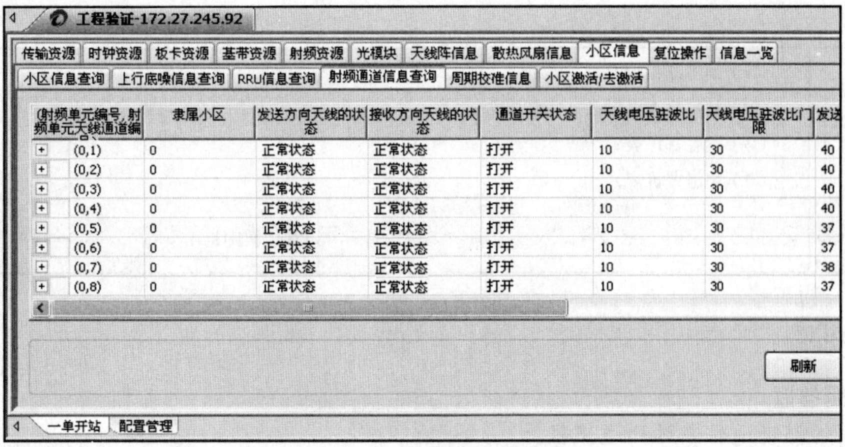

图 5-3-40 查询射频通道信息

任务单

任务实施过程中的相关任务单如表 5-3-7 所示。

表 5-3-7 任 务 单

| 项 目 | 项目 5 移动基站施工 | | 学 时 | 24 |
| --- | --- | --- | --- | --- |
| 工作任务 | 任务 5-3 LTE 基站开通调测 | | 学 时 | 8 |
| 班 级 | | 小组编号 | 成员名单 | |
| 任务描述 | 各小组根据任务要求在实验室完成移动基站开通调测工作,并根据需要检查相应单板状态及现场测试情况。<br>通过对基站开通调测的训练,了解基站开通调测的准备工作;了解调测软件的相关操作;了解基站工作状态;<br>安装相关操;了解线缆的制作及标签制作;了解综合布线,培养发现问题、分析问题、解决问题的能力 | | | |
| 工作内容 | (1)LTE 基站开通调测基础知识学习:<br>● 了解基站开通流程;<br>● 了解 LTE 网络架构及各硬件组成。<br>(2)调测准备:<br>● 准备基站开通调测前的硬件环境和软件环境;<br>● 按照准备要求,准备调测过程中所需的全部材料及工具仪表;<br>● 按照准备要求,准备调测过程中需规划数据。<br>(3)基站开通调测:<br>● 按照调测步骤完成相关数据配置;<br>● 基站开通过程中设备状态查询 | | | |
| 注意事项 | (1)爱护机房设备、天馈配件等;<br>(2)按规范操作使用仪表,防止损坏仪器仪表;<br>(3)注意用电安全;<br>(4)各小组按规范协同工作;<br>(5)按规范进行设备的安装操作,防止损坏设备;<br>(6)做好安全防范措施,防止人身伤害;<br>(7)工程施工时,采取相应措施防范环境污染;<br>(8)避免材料的浪费 | | | |

续表

| 提交成果、文件等 | （1）学习过程记录表；<br>（2）材料检查记录表、安装报告；<br>（3）学生自评表；<br>（4）小组评价表 | |
|---|---|---|
| 完成时间及签名 | | 责任教师： |

 练习题

**一、简答题**

1. 简述移动通信基站开通流程。

2. LTE 基站开通前的准备工作有哪些？

3. 简述 LTE 基站开通的步骤。

4. 简述 LMT 连接到 TD-LTE 基站的步骤。

5. 简述在基站开通过程中配置文件的导入有哪些步骤。

**二、填空题**

1. LTE 基站分（　　）和（　　）两种模式。

2. OM 链路 IP 连通性不通时，一种是 eNB 侧 OM 链路参数配置有误，另一种情况是（　　）路由不通。

3. 在进行 S1/X2 链路调试时一般存在（　　）、（　　）和未建 3 种异常状态。

4. 射频通道信息的查询在一单开站菜单下的（　　）目录里进行查询。

**三、实践操作题**

参照 LTE 基站开通调测步骤及方法，对基站开通后的无线数据进行测试验证。

任务评价

本任务评价的相关表格如表 5-3-8、表 5-3-9、表 5-3-10 所示。

表 5-3-8　学生自评表

| 项目 5 | 移动基站施工 | | | | |
|---|---|---|---|---|---|
| 任务名称 | 任务 5-3　　LTE 基站开通调测 | | | | |
| 班　级 | | | | 组　名 | |
| 小组成员 | | | | | |
| 自评人签名： | | 评价时间： | | | |
| 评价项目 | 评价内容 | 分值标准 | 得　分 | 备　注 | |
| 敬业精神 | 不迟到、不缺课、不早退；学习认真，责任心强；积极参与任务实施的各个过程；吃苦耐劳 | 10 | | | |
| 专业能力 | 了解 LTE 网络架构 | 5 | | | |
| | 了解 LTE 基站开通流程 | 10 | | | |

| 评价项目 | 评 价 内 容 | 分值标准 | 得　分 | 备　注 |
|---|---|---|---|---|
| 专业能力 | 掌握 LTE 基站开通准备事项 | 10 | | |
| | 掌握 LMT 软件安装步骤 | 10 | | |
| | 掌握 LMT 软件配置及操作方法 | 10 | | |
| | 掌握常用网络参数规划 | 10 | | |
| | 掌握 LTE 基站状态查询方法 | 5 | | |
| 方法能力 | 工具仪表的使用；信息、资料的收集整理能力；制定学习、工作计划能力；发现问题、分析问题、解决问题的能力 | 15 | | |
| 社会能力 | 与人沟通能力；组内协作能力；安全、环保、责任意识 | 15 | | |
| 综合评价 | | | | |

**表 5-3-9　小组评价表**

| 项目 5 | | 移动基站施工 | | | | | | |
|---|---|---|---|---|---|---|---|---|
| 任务名称 | | 任务 5-3　LTE 基站开通调测 | | | | | | |
| 班　级 | | | | | | | | |
| 组　别 | | | 小组长签字： | | | | | |
| 评价内容 | 评 分 标 准 | | 小组成员姓名及得分 | | | | | |
| 目标明确程度 | 工作目标明确、工作计划具体结合实际、具有可操作性 | 10 | | | | | | |
| 情感态度 | 工作态度端正、注意力集中、积极创新，采用网络等信息技术手段获取相关资料 | 15 | | | | | | |
| 团队协作 | 积极与组内成员合作，尽职尽责、团结互助 | 15 | | | | | | |
| 专业能力要求 | 掌握 LTE 基站开通流程；<br>掌握 LTE 基站开通准备事项；<br>掌握 LMT 软件安装步骤；<br>掌握 LMT 软件配置及操作方法；<br>掌握常用网络参数规划；<br>掌握 LTE 基站状态查询方法 | 60 | | | | | | |
| 总分 | | | | | | | | |

项目 5　移动基站施工

表 5-3-10　教师评价表

| 项目 5 | 移动基站施工 | | | |
|---|---|---|---|---|
| 任务名称 | 任务 5-3　LTE 基站开通调测 | | | |
| 班　级 | | 小　组 | | |
| 教师姓名 | | 时　间 | | |
| 评价要点 | 评价内容 | 分　值 | 得　分 | 备　注 |
| 资讯准备<br>(10 分) | 明确工作任务、目标 | 1 | | |
| | 明确基站开通前需要做哪些准备工作 | 2 | | |
| | 基站开通应遵循怎样的流程 | 2 | | |
| | 基站开通前的软件安装工作有哪些 | 2 | | |
| | LMT 软件的使用方法 | 2 | | |
| | 如何利用调测软件查询基站状态 | 1 | | |
| 实施计划<br>(20 分) | 检查基站开通前的设备连接准备 | 4 | | |
| | 完成软硬件准备工作 | 4 | | |
| | 根据调测步骤完成基站相关数据的配置 | 4 | | |
| | 配置过程中问题处理 | 4 | | |
| | 数据配置完成后的状态查询 | 4 | | |
| 实施检查<br>(40 分) | 根据开通流程确定是否具备开通条件 | 10 | | |
| | 检查调测前的准备事宜是否充分 | 10 | | |
| | 根据调测步骤进行相关数据的配置 | 10 | | |
| | 根据配置结果检查设备状态 | 10 | | |
| 展示评价<br>(30 分) | 提交的成果材料是否齐全 | 10 | | |
| | 是否充分利用信息技术手段或较好的汇报方式 | 5 | | |
| | 回答问题是否正确，表述是否清楚 | 5 | | |
| | 汇报的系统性、逻辑性、难度、不足与改进措施 | 5 | | |
| | 对关键点的说明是否翔实？重点是否突出 | 5 | | |
| 合计 | | | | |

# 参 考 文 献

［1］杨彬，张兵，潘丽，等. 传输网工程维护手册[M]. 北京：人民邮电出版社，2016.

［2］方水平，王怀群，王臻，等. 综合布线实训教程[M]. 3 版. 北京：人民邮电出版社，2014.

［3］饶小毛，李茂勇，章异辉，等. 通信机房动力系统设计与维护[M]. 北京：电子工业出版社，2015.

［4］张金生. 通信电源[M]. 北京：北京师范大学出版社，2013.

［5］王邶，王泉啸. 通信线路[M]. 北京：中国铁道出版社，2011.

［6］胡庆，张德民，张颖. 通信光缆与电缆线路工程[M]. 北京：人民邮电出版社，2016.

［7］梁猛，刘崇琪，杨祎. 光纤通信[M]. 北京：人民邮电出版社，2015.

［8］中国铁塔股份有限公司建设维护部. 中国铁塔建设维护安全管理手册[M]. 北京：人民邮电出版社，2015.

［9］刘裕城，韩志强. 通信防雷技术手册[M]. 北京：人民邮电出版社，2015.

［10］邵宏，何云龙，于艳丽，等. 现代通信局房工艺及立体化设计[M]. 北京：人民邮电出版社，2015.

［11］中国通信学会普及与教育工作委员会. 漫话通信建设施工安全操作[M]. 北京：人民邮电出版社，2015.

［12］黎连业. 网络综合布线系统与施工技术[M]. 3 版. 北京：机械工业出版社，2007.

［13］吴达金. 综合布线系统工程安装施工手册[M]. 北京：中国电力出版社，2007.

［14］中华人民共和国信息产业部. 综合布线系统工程设计规范[S]. 北京：中国计划出版社，2007.

［15］中华人民共和国信息产业部. 综合布线系统工程验收规范[S]. 北京：中国计划出版社，2007.

［16］管明祥. 通信线路施工与维护（中国通信学会普及与教育工作委员会推荐教材）[M]. 北京：人民邮电出版社，2014.

［17］潘云. 通信网络工程施工技术[M]. 北京：人民邮电出版社，2014.

［18］张雷霆. 通信电源[M]. 3 版. 北京：人民邮电出版社，2014.

［19］陈小东. FTTX 网络建设与维护[M]. 北京：人民邮电出版社，2014.

［20］张智江，胡云，王健全，等. WLAN 关键技术及运营模式[M]. 北京：人民邮电出版社，2014.